高等职业教育云计算系列教材

云存储技术与应用

合作企业：奇安信科技集团股份有限公司

武春岭　路　亚　主　编

電子工業出版社
Publishing House of Electronics Industry
北京 · BEIJING

内 容 简 介

本书针对云计算技术应用专业人才对云存储知识和技能的迫切需求，系统梳理了主流存储技术的迭代脉络和逻辑关联，根据高职高专教学特点，由浅入深、由简到繁，合理编排构建了云存储技术知识体系，以任务引导、实战驱动的方式构筑教材内容，涵盖云存储概念、单节点存储、网络存储、集群存储、数据灾备、分布式存储、软件定义存储、网盘技术应用等方面。

本书是产教融合、校企合作开发教材的成果，注重实践技能的锻炼，每章都精心设计了不依赖于专门设备的实训项目，以提高学生的实际操作能力。

本书不仅可作为高职高专、应用型本科相关专业的教材，还可作为云计算培训及自学教材。另外，本书也可作为电子信息类专业教师及学生的参考书。

图书在版编目（CIP）数据

云存储技术与应用 / 武春岭，路亚主编. —北京：电子工业出版社，2021.9

ISBN 978-7-121-41938-6

Ⅰ. ①云… Ⅱ. ①武… ②路… Ⅲ. ①计算机网络－信息存贮－高等职业教育－教材 Ⅳ. ①TP393.071

中国版本图书馆 CIP 数据核字（2021）第 182504 号

责任编辑：徐建军　　　　特约编辑：田学清
印　　刷：北京雁林吉兆印刷有限公司
装　　订：北京雁林吉兆印刷有限公司
出版发行：电子工业出版社
　　　　　北京市海淀区万寿路 173 信箱　　　　邮编：100036
开　　本：787×1 092　1/16　印张：13.5　字数：355 千字
版　　次：2021 年 9 月第 1 版
印　　次：2025 年 1 月第 9 次印刷
定　　价：45.00 元

凡所购买电子工业出版社图书有缺损问题，请向购买书店调换。若书店售缺，请与本社发行部联系，联系及邮购电话：（010）88254888，88258888。

质量投诉请发邮件至 zlts@phei.com.cn，盗版侵权举报请发邮件至 dbqq@phei.com.cn。

本书咨询联系方式：（010）88254570，xujj@phei.com.cn。

前言

自2006年Google时任首席执行官Eric Schmidt正式提出云计算概念、Amazon推出简单存储服务S3和弹性计算云EC2，从而开启“云计算时代”以来，云计算技术和相关产业发展迅猛，企业信息系统纷纷“上云”，云计算商业模式得到市场的普遍认可。目前，云计算在新一代信息技术发展中起着重要基础支撑作用，加速了产业数字化转型进程。云计算服务目前集中在计算和存储两大领域，近年来除了AWS、Microsoft、Google、阿里云、腾讯云等龙头公司，国内外出现了一大批云计算初创型企业，这些初创型企业大多集中在存储服务领域，促使云存储技术的发展呈现百花齐放的繁荣景象。

随着4G/5G技术的普及、高速网络的发展，网上视频、音频、图像、文本等各种非结构化数据存储量迅速增长；而大数据技术、物联网技术等新一代信息技术的发展也在加速数据存储量的增长。IDC和Gartner均预测，2025年全球数据总量将达到175ZB，以全球80亿人口来计算，175ZB相当于人均24000GB。在新冠肺炎疫情的影响下，网上办公、网上会议、网上教学等网上工作模式在全球应用普及，产生巨大数据量，无疑将加速全球数据总量的爆发趋势。如此海量数据的存储，需要高效的数据存取、弹性的存储容量、安全的存储保障、可信的隐私保护，云存储技术非常重要。

云存储技术是云计算技术应用专业学习中非常重要的一环，然而一直以来，并没有得到充分的重视，云存储相关书籍较少，适合高职高专层面专业教学使用的教材更是稀缺。为了适应教学需要，特编写此书。

本书编写遵循以下原则。

1．任务引导、实战驱动：每章首先提出背景进行任务引导，设定学习目标，然后适当补充背景知识，接着开展实战演练。在实战操作中消化知识、锻炼技术。这种组织方式非常适合高职高专技术技能型人才培养。

2．由浅入深、层层递进：存储涉及的技术很多，本书从单节点存储出发，到网络存储技术、存储集群扩展，再到分布式存储、软件定义存储、云存储。从单节点到多节点，再到分布式，再到云，由简单到复杂，用一条线贯穿全书，理顺各种存储技术之间的迭代脉络和逻辑关联，让初学者能够顺利上手，了解掌握云存储。

本书共8章，精心设计了16个实训任务。第1章云存储概述；第2章单节点存储技术；第3章网络存储技术；第4章集群存储技术；第5章数据灾备技术；第6章分布式存储；第7章软件定义存储；第8章网盘技术应用。每章2个实训任务贴合章节任务需求，契合学生学习过程需要，同时方便教师课堂授课和实训安排。

本书由重庆电子工程职业学院的武春岭、路亚担任主编，奇安信科技集团有限公司的林雪纲参与本书编写。其中，武春岭负责第1、2、4章的编写，林雪纲负责第5章的编写；路亚负责第3、6、7、8章的编写。林雪纲提供了企业案例和技术支持，重庆电子工程职业学院云计算协同创新中心的同学们协助验证了实训脚本。本书在编写实训案例时使用了亚马逊AWS 提供的公有云服务、腾讯云提供的免费试用资源，同时参考了阿里巴巴（中国）有限公司“1+X”“云计算开发与运维”职业技能等级证书标准。在此一并表示衷心感谢。

为了方便教师教学，本书配有电子教学课件，请有此需要的教师登录华信教育资源网（www.hxedu.com.cn）注册后免费下载，如有问题可在网站留言板留言或与电子工业出版社有限公司联系（E-mail：hxedu@phei.com.cn）。

虽然我们精心组织，认真编写，但错误和疏漏之处在所难免；同时，由于编者水平有限，书中也存在诸多不足之处，恳请广大读者给予批评和指正，以便在今后的修订中不断改进。

编　者

目 录

第1章 云存储概述

学习目标

- ➢ 了解存储技术的发展演变历程；
- ➢ 了解云存储的特点和应用；
- ➢ 理解云存储的概念；
- ➢ 掌握在公有云平台购买和使用云存储服务的方法。

任务引导

2018年11月，IDC发布了以“世界的数字化由边缘到核心”为主题的白皮书《Data Age 2025》。IDC预测，全球数据圈将从2018年的33ZB增至2025年的175ZB，到2025年，云数据中心将成为数据存储的真正核心，49%的全球数据存储将驻留在公共云环境中。随着中国互联网人口的增长和视频监控基础设施的激增，预计2018年至2025年，中国的数据圈将年平均增长30%，到2025年中国的数据圈将成为全球最大的数据圈。

全球数据圈的扩展是永无止境的，数据存储的需求亦然。云存储的技术要求和人才需求必然会随之增长，作为云计算专业领域的从业者，必须紧跟技术发展的脚步，在新一代信息技术的浪潮中搏击风浪，建功立业。

相关知识

1.1 云计算与云存储

1.1.1 云计算概念

2006年3月，Amazon 推出弹性计算云服务（Elastic Compute Cloud，EC2），各大设备商和服务提供商也纷纷推出了On Demand Computing（按需计算）、Utility Computing（效用计算）等计算能力服务。2006年8月9日，Google时任首席执行官Eric Schmidt在搜索引擎大会（SES San Jose 2006）上提出“云计算”（Cloud Computing）的概念：云计算把计算和数据分布在大量的分布式计算机上，从而使计算和存储获得很强的可扩展能力，并方便用户通过多种接入方式，如计算机、手机等接入网络，以获得应用和服务。

2009 年起，云计算技术和服务开始迅速发展起来。2015 年，我国云计算产业规模约 1500 亿元，产业发展势头迅猛、创新能力显著增强、服务能力大幅提升、应用范畴不断拓展。云计算已成为提升信息化发展水平、打造数字经济新动能的重要支撑。据 IDC 发布的《全球及中国公有云服务市场（2020 年）跟踪》报告显示，2020 年全球公有云服务整体市场规模（IaaS/PaaS/SaaS）约 3124.2 亿美元，同比增长 24.1%，中国公有云服务整体市场规模约 193.8 亿美元，同比增长 49.7%，在全球各区域中增速最高。新冠病毒（COVID-19）疫情刺激了全球公有云服务市场，特别是 IaaS 市场的快速增长。2020 年全球 IaaS 市场约 671.9 亿美元，同比增长 33.9%，AWS、Microsoft、阿里巴巴、Google、IBM 位居市场前五，共同占据 77.1%的市场份额。

美国国家标准与技术研究院（National Institute of Standards and Technology，NIST）将云计算定义为一种通过网络连接 IT 资源（如服务器、存储、应用和服务等）的应用模式，云计算组成一个资源共享池，向用户提供按需服务，同时能够实现资源的快速部署。NIST 认为，云计算具备 5 种基本特征：随需应变的自助服务（On-Demand Self-Service）、无处不在的网络访问（Broad Network Access）、资源共享池（Resource Pooling）、快速弹性（Rapid Elasticity）和按需计量付费服务（Measured Service）。

云计算的服务模式主要有基础设施即服务（Infrastructure as a Service，IaaS）、平台即服务（Platform as a Service，PaaS）、软件即服务（Software as a Service，SaaS）。

IaaS 是将基础设施资源作为服务按需提供给用户；PaaS 是将计算及开发环境等平台作为服务按需提供给用户；SaaS 是将应用软件作为服务按需提供给用户。

云计算有四个部署模型，即私有云、社区云、公有云和混合云。

私有云（Private Cloud）：云基础设施专为单一的组织运作。它可以由该组织或第三方管理并可以位于组织内部或外部，如企业云、校园云等。

社区云（Community Cloud）：云基础设施由若干个组织共享，支持某个特定有共同关注点的社区。它可以由该组织或第三方管理并可以位于组织内部或外部。

公有云（Public Cloud）：云计算服务提供商给一般公众或行业团体提供云基础设施服务，如阿里云等。

混合云（Hybrid Cloud）：云基础设施由两个或多个云（私有云、社区云或公有云）组成，以独立实体存在，通过标准的或专有的技术绑定在一起，这些技术促进了数据和应用的可移植性（如云间的负载平衡）。混合云通常用于描述非云化数据中心与云服务商的互联。

1.1.2 存储发展历史

现代数据存储从磁鼓、磁带发展到磁盘，再从磁盘发展到磁盘阵列，继而从磁盘阵列发展到网络存储。而今，又随着集群技术、网格技术、分布式存储技术、虚拟化存储技术的发展，进入了云存储时代，图 1-1 简要展示了存储技术的发展历程。

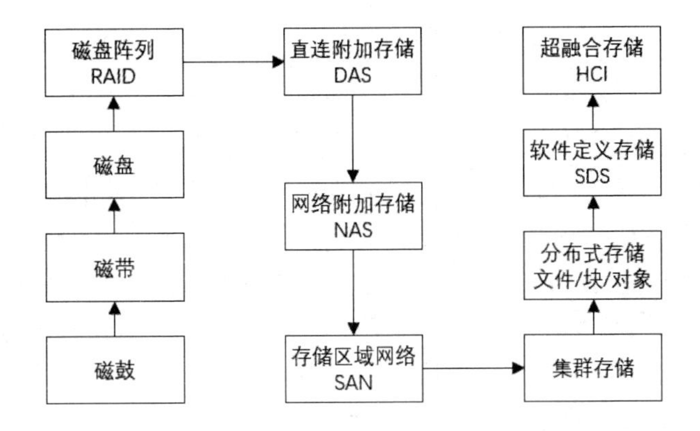

图 1-1　存储技术的发展历程

计算机发展的早期，人们用磁带和磁鼓来存储数据信息，磁鼓因其造价高、容量低、潜力小，很早就被放弃；由于磁带是顺序存储设备，定位数据和读写数据速度慢，只适合进行顺序读写，不适合随机读写访问。磁盘出现后，很快取代磁带成为主流存储介质（由于磁带成本低、容量大，目前磁带库仍被用来做离线数据备份介质）。然而磁盘的容量和速度也是有限的，目前磁盘单块容量最多 6TB，如果单纯依靠磁盘的容量，远远满足不了现代应用数百 TB（1TB=1024GB）到几 PB（1PB=1024TB）的需求。

磁盘阵列（Redundant Array of Independent Disks，RAID）技术将多个磁盘组合成大型的磁盘组，它不但可以通过对多个磁盘同时存储和读取数据来大幅提高存储系统的数据吞吐量，而且可以通过数据校验和备份提供容错功能，提高了系统的容错能力和稳定性，缓解大容量存储需求。

随着 Internet 的迅猛发展，数据存储也进入了网络时代，磁盘阵列通过光纤通道（Fiber Channel，FC）协议、Internet 小型计算机系统接口（Internet Small Computer System Interface，iSCSI）、网络文件系统（Network File System，NFS）协议、通用 Internet 文件系统（Common Internet File System，CIFS）等接口协议以不同的方式连接到一起。这就出现了 DAS（磁盘阵列等存储设备直接连接到服务器作为外置存储）、NAS（存储设备连接到局域网上供所有服务器使用）、SAN（将存储设备互联起来构建存储区域网）等网络数据存储技术。

总体而言，上述数据存储技术都是相对独立的，建设、管理和运维都自成系统，所以很多供应商称其为“独立存储系统”。一个企事业单位在建设自有数据中心时，可以根据规模和资金情况选用上述存储方案。然而从 2007 年开始，全球数据总量在以 52%的年复合增长率发展，尤其是基于文件数据的存储，每年的年复合增长率约 69.4%（据 IDC 统计数据）。如果继续采用传统的存储方式，服务器、存储设备、网络设备等资源的扩容需求将难以估量，传统的网络存储已不能满足庞大的数据存储需求。这时，大型的网络存储解决方案中出现了分布式计算、网格计算、效用计算、虚拟化等技术，这样，云存储技术应时而生并快速发展。

目前市场上常见的集群存储、分布式存储、网盘存储、软件定义存储、超融合存储等，都是云存储技术的具体表现。此外，随着技术的发展，存储技术与人工智能技术结合产生了“智能存储”，这是新的研究热点。

2．云存储服务起源

实际上，云存储的 SaaS 早在 10 多年前就已随着基于互联网的 E-mail 系统而萌芽。Web 2.0 和网络发展引爆的种种热门服务，从 Dropbox 网盘到 Evernote 笔记，从 Facebook 到 Twitter，也都建立在云存储的机制之上。事实上，很多网民可能不清楚云计算的概念，但几乎都在使用云存储服务。

在 IaaS 方面，最早出现的是 AWS 的弹性计算云服务和亚马逊简易存储服务（Amazon Simple Storage Service，Amazon S3）。弹性计算云服务提供计算和存储服务，以 Web 服务的方式让用户弹性地运行自己的虚拟机，用户可以在这个虚拟机上运行任何自己想要的软件或应用程序。Amazon S3 提供简单存储服务，用户通过一个简单的 Web 服务接口，可以在任意时间、任意地点存储和检索任意数量的数据，提供高可用性、可靠安全的数据存储及快速廉价的基础存储设施。

目前，Google、Facebook、Microsoft、EMC、阿里云、腾讯云、百度云等都在推出云存储服务，其类型及典型产品主要有：分布式文件系统（Google GFS、Hadoop HDFS、OneDrive、百度云 CFS 等）、NoSQL 数据库（Google BigTable、Facebook Cassandra 等）、对象存储（Amazon S3、Atmos、Dropbox、阿里云 OSS、百度云 BOS 等）、分布式块存储（Amazon EBS、百度云磁盘 CDS 等）。开源云存储主要有：对象存储（Swift、Ceph 等）、块存储（Ceph、Sheepdog 等）、文件存储（GlusterFS、MooseFS 等）、HPC 存储（高性能计算集群、Lustre、GlusterFS 等）。

1.1.3 云存储概念

云存储是在云计算基础上延伸和发展出来的，人们最早接触的云计算服务，事实上一般都是“云存储”，如手机的云端存储功能、各类存储网盘等。Google 时任首席执行官埃里克·施密特首次提出云计算概念时提出云计算把数据分布在大量的分布式计算机上，从而使存储获得很强的可扩展能力，也在强调数据存储在云计算中的作用。

目前关于云存储的定义已经形成一些共识，网络存储工业协会（Storage Networking Industry Association，SNIA）对云存储进行如下定义：云存储通过网络按需提供虚拟化存储服务，并保障服务质量。我国国家标准《信息技术 云数据存储和管理 第 1 部分：总则》（GB/T 31916.1—2015）对云存储的定义：按照指定的具有可扩展性的服务水平，通过网络将虚拟的存储和数据服务以按需使用、按量计费的方式提供的服务交付方式。该交付方式无须配置或以自服务方式配置。

当云计算系统运算和处理的核心是大量数据的存储和管理时，云计算系统中就需要配置大量的存储设备，那么云计算系统就转变成一个云存储系统，所以云存储可以看作是一个以数据存储和管理为核心的云计算系统。云存储不仅仅是由存储技术和设备简单构建的，它更是一种服务的创新。

云存储在服务模式架构上，突破了云计算原有的 IaaS、PaaS 和 SaaS 每层单独定义的体系，形成了包含这三部分的一个整体。云存储提供的服务模式主要集中在 IaaS 和 SaaS 层上。在 IaaS 层，云存储提供的服务就是数据存储、归档及备份等服务；在 SaaS 层，云存储提供的服务就是各类在线网盘业务。

云计算的目标是像使用电一样方便地使用云计算服务，云存储也是一样的。经历了以计算为中心、以网络为中心的时代，人类进入了以数据为中心的时代。现实世界的数据呈现指数级增长的趋势，《Data Age 2025》预测，到 2025 年全球信息量将达到约 175ZB，是 2020 年全球信息量的 4 倍。可见存储需求非常巨大，这将是云存储发展的机遇。

1.2 云存储分类与特点

1.2.1 云存储分类

云存储属于云计算范畴，因此同样有公有云、私有云及混合云之分，在部署模式上分为公有云存储、私有云存储及混合云存储。

1. 公有云存储

目前，公有云存储服务发展迅猛，很多 IT 公司都推出了公有云存储服务。大型 IT 公司在已有的产品和用户群体上已形成优势，同时拥有构建大型数据中心的能力，既可以借助用户资源优势发展个人存储服务，又可以凭借技术实力面向企业打造云存储服务，国外有 Amazon S3、Windows Azure、Google Drive，国内有阿里 OSS、百度云等。新兴创业型公司如国外的 Dropbox、Ever note，国内的七牛云、青云等，它们密切关注用户需求变化完成产品服务的提升，给用户提供了简洁易用、丰富多样的云存储服务体验。

从服务模式上看，国内 IaaS 模式的云存储服务商相对较少，最有代表性的是阿里云的 OSS。随着阿里云的云计算体系逐渐成熟完善，OSS 服务得到了业内的广泛关注，个人站长和应用开发者用户逐渐增多。国内 SaaS 模式的云存储产品形成规模较早，主要有百度云盘、腾讯微云、360 云盘、华为网盘等。这些产品满足了用户文档存储、共享和同步的需求，推动了国内云存储服务的应用。

从服务形式上看，现有的公有云存储服务通常以三种方式为用户提供云存储服务：Web 端页面、终端应用程序和开放 API。其中 Web 端页面通过浏览器访问，其功能单一但完全可视化，用户可直接快速管理云端数据；终端应用程序可分为电脑端和移动端两类，具有使用方便、功能丰富、界面可视化的特点；开放 API 一般以 Web 服务的形式提供，可以被任何第三方应用来调用，面向的用户大多为第三方应用程序开发者，云存储服务用作应用程序数据或数据库数据的存储空间。

从付费方式上看，当前主流的云存储服务商均在 Web 服务的基础上设定了按照用户的实际使用计费的策略，计费内容包括存储空间大小、流入流出流量和数据请求次数。计费方式包括按流量计费、包月/包年计费等。部分云存储服务商为了吸引用户，在定价模式上会选择阶梯价格，存储容量越大或请求次数越多，计费时的单价就越低，给用户提供了更多的选择。

2. 私有云存储

私有云存储是指运行在企业数据中心内部的专用硬件设施上的私有云存储系统，其具有数据安全性和服务质量可以自行控制、网络传输性能好等优点。企业通常通过购买集成设备或定制的私有云产品来实现私有云存储。目前已上市的产品包括两种形式：一种是软硬件整合设备，厂商提供存储设备和服务软件的成套方案；另一种是纯软件服务，企业需要自行选择服务器与存储设备。

私有云存储可通过开源的云存储架构或分布式文件系统来搭建，其中比较成熟的平台有 OpenStack 中基于对象存储的 Swift、Hadoop 的 HDFS 分布式系统、MooseFS、Ceph 等。

私有云存储尽可能地与内部原生基础设施无缝整合在一起。保障已有数据的安全与稳定性、服务协议整体协调性、系统容量及性能的可扩展性、友好的管理平台、成本控制等，这些都是部署一个私有云存储系统必须考虑的内容。高融合存储系统是实施私有云存储的一个可选方案，既能实施有效管理，又能实现无限横向扩展，是私有云环境部署的首选。

开源 OpenStack 最终成为私有云构建的主流。有数据表明，国外企业公有云支出占平均 IT 预算的 24%左右，私有云支出占平均 IT 预算的 5%左右；中国用户公有云、私有云占 IT 支出的比例几乎持平，中国用户更加偏爱私有云。

公有云的优势在于资源共享，因而具有更高的资源使用效率，成本相对比较低，可以按照使用次数来付费。私有云的成本比较高，但是更加具有掌控性，也更加符合遵从法规的需要。

3. 混合云存储

当前，企业面临复杂的数据存储环境，企业数据呈现爆发式增长，自建 IDC 数据中心扩容需要较高的硬件和运维成本。如何既能发挥企业原有 IDC 资产价值又可享受云服务价值，同时保证企业核心数据安全保密？显然，混合云存储是一个可行方案。

混合云存储系统建立在私有云和公有云服务之上，具体实施又有多种形式。

（1）企业自行运维本地 IDC 数据中心，同时使用公有云存储服务。企业自行开发应用程序，解决数据在私有云和公有云分别存放及同步问题。

（2）企业使用公有云服务商提供的“混合云存储解决方案”（如阿里、腾讯目前都提供该服务），云服务商使用“云存储网关”来管理和解决混合云存储中的相关技术问题。

（3）为了防止使用公有云存储服务产生的依赖及数据丢失，也可以采用“多云存储”方案。例如，(k，n)（$k<n$）门限多云存储方案，这种方案使用 1 个私有云存储，n 个公有云存储，在公有云中存放的所有数据使用信息分散算法将其拆分为 n 个带有冗余编码的数据块，分别存放在 n 个不同的公有云存储服务商处。读取数据时，只需从 n 个云存储服务商中的任意 k（门限值）中获取数据，即可恢复原始数据。这种方案能够最大限度地实现数据保密性，降低对云服务商的依赖，但成本太高。

混合云未来发展的重点是自动化、智能化，但是现阶段还是基于数据的管理和智能化分析。多云可以视为混合云管理的加强，由于用户选用了多个公有云服务商，因此实现跨公有云的多云管理成为现阶段的热点。

1.2.2 云存储特点

云存储是云计算的延伸和发展，因此继承了云计算的所有特征。虽然私有云存储与公有云存储在部署上和服务模式上有所不同，但仍具有如下共同特点。

（1）可弹性扩展：底层采用虚拟化和分布式技术，单个存储节点的加入和退出不会影响整个服务，其存储量可随着需要进行增加，对于海量数据具有非常好的处理能力。

（2）性价比高：无论是私有云存储还是公有云存储，都可以采用廉价设备构建系统，节约采购存储设备的成本，通过自动化部署及管理可以缩短建设周期，减少运维成本。

（3）同质化：云存储中使用的软件和硬件都趋于同质化，这样可以实现更好的自动化管理。

（4）虚拟化：云存储可以让用户在任意地点使用各种终端获取应用服务，用户无须了解应用所运行的具体位置。

（5）可靠性：从硬件层面到软件层面配备了容灾机制，在增加云存储系统整体高可用性的同时，还能够提高系统整体的运行效率。

（6）安全性：构建服务的安全体系是云存储建设所必备的要求，云存储可靠的数据加密存储方式实现了用户数据的私密性。

1.3 云存储标准

目前云存储行业存在众多的云存储标准，其中市场较为认可的有 Amazon S3 接口标准和 SNIA 标准。SNIA 是成立比较早的中立的存储行业协会组织，其宗旨是带领全世界范围的存储行业开发与推广标准、技术和培训服务，增强组织的信息管理能力。目前 SNIA 拥有 170 家行业领先组织，2500 名活跃成员，以及 50 000 个域名终端用户。

SNIA 于 2010 年 4 月发布了第一个云存储标准：云数据管理接口（CDMI）。CDMI 提供了访问云存储和管理云存储数据的方式，CDMI 同时支持块（逻辑单元号或虚拟卷）和文件（通过通用互联网文件系统、网络文件系统或 webdev 访问的文件系统）存储客户端。块和文件的底层存储空间被抽象化为封装器。

此外，SNIA 还就数据保护、以太网存储、绿色存储、软件定义存储、固态存储、存储安全等主题提出了一系列建议文档。

2015 年 9 月发布了三个云存储标准：《信息技术 云数据存储和管理 第 1 部分：总则》（GB/T 31916.1—2015）、《信息技术 云数据存储和管理 第 2 部分：基于对象的云存储应用接口》（GB/T 31916.2—2015）、《信息技术 云数据存储和管理 第 5 部分：基于键值（Key-Value）的云数据管理应用接口》（GB/T 31916.5—2015）。它们分别就对象存储、对象存储应用接口、基于键值的云数据管理应用接口进行了标准化规范。2018 年 6 月又发布了《信息技术 云数据存储和管理 第 3 部分：分布式文件存储应用接口》（GB/T 31916.3—2018），这个云存储标准对分布式文件存储应用接口进行了标准化规范。

国家标准提出了云数据存储和管理框架，如图 1-2 所示。该框架包括三层：存储层、应用接口层和应用层。

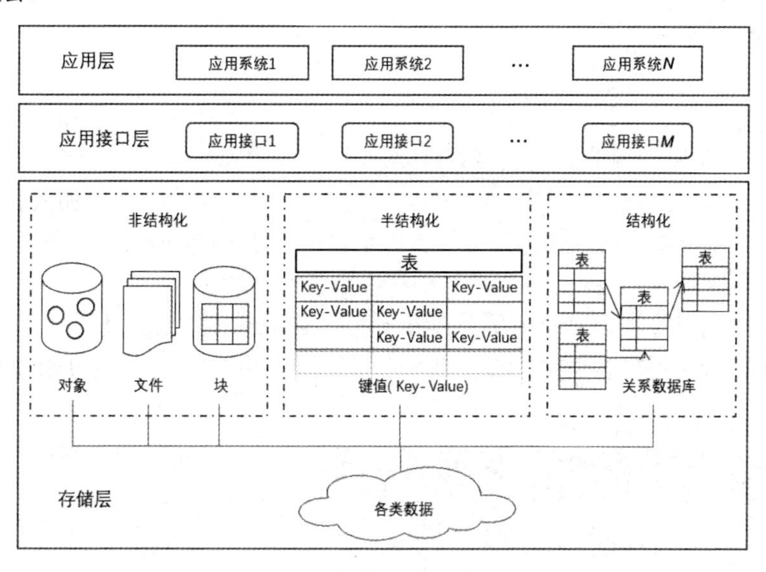

图 1-2 云数据存储和管理框架

存储层包括数据和数据的存储与管理。应用接口层包括各类应用接口。应用层包括各类信息系统，应用层通过统一的应用接口访问和管理存储层的各类存储资源。

根据数据的结构化程度不同，存储层提供对非结构化数据、半结构化数据和结构化数据的存储和管理。其中，非结构化数据的存储和管理方式主要基于对象、基于文件和基于块的云数据存储和管理等；半结构化数据的存储和管理方式主要基于键值（Key-Value）的云数据存储和管理；结构化数据的存储和管理方式主要基于关系数据库的云数据存储和管理。

任务实施

1.4 任务 1 云存储市场调研

目前云存储已经得到广泛应用，市场上既有国内外知名 IT 厂商提供的云存储服务，又有新兴创业型公司，云存储市场一片繁荣。通过调研市场上云存储服务的提供情况，了解云存储服务和应用现状，掌握云存储服务的配置方法。

实训任务

通过广泛的市场调研了解云存储技术和服务，形成市场调研分析报告。

实训目的

1. 了解云存储市场现状；
2. 了解各服务商提供的云存储服务类型；
3. 了解各类云存储服务的付费方式和价格；
4. 加深课堂知识的理解，提高对云存储的兴趣。

实训步骤

1. 班内分组，团队协作完成任务；
2. 采用分组调研、注册体验、分析总结等方式，研究各大云计算服务商提供的云存储产品服务；
3. 调研要尽量覆盖国内外知名云存储服务提供商，并就产品类型、质量保证、产品价格、付费方式等进行比较和分析；
4. 形成市场调研报告，要求多用图、表、数据等方式，增强说服力；
5. 每组制作调研报告和总结 PPT，进行汇报展示，并进行小组自评和组间互评。

1.5 任务 2 腾讯公有云存储实战

使用 Web 端页面访问的方式，在腾讯公有云平台上申请 1 台云服务器、MySQL 云数据库、

块存储服务、对象存储服务，完成申请和购买，并进行基础配置。

腾讯云为企业用户和个人用户均提供了 15 款产品的 15 天免费试用，利用免费试用的机会即可完成本次实训任务，并可以在 15 天内尽情体验公有云服务，合理搭建自己的公有云计算/存储平台。

实训任务

在腾讯公有云平台上申请和配置云服务器、MySQL 云数据库、块存储服务、对象存储服务。

实训目的

1．深入了解公有云存储市场行情；

2．掌握公有云存储配置和使用方式；

3．掌握云服务器、MySQL 云数据库、块存储服务、对象存储服务的使用方法。

1.5.1　子任务 1　申请云服务器 CVM

1．登录腾讯云平台

使用 Microsoft Edge 或谷歌浏览器访问腾讯云平台地址 https://cloud.tencent.com/，单击“登录”命令，出现登录界面，首选登录方式为微信扫码登录。第一次登录需要进行实名登记，用微信扫码登录并完成个人实名登记（过程略）。

2．申请云服务器

完成登记注册后，在腾讯云首页找到“免费产品”选项，如图 1-3 所示，单击进入即可看到图 1-4 所示的所有试用产品。选择“CVM”（云服务器），单击“0 元试用”按钮进入产品信息设置界面。试用产品只有成都二区、广州三区等几个有限地域可选，为了便于后续实验的开展，请注意固定选择一个地域，因为各项服务不能跨区整合。选择 CentOS 7.2 64 位的服务器操作系统。单击“确认领取”按钮进入付费界面，完成 0 元付费后，就申请到 1 台云服务器 CVM。

图 1-3　腾讯云首页界面

图 1-4　腾讯云提供的免费试用产品

3．配置云服务器

在 Web 界面，单击“控制台”命令即可看到自己使用的云产品中已经有 1 台云服务器，如图 1-5 所示，单击该服务器，进入服务器控制台界面，如图 1-6 所示。

在该界面可以看到服务器实例的 ID 为系统分配的“ins-2qpqweg1”、状态为“运行中”、所在区域为“成都二区”、实例配置为“1 核 2GB5Mbps”、公网和内网具体 IP 地址等信息。

实例 ID 无法修改，将鼠标指针放在 ID 下面名称旁边的 图标上，可以修改实例名称。

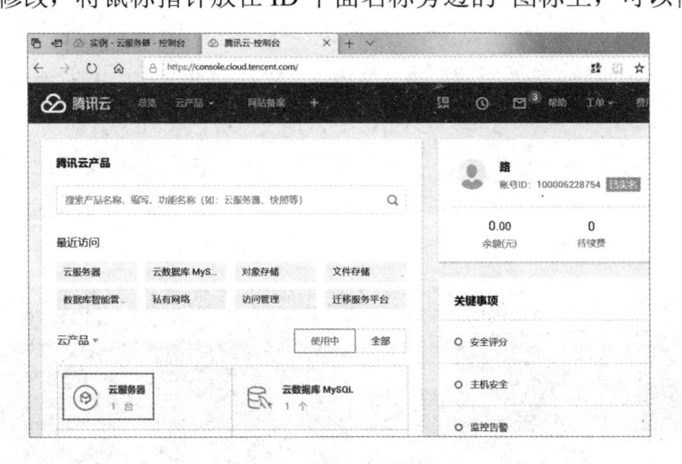

图 1-5　控制台界面

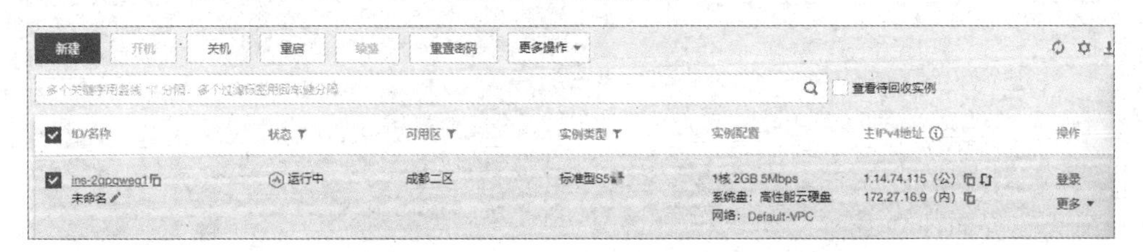

图 1-6　服务器控制台界面

由于购置服务器时没有配置服务器密码，因此需要设置服务器密码。单击服务器实例信息上面的“重置密码”按钮，刷码验证后设置服务器密码，密码要求至少包含三种符号。

在图 1-6 所示界面的最右边单击“更多”下拉按钮，在弹出的下拉列表中选择“安全组”→“配置安全组”选项，为服务器设置安全组策略，默认的安全组入站和出站规则都设置的是全部放行，可以根据需要进行配置和调整策略，如图 1-7 所示。

sg-cejpycjt(default)　安全组帮助

安全组规则　关联实例

入站规则　出站规则

添加规则　导入规则　排序　删除　一键放通　教我设置

来源	协议端口	策略	备注	修改时间	操作
0.0.0.0/0	TCP:22,3389,80,443,20,21	允许	一键放通入站规则	2020-05-03 11:55:08	编辑 插入 删除
0.0.0.0/0	ICMP	允许	一键放通入站规则	2020-05-03 11:55:08	编辑 插入 删除
0.0.0.0/0	ALL	允许	Default rule	-	编辑 插入 删除
::/0	ALL	允许	Default rule	-	编辑 插入 删除

图 1-7　安全组规则配置界面

4. 登录云服务器

在图 1-6 所示的界面单击“登录”按钮，在弹出的验证窗口中进行扫码验证，进入“登录 Linux 实例”界面，如图 1-8 所示。选择标准登录方式，单击“立即登录”按钮。在弹出的登录界面输入账号：root，输入前面设置的密码，完成登录，登录后的界面如图 1-9 所示。

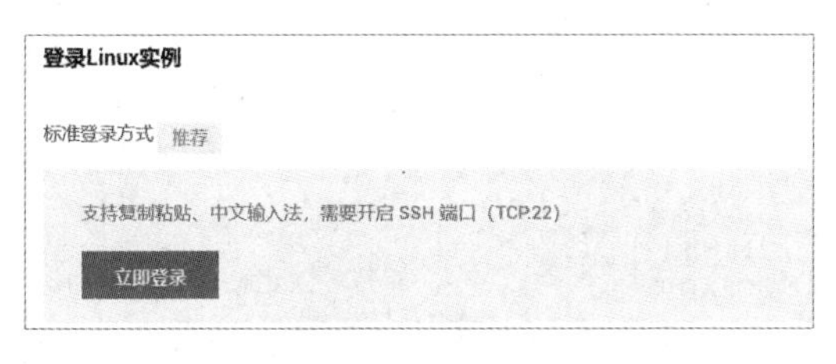

图 1-8　“登录 Linux 实例”界面

图 1-9　完成云服务器登录

1.5.2　子任务 2　申请云数据库服务

1. 申请云数据库服务

回到图 1-4 所示的试用产品界面。选择“云数据库 MySQL”，单击“0 元试用”按钮进入产品信息设置界面，选择与云服务器相同的区域，单击“确认领取”按钮就进入付费界面，完成 0 元付费后，就申请到 1 台云数据库 MySQL（过程略）。

申请完成后，从 Web 界面回到控制台界面，即可看到自己使用的云产品中已经有 1 台云数据库 MySQL，单击该数据库，进入数据库控制台界面，如图 1-10 所示。

在该界面可以看到数据库实例 ID、状态、所在可用区、配置信息、内网地址等信息。

图 1-10　数据库 MySQL 控制台界面

2．配置云数据库服务

与子任务 1 中的配置相似，可以在图 1-10 所示的界面配置数据库名称、安全组策略等。

创建完成后的数据库需要初始化，单击实例操作中的“初始化”按钮，初始化云数据库。初始化需要一段时间，在跳转的界面中输入 MySQL 数据库账号：root，并设置好密码，然后单击“确定”按钮，如图 1-11 所示。

图 1-11　初始化数据库参数

初始化操作会重启实例，重启后即可使用云数据库。

3．云数据库管理

单击实例操作中的“登录”按钮，登录云数据库，如图 1-12 所示。

图 1-12　数据库登录界面

登录后的界面，如图 1-13 所示，选择“新建”→“新建库”选项，在跳转的界面中单击

"新建数据库"命令，创建一个新的数据库"test_1"，如图 1-14 所示。

图 1-13 "数据管理"界面

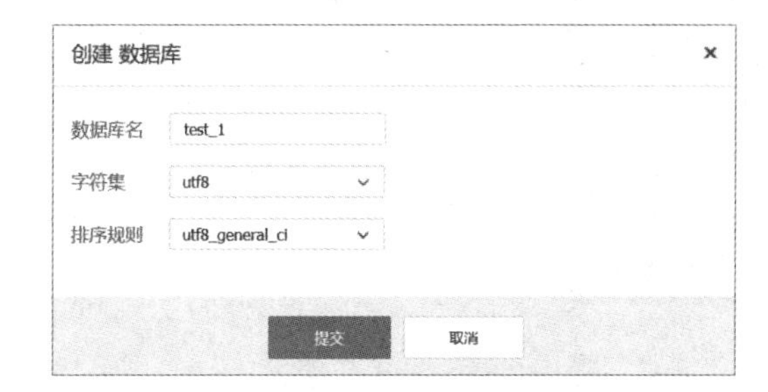

图 1-14　创建新数据库

回到图 1-10 所示的数据库列表界面，单击"管理"按钮进入"数据库管理"界面，如图 1-15 所示。

图 1-15 "数据库管理"界面

在这个界面可以看到新建的数据库"test_1"，可以使用数据导入功能，导入".sql"文件创建所需要的库，这样就可以使用该数据库了。

1.5.3　子任务 3 购买块存储 CBS 服务

1. 配置已有云硬盘

块存储 CBS 服务就是云硬盘服务。回到"云服务器"控制台界面，如图 1-16 所示。在概览视图中可以看到云服务器 1 台，云硬盘 1 个。选择左侧列表中的"云硬盘"选项，在跳转出来的图 1-17 所示的界面中可以看到该云硬盘的大小为 50GB，是服务器实例"ins-2qpqweg1"的系统盘。

图 1-16 "云服务器"控制台界面

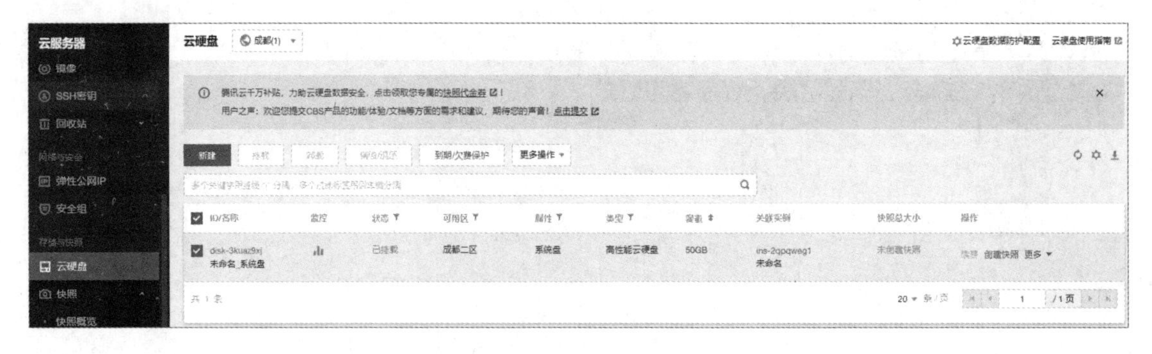

图 1-17　云硬盘信息

在云硬盘信息条的右侧单击“更多”下拉按钮，可以看到“扩容”“挂载”“卸载”等选项都是灰色的，这是因为该云硬盘是作为系统盘挂载的，无法进行扩容等操作，但可以创建快照。单击“设置定期快照策略”命令，在弹出的对话框中可以设置定期快照策略，如图 1-18 所示，也可以单击“新建定期快照策略”命令，在指定的具体日期的具体时间创建快照。

图 1-18　设置数据定期快照策略

2. 购买新的云硬盘

在图 1-17 所示界面中，单击“新建”按钮，弹出“购买数据盘”界面，如图 1-19 所示。

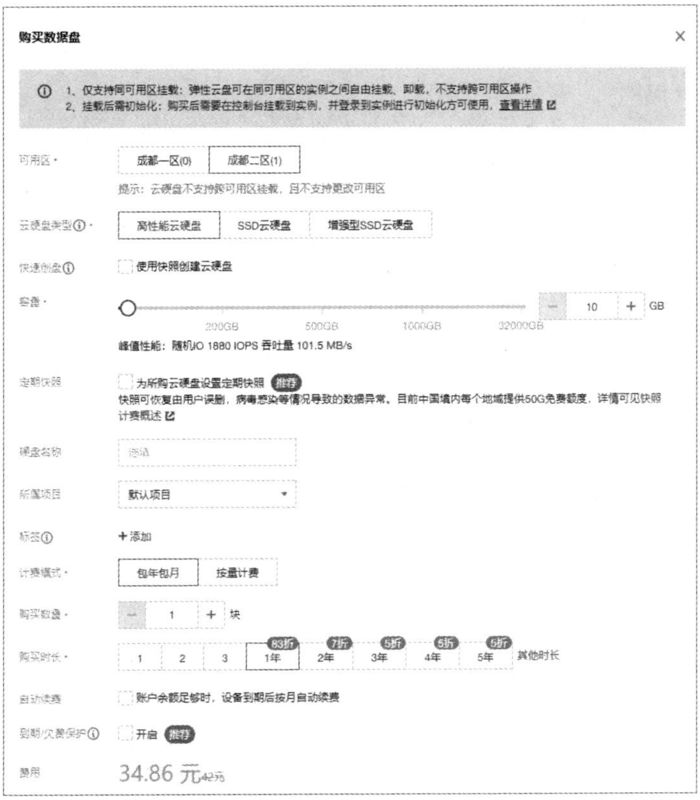

购买数据盘 ×

1、仅支持同可用区挂载：弹性云盘可在同可用区的实例之间自由挂载、卸载，不支持跨可用区操作
2、挂载后需初始化：购买后需要在控制台挂载到实例，并登录到实例进行初始化方可使用，查看详情

可用区 · 成都一区(0) 成都二区(1)
提示：云硬盘不支持跨可用区挂载，且不支持更改可用区

云硬盘类型 · 高性能云硬盘 SSD云硬盘 增强型SSD云硬盘

快速创盘 使用快照创建云硬盘

容量 · 200GB 500GB 1000GB 32000GB − 10 + GB
峰值性能：随机IO 1880 IOPS 吞吐量 101.5 MB/s

定期快照 为所购云硬盘设置定期快照 推荐
快照可恢复由用户误删、病毒感染等情况导致的数据异常。目前中国境内每个地域提供50G免费额度，详情可见快照计费概述

硬盘名称 选填

所属项目 默认项目

标签 +添加

计费模式 · 包年包月 按量计费

购买数量 · − 1 + 块

购买时长 · 1 2 3 1年(83折) 2年(7折) 3年(5折) 4年(5折) 5年(5折) 其他时长

自动续费 账户余额足够时，设备到期后按月自动续费

到期/欠费保护 开启 推荐

费用 34.86 元 42元

图 1-19 “购买数据盘”界面

购置新的云硬盘要注意可用区的选择，云硬盘不支持跨可用区挂载，且不支持更改可用区，因此，购置的云硬盘要同服务器实例所在区一致。计费模式的选择要注意斟酌，在包年包月模式下，每 10GB 一年的费用是 34.86 元。对短期实验而言，按量计费更合适，10GB 每小时的费用是 0.01 元（事实上这种方式是很贵的，但在实验中使用，一小时就足够了）。购置的付费过程在这里不再赘述，购买的云硬盘可以执行“扩容”“挂载”等操作，如图 1-20 所示。将该云硬盘挂载到服务器实例，就可以在服务器中运行了。

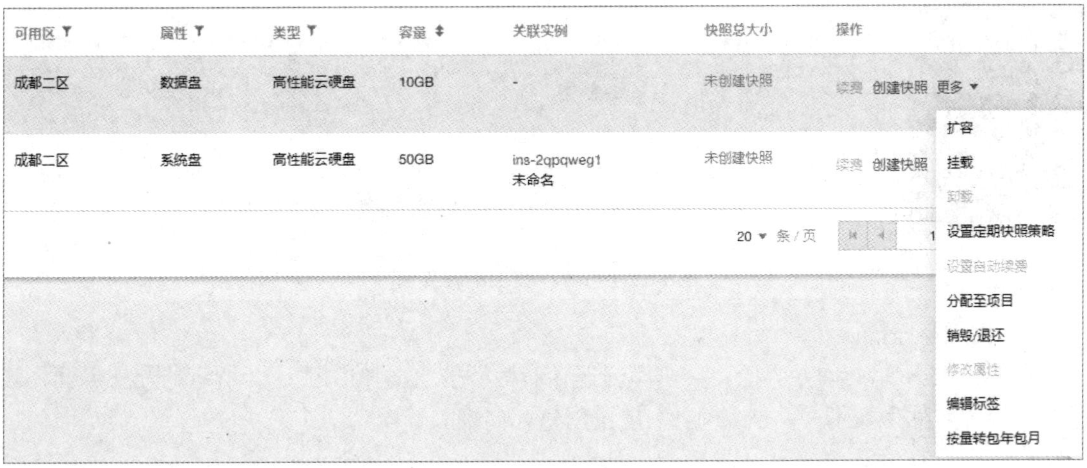

可用区	属性	类型	容量	关联实例	快照总大小	操作
成都二区	数据盘	高性能云硬盘	10GB	-	未创建快照	续费 创建快照 更多
成都二区	系统盘	高性能云硬盘	50GB	ins-2qpqweg1 未命名	未创建快照	续费 创建快照

20 条/页

更多菜单：扩容 挂载 卸载 设置定期快照策略 设置自动续费 分配至项目 销毁/退还 修改属性 编辑标签 按量转包年包月

图 1-20 云硬盘信息

1.5.4　子任务 4　申请对象存储 COS 服务

1．申请对象存储服务

在试用产品界面，选择“对象存储 COS”，单击“0 元试用”按钮即可进入产品信息设置界面，该服务试用期是 6 个月。进入控制台界面，在图 1-21 所示的使用的云产品中单击对象存储，即可进入对象存储控制台界面，如图 1-22 所示。

图 1-21　控制台界面

图 1-22　对象存储控制台界面

2．创建存储桶

在图 1-22 所示的向导界面，单击“创建存储桶”按钮，弹出图 1-23 所示的配置界面，设置存储桶的名称为 test，单击“确定”按钮创建存储桶。

图 1-23　“创建存储桶”配置界面

存储桶创建完成后，进入 test 存储桶界面，如图 1-24 所示。

图 1-24　test 存储桶

3. 对象存储的使用

在 test 存储桶界面单击“创建文件夹”按钮，弹出“新建文件夹”对话框，设置文件夹名称为 testdir，单击“确定”按钮，如图 1-25 所示。

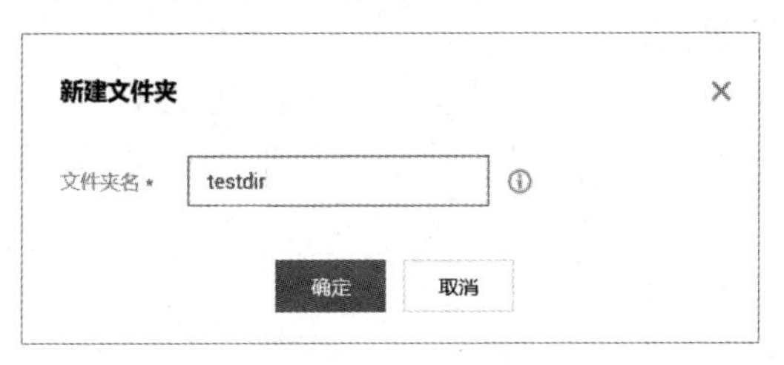

图 1-25　新建文件夹

进入 testdir 文件夹，如图 1-26 所示。单击“上传文件”按钮，在跳转界面单击“选择文件”按钮，然后选择桌面的任意文件并单击“上传”按钮确定上传，如图 1-27 所示。文件上传后可以执行下载、删除等操作。

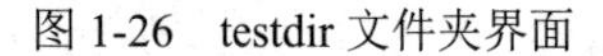
图 1-26 testdir 文件夹界面

图 1-27 “上传文件”界面

腾讯云提供的试用产品都是限时免费、存储空间免费、上行流量及内部空间流量免费的，但下行流量（从腾讯云下载到用户本地）是收费的，要注意尽量减少下行流量的使用。在块存储实验时，如果购买了计时付费云硬盘，一定要在实验完成后，逐步完全释放购买的资源，以免按时间持续计费。

综合训练

一、选择题

1．PaaS 是指（　　）。

A．基础设施即服务　　B．平台即服务　　C．软件即服务　　D．数据存储即服务

2．云存储针对非结构化文件有哪几类存储方式？（　　）

A．块存储　　B．对象存储　　C．文件存储　　D．磁盘阵列存储

3．云存储的主要特点有哪几项？（　　）

A．弹性容量　　B．按需付费　　C．易于使用　　D．管理简单

4．国家标准规定的云数据存储和管理框架分为哪几个层次？（　　）

A．存储层　　B．物理层　　C．应用层　　D．应用接口层

二、思考题

1．说明云存储的概念和特点。

2．云存储相比传统存储方式，有哪些变化？你认为人们使用云存储时会有哪些顾虑？

3．通过网上调研了解云存储，你认为云存储未来会向哪些方面发展？说明理由。

第2章

单节点存储技术

学习目标

- 了解单节点（单机）数据存储方法；
- 了解常见的各类存储介质；
- 掌握 SATA、SCSI、SAS 等接口知识；
- 掌握 RAID、DAS 相关知识和技术。

任务引导

公有云存储服务使用起来简单便捷、轻松愉快，然而作为专业技术人员，需要掌握底层存储技术、设备工作原理和系统运维方法。从本章开始，我们将系统学习数据存储技术，从单节点存储到网络存储，再到集群存储、分布式存储、私有云存储，只有理清存储技术发展脉络，才能理解和掌握云存储相关技术。

单节点存储是最基础的数据存储技术和设备之一，无论过去、现在和未来，都离不开单节点存储，单节点存储中主要涉及存储介质、硬盘接口技术、文件系统管理和 RAID 技术等内容。

相关知识

2.1 存储介质

自计算机诞生以来，为了提高数据存储容量和存取速度，人们尝试了多种存储介质。早期使用了穿孔卡（见图 2-1）、穿孔纸带（见图 2-2）输入数据和程序；之后出现了选数管（见图 2-3），但因其成本太高未得到广泛使用；20 世纪 50 年代开始使用磁带和磁鼓（见图 2-4），它们分别用作数据存储和运行内存；1956 年出现的硬盘驱动器（见图 2-5），因技术进步带来的体积减小、容量提升等特点使其逐渐得到广泛使用，并一直沿用至今；20 世纪 70 年代中期到 90 年代末期，软盘（见图 2-6）作为便携式移动存储设备一度得到广泛使用；同期，光盘也因其容量大、易保存等特点得到广泛使用；2000 年前后出现的以 Flash 芯片为存储介质的 U

盘，迅速将软盘淘汰，成为主流便携式存储设备；如今，固态硬盘与传统硬盘分庭抗礼，磁盘阵列广泛使用，存储容量和存取速度已得到巨大提升。

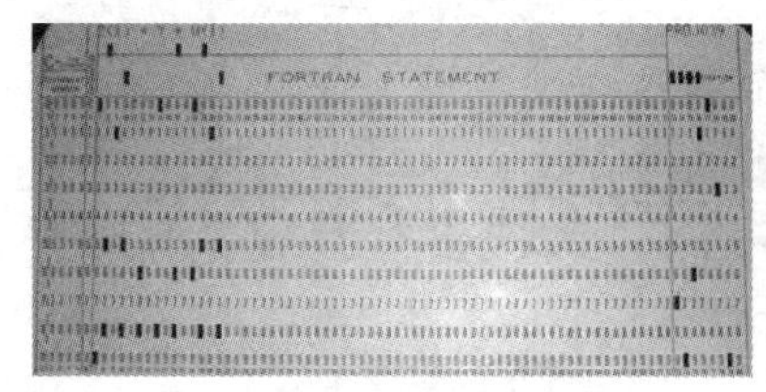

图 2-1　穿孔卡

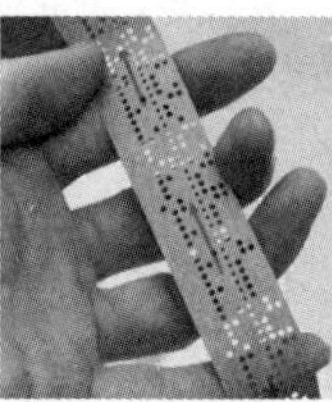

图 2-2　穿孔纸带

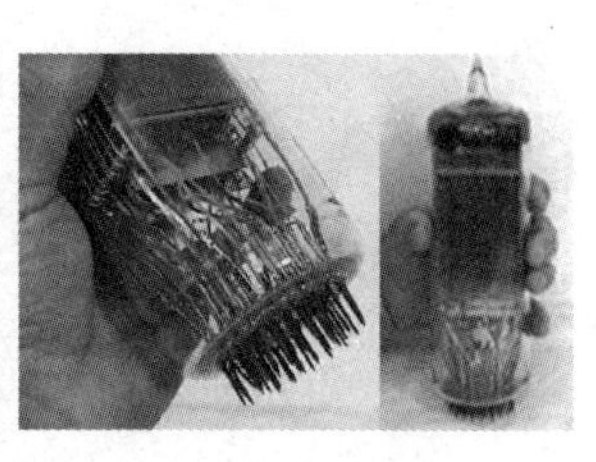

图 2-3　选数管

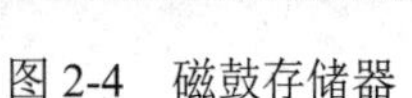

图 2-4　磁鼓存储器

图 2-5　早期的硬盘驱动器

图 2-6　软盘

2.1.1　机械硬盘

硬盘驱动器，其英文全称为 Hard Disk Drive（HDD），因其内部含有机械装置，这里把它称为“机械硬盘”，与固态硬盘相区分。

世界上第一块硬盘诞生于 1956 年，由 IBM 公司制造，名为 350 RAMAC（Random Access Method of Accounting and Control），其容量为 5MB，盘片直径为 24 英寸（60 多厘米），盘片数为 50 片、重量达上百公斤。1968 年，IBM 公司针对 RAMAC 庞大的体积及低效的性能等缺点，提出了“温彻斯特/Winchester”技术。1973 年，IBM 公司制造出了一台 640MB 的基于“温彻斯特/Winchester”技术的硬盘。作为现代硬盘的始祖，这款硬盘的原理与目前的硬盘相似，但是其重量非常惊人。1979 年 IBM 发明了薄膜磁头，这项技术令硬盘的体积大大减小且速度更快。同时期 IBM 推出了 IBM 3370，这是当时第一款采用 Thin-Film 感应磁头及 Run-Length-Limited（RLL）编码配置的硬盘。1986 年 IBM 9332 诞生，第一次使用更高效的 1-7 Run-Length-Limited 编码。1991 年 IBM 磁阻 MR（Magneto Resistive）磁头硬盘出现，历史上首次将硬盘的容量带入了 GB 级别。磁阻磁头对信号变化相当敏感，盘片的存储密度可以得到几十倍的提高。1993 年 GMR（Giant Magneto Resistive）巨磁阻磁头技术的推出，使硬盘的存储密度又上了一个台阶。

1．磁盘的内部结构

磁盘的内部结构如图 2-7 所示。机械硬盘存储数据使用的是磁性存储介质，所以机械硬盘也称磁盘，其物理结构包含机械装置和电子装置，主要有磁头组件、磁头驱动机构、盘片、主轴驱动装置、控制电路和接口等。磁头组件在磁头驱动机构的驱动下在盘片区域做径向运动，盘片在主轴驱动装置带动下做旋转运动，两者结合，就可以让磁头读写到盘片上每一个扇区的数据。

2．存储空间管理

磁盘的存储空间管理涉及磁盘的盘片、磁道、柱面、扇区、磁头数和簇的概念。磁盘的逻辑结构如图 2-8 所示。

图 2-7　磁盘的内部结构

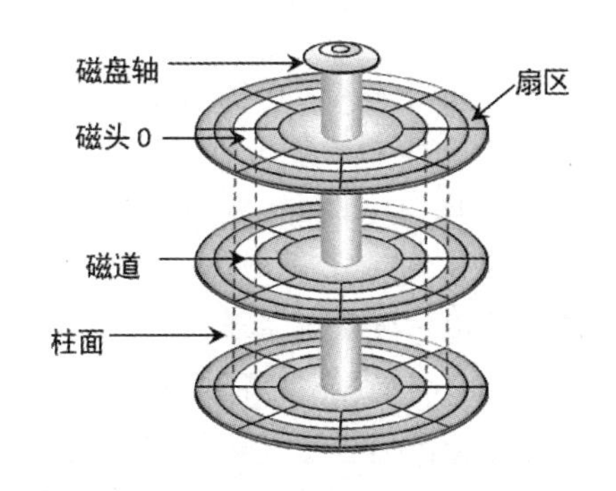

图 2-8　磁盘的逻辑结构

盘片：硬盘的盘片一般用铝合金做基片，高速旋转的硬盘也有用玻璃做基片的。玻璃基片更容易达到其要求的平面度和光洁度，并且有很高的硬度。硬盘的每一个盘片都有两个盘面，即上盘面和下盘面，一般每个盘面都要利用上，每一个这样的有效盘面都有一个盘面号，按顺序从上到下自“0”开始依次编号。在硬盘系统中，盘面号又叫磁头号，就是因为每一个有效盘面都有一个对应的读写磁头。硬盘的盘片组在 2～14 片不等，通常有 2～3 个盘片，故盘面号（磁头号）为 0～3 或 0～5。

磁道：硬盘在格式化时被划分成许多同心圆，这些同心圆的轨迹称为磁道。磁道由外而内从 0 开始按顺序进行编号。硬盘的每一个盘面有 300～1024 个磁道，新式大容量硬盘盘面每面的磁道数更多。

柱面：所有盘面上的同一磁道构成一个圆柱，称为柱面，柱面从外向内由 0 开始编号，和磁道数目一致，表示硬盘的每一盘面有多少条磁道。

扇区：硬盘上每个磁道被分为若干个弧段，由 1 开始编号；每个弧段可以存储 512bit 或 4K 字节的信息，称为扇区。

磁头数：硬盘上每个盘面都有对应的读写磁头，磁头数与盘面数一致。

簇：在硬盘中，扇区是实际物理单位，簇就是硬盘上存储文件的一个逻辑单位。物理相邻的若干个扇区组成一个簇。操作系统读写磁盘的基本单位是扇区，而文件系统的基本单位是簇。

硬盘的存储空间就是由上述几个单位来决定的，例如，一个硬盘驱动器的每个磁道有 8 个扇区，并且有 3 个盘片、6 个磁头和 4 个柱面，这意味着总共有 8×6×4=192 个扇区。进行空间管理时，有两种方法可选，一种是三维编码，另一种是线性编码。

三维编码即采用柱面（0～3）、磁头（0～5）、扇区（1～8）各自编号组成的编码来管理，这样每一个扇区都有唯一的三维编码来表示，例如，(1,4,1）表示 1 号柱面 4 号磁头 1 号扇区。这就是较早的驱动器所采用的物理地址寻址（CHS）方式，这种方式组成的物理地址能够明确定位每个扇区在磁盘上的特定位置，但是使用起来非常麻烦。

线性编码就是把 192 个扇区直接编为 0～191 号进行管理，实际上是把 CHS 采用一定的逻辑顺序映射为线性地址，不必关心每个扇区的具体位置，这就是 LBA 逻辑数据块寻址。磁盘控制器会将 LBA 转换成 CHS，因此主机仅需要知道用数据块数目表示的磁盘驱动器大小即可，逻辑数据块按 1∶1 原则映射到物理扇区。

3．机械硬盘的类型

目前机械硬盘仍是最主要的存储介质，主要有三种类型：3.5 寸台式机硬盘、2.5 寸笔记本硬盘、1.8 寸微型硬盘。

3.5 寸台式机硬盘是市场上最为常见的硬盘产品，其专门应用于台式机系统，是三种硬盘中尺寸最大、重量最大的一种，因为其体积最大所以容量一般也是最大的。由于它是给台式机使用的，对于防震方面并没有特殊的设计，在一定程度上降低了数据的安全性，而且携带也不方便，不过在价格和容量方面具备一定的优势。

2.5 寸笔记本硬盘则是专门为笔记本设计的，在防震方面也有专门的设计，抗震性能不错，尺寸、重量、功耗、容量都较小，在目前移动硬盘中应用最多。

1.8 寸微型硬盘也是针对笔记本设计的，在抗震方面不成什么问题，而且尺寸、重量也是三者中最小的，但其价格处于较高的层次，普及还比较困难，更适合有特殊需要的用户，而且容量也比较小。

4．机械硬盘的主要参数

硬盘的各项基本参数影响着硬盘的性能表现，从而影响整个系统的性能，主要参数如下。

硬盘容量：容量的单位为 MB、GB、TB 等。影响硬盘容量的因素有单碟容量和碟片数量。所谓的单碟容量是指硬盘单个盘片的容量，单碟容量越大，单位成本越低，平均访问时间也越短。

转速：硬盘的转速是指硬盘盘片每分钟转过的圈数，单位为 RPM（Rotation Per Minute）。一般硬盘的转速都达到 5400RPM 或 7200RPM。有些 SCSI 接口的硬盘使用了液态轴承技术，转速可达 10 000～15 000RPM。

缓存：由于 CPU 与硬盘之间存在巨大的速度差异，为解决硬盘在读写数据时 CPU 的等待问题，在硬盘上设置适当的高速缓存，以解决二者之间速度不匹配的问题。硬盘缓存与 CPU 上的高速缓存作用一样，都是为了提高硬盘的读写速度。

平均访问时间：平均寻道时间+平均等待时间+数据传输时间=平均访问时间。

其中，数据传输时间相对另外两个时间非常短，可以忽略不计。平均寻道时间是指磁头移动到指定磁道所需的时间，单位为 ms。一般来说，硬盘的转速越高、单碟容量越大，其平均寻道时间就越短，目前主流机械硬盘的平均寻道时间通常在 6ms～12ms。平均等待时间是指磁头已处于指定的磁道，等待所要访问的扇区旋转至磁头下方的时间。平均等待时间通常为盘片旋转半圈所需的时间（在平均情况下，需要旋转半圈），因此硬盘转速越快，等待时间就越短，一般应在 4ms 以下。

数据传输速率：是硬盘读写数据的速度，单位为 MB/s。硬盘数据传输速率包括内部数据传输速率和外部数据传输速率。

内部数据传输速率：也称持续传输速率，它反映了硬盘缓冲区未用时的性能。内部传输速率主要依赖于硬盘的旋转速度，它可以明确表现出硬盘的读写速度，内部数据传输速率的高低是评价一个硬盘整体性能的决定性因素。

外部数据传输速率：也称突发数据传输速率或接口传输速率，是系统总线与硬盘缓冲区之间的数据传输速率，外部数据传输速率主要跟硬盘接口类型和硬盘缓存的大小有关。

IOPS：Input/Output Per Second，硬盘 IOPS 代表的是每秒的输入输出量（或读写次数），是衡量磁盘性能的一个主要指标。机械硬盘的连续读写性很好，但随机读写性很差。

带宽：也称吞吐量，指单位时间内成功传输的数据量。带宽反映磁盘在实际使用的时候从磁盘系统总线上流过的数据量，也称磁盘的实际传输速度。带宽=IOPS×IO 大小。小文件读写应用（考验随机读写性能）重视 IOPS，而大文件读写应用（考验连续读写性能）追求吞吐量。

5. HDD 技术发展

HDD 技术一直在发展进步，目前有两个方向的技术进步比较明显：一是体现在容量上，不断有 16TB+的产品出现；二是多磁臂技术不断提升 HDD 的访问性能，有 SMR（Shingled Magnetic Recording，叠瓦式磁记录）、MAMR（Microwave Assisted Magnetic Recording，微波辅助磁记录）和 HAMR（Heat Assisted Magnetic Recording，热辅助磁记录）等技术。

2.1.2 固态硬盘

固态硬盘（Solid State Disk，SSD），是一种以固态电子存储芯片作为永久性存储器的存储设备，其无高速旋转部件，性能高、功耗低。固态硬盘不是使用“碟盘”来存储数据的，也没有用于“驱动”的马达，但是人们依照习惯，仍然称其为固态硬盘或固态驱动器。固态硬盘分为易失性与非易失性，这里着重介绍更适合作为传统硬盘替代品的非易失性固态硬盘。

1. SSD 的主要类型

固态硬盘的存储介质是闪存颗粒，闪存（Flash）是一种电压控制型器件，非易失性固态硬盘采用的是 NAND 型闪存。

NAND 型闪存分为单层单元闪存（Single Level Cell，SLC）、多层单元闪存（Multi Level Cell，MLC）和三层单元闪存（Triple Level Cell，TLC）。SLC 每一个单元存储一位数据（1bit），MLC 每一个单元储存两位数据（2bit），TLC 每一个单元存储三位数据（3bit），因此，MLC 的数据密度要比 SLC 大一倍，虽然 TLC 数据密度更大，但是 TLC 的耐久性极差。

SLC 的特点是成本高、容量小、速度快，而 MLC 的特点是容量大、成本低，但是速度慢。另外，SLC 在寿命、可靠性和能耗方面都优于 MLC。

对 SSD 的可靠性影响最大的是其抗磨损能力，即其 cell 能被擦写的次数，企业级的 SLC、MLC 和 TLC 在抗磨损方面的区别比较明显，如表 2-1 所示。

表 2-1 SLC、MLC 和 TLC 的性能比较

类 型	容 量	可擦写次数	单位容量价格
SLC	小	约 100 000 次	高
eMLC	中等	约 30 000 次	中等
cMLC	中等	5000～10 000 次	低
TLC	大	500～1000 次	很低

从目前的市场情况看，TLC 是主流的存储介质，其主要原因在于成本和造价方面比较能够吻合市场的需要。未来随着更多新供应商的加入，以及 128 层以上制造技术的进步，TLC 在成本价格上还有更大的进步空间。MLC 方面，以三星 Z-NAND、东芝 XL-Flash 为代表，在低延时应用场景方面，也得到部分用户的追捧。

2．SSD 与 HDD 的比较

SSD 相比 HDD 在响应时间、读写效率、能耗、环境适应性等方面都有较大优势。

响应时间比较：传统硬盘的机械特性导致大部分访问时间浪费在寻道和机械延迟上，数据传输效率受到严重制约；而固态硬盘内部没有机械运动部件，省去了寻道时间和机械延迟，可以更快捷地响应读写请求。

读写效率比较：机械硬盘在进行随机读写操作时，磁头不停地移动，导致读写效率低下；而固态硬盘通过内部控制器计算出数据的存放位置，并进行读写操作，省去了机械操作时间，大大提高了读写效率。

能耗比较：由于机械硬盘采用机械方式工作，其功耗主要用于马达驱动和磁头读写，因此硬盘功耗和盘片大小与转速密切相关，比如，3.5 寸机械硬盘的运行功耗约为 2.5 寸机械硬盘的 2 倍。固态硬盘的工作功耗主要用于主控运算和闪存芯片擦写，相比于机械硬盘，固态硬盘功耗小一些。另外，固态硬盘在计算机待机状态下可以完全断电，而机械硬盘为了保证唤醒速度很难做到完全断电，因此在待机能耗这一点上，固态硬盘也是占优势的。

环境适应性比较：由于固态硬盘不含高速旋转的机械结构部件，相比机械硬盘，固态硬盘具有很强的环境适应性。使用专用设备进行静压试验、跌落试验、随机振动试验、冲击试验、碰撞试验等可靠性检测，固态硬盘也有更优的表现；固态硬盘通常能满足工业级应用要求，如-20℃～70℃、-40℃～85℃的宽温要求，可用在一些环境较恶劣的场合，如高温、高湿、强震等恶劣环境。

3．SSD 应用环境

一般将存储应用环境分为三个级别。A 级应用，以高并发随机读写为主，如数据库应用；B 级应用，顺序读写的大容量文件、图片、流媒体等；C 级应用，以备份数据为主，或者以极少使用的数据甚至冷备数据为主。在一般情况下，用户需要频繁改动或读写的数据占存储总量的 20%，将这部分数据称为热数据，热数据对应于 A 级应用。将热数据存放在 SSD 上，保障实时高频访问的读写要求，而 B 级应用和 C 级应用的数据存放在高速 HDD 和一般 HDD 上，提升整体性能并减少投资。

2.1.3 SCM

早在 2006 年，IBM 实验室就在研发一项称为内存级别的存储器技术 SCM（Storage-Class Memory，也译为存储级别的内存技术，两种的译法着眼点有细微不同）。SCM 是新一代的非挥发性内存技术，其存取速度效能表现与内存模块一致，但又具有半导体产品的可靠性，且在无须拭去（erase）旧有数据的情况下直接写入数据。

IBM 的规划是，SCM 产品的出现将使目前各项存储技术构筑的金字塔结构改变，依照存取速度、价格、存储数据量来看，目前在最底端的是磁带，往上分别是光盘、磁盘、内存模块。

SCM 技术将卡在磁盘和内存模块之间：SCM 的价格比磁盘高，但是其存取速度比磁盘的存取速度快得多，又比内存模块便宜。SCM 其中之一的可行应用，就是取代硬盘进入计算机成为存储媒介。

2018 年开始，华为、新华三等厂商纷纷推出 SCM 存储产品，预示着 SCM 正式产品化。SCM 的加入对现有存储系统是一个大的冲击和变革。

SCM 的存储介质性能高于 SSD，但逊色于内存模块，它适于担当二者之间的沟通桥梁。SCM 存储介质的出现，给用户应用提供了新的选择。对于 SCM 产品，需要注意区分产品规格，以傲腾为例，有 SSD、内存模块两种规格，二者不仅在性能、价格上有很大差别，使用的方法也有很大的区分。

2.1.4 光盘

光盘存储在小的单用户环境中非常流行，经常在个人电脑或笔记本电脑中用来存储照片或作为备份介质，光盘存储常用作单应用程序（如游戏）的分布介质，或者用来在封闭的系统之间传送少量数据。光盘的容量和速度都比较有限，因此难以用作企业级数据存储。

光盘的“一次写，多次读”（Write Once and Read Many）的特点是它的一个优势。从某种程度上说，光盘可以保证数据内容不被更改，所以对于那些需要长期存储的、创建之后就不会改变的少量固定数据，可以把光盘作为一种低成本的备选方案。由一组光盘组成的光盘阵列，称为 jukeboxes（自动唱片点唱机），它现在仍然是一种固定内容的存储解决方案。

光盘属于光存储介质，光存储技术的基本原理是通过改变一个存储单元的某种光学性质，如光的反射率、反射光极化方向等，使其性质的变化反映存储的二进制“0”“1”信息。反过来，识别存储单元相应的光学性质的变化，就可以读出其中存储的信息。按照光盘的存取性能，可以将光盘分为只读型、一次写入多次读出型、可擦写型。

便携式存储设备还在使用软盘及 U 盘刚刚出现但容量尚小时，光盘的使用曾盛极一时，随着大容量闪存/移动硬盘的普及、高速网络的发展，光盘逐渐退出了人们的视野。以前光驱是装机必备设备，现在基本不会再安装光驱了。

目前光盘主要应用在冷数据归档场景，光盘产品的主要演进趋势是不断提升容量。归档存储的市场空间巨大，在同类需求中，人们也在不断探索新的介质以更经济的方式存储更多数据。

2.1.5 磁带

磁带（Tape）曾是做备份最常用的存储介质之一，因为它的成本很低。过去的数据中心安装大量的磁带驱动器，需要处理几千卷磁带，往往将其组装成磁带库。物理磁带库是使用磁带作为存储介质的存储设备，它包含一个或多个驱动器、许多插槽、一个条形码阅读器及一个用于装载磁带的自动机械臂。目前，市面上常见的物理磁带库品牌有 IBM、HP、SUN（Storage Tek）等。磁带库外观如图 2-9 所示。

目前许多互联网公司都在使用磁带存储，许多企业的归档冷数据也在使用磁带存储，出于安全和合规性的要求，许多企业会要求将数据长期保留下来，结合技术维度和经济性方面考虑，磁带存储是十分稳妥的选择。

从技术演进方面来看，由于磁带技术非常成熟，磁带的接口演进也比较慢，演进的主要方向是不断提升磁带的密度，提升磁带的性价比。在应用上，磁带归档存储面临的挑战是如何确保归档的数据在需要的时候能正常恢复，企业用户也对长期归档的数据能否恢复存疑。大多数时候，知名厂商的磁带技术相对更有保障。在一些极端场景下，磁带存储相比机械硬盘和固态硬盘也有明显优势，磁带存储更为安全可靠。

图 2-9　磁带库外观

磁带的局限性主要表现在以下几个方面。

顺序读写：数据在磁带上是沿着磁带的方向线性存储的，检索数据也只能顺序进行，访问数据难免需要花费较长时间。因此，磁带不能适应随机访问数据的需要，只能用于大文件的顺序读写环境。

独占访问：在一个共享的计算环境中，存储在磁带上的数据不能同时被多个应用程序访问，同一时刻只能允许一个应用程序使用磁带。

容易老化：磁带驱动器上的读写头与磁带表面是接触的，所以在多次使用后磁带会老化、磨损。

开销较大：从磁带上存储、检索数据及管理维护磁带所需的开销很大。

2.2 硬盘接口技术

目前常用的硬盘接口有 IDE、SATA、SCSI、SAS、NL SAS、FC、iSCSI 等。

2.2.1 IDE 接口

IDE 的英文全称为 Integrated Drive Electronics，即电子集成驱动器，它是指把控制电路、盘片和磁头等放在一个容器中的硬盘驱动器。IDE 接口也称 PATA 接口，即 Parallel ATA（并行传输 ATA）。ATA 的英文全称为 Advanced Technology Attachment，即高级技术附加。ATA 接口最早是在 1986 年由 Compaq、West Digital 等几家公司共同开发的。在 20 世纪 90 年代初，ATA 接口开始应用于台式机系统。最初，它使用一个 40 芯电缆与主板上的 ATA 接口进行连接，只能支持两个硬盘，最大容量也被限制在 504MB 之内。后来，随着传输速度和位宽的提高，最后一代的 ATA 接口规范使用 80 芯的线缆，其中有一部分是屏蔽线，不作为传输数据，只是为了屏蔽其他数据线之间的相互干扰。

2.2.2 SATA 接口

SATA 的英文全称是 Serial ATA，即串行传输 ATA。相对于 PATA 模式的 IDE 接口来说，SATA 是用串行线路传输数据的，但是指令集不变，仍然是 ATA 指令集。

SATA 标准是由 Intel、IBM、Dell、APT、Maxtor 和 Seagate 公司共同提出的硬盘接口规

范。在 IDF Fall 2001 大会上，Seagate 宣布了 SATA 1.0 标准，正式宣告了 SATA 规范的确立。2003 年 Intel 推出支持 SATA 1.5Gbps 的南桥芯片（ICH5），2005 年 SATA 2.0 产品——SATA 3Gbps 出现在市场上，2009 年串行 ATA 国际组织（SATA-IO）正式发布了新版规范"SATA Revision 3.0"，传输速度提高到 6Gbps。四个版本的技术指标对比如表 2-2 所示。

表 2-2 四个版本的技术指标对比

版　本	带　宽	速　度	数据线最大长度
SATA Revision 3.0	6Gbps	600MB/s	2m
SATA 2.0	3Gbps	300MB/s	1.5m
SATA 1.0	1.5Gbps	150MB/s	1m
PATA	1Gbps	133MB/s	0.5m

2.2.3 SCSI 接口

SCSI 的英文全称是 Small Computer System Interface，即小型计算机系统接口，是一种较为特殊的接口总线，SCSI 具备与多种类型的外设进行通信的能力，比如硬盘、CD-ROM、磁带机和扫描仪等。SCSI 采用 ASPI（高级 SCSI 编程接口）的标准软件接口使驱动器和计算机内部安装的 SCSI 适配器进行通信。SCSI 接口是一种广泛应用于小型计算机上的高速数据传输技术。SCSI 接口具有应用范围广、多任务、带宽大、CPU 占用率低及热插拔等优点。

SCSI 接口为存储产品提供了强大、灵活的连接方式，还提供了很高的性能，可以有 8 个或更多（最多 16 个）的 SCSI 设备连接在一个 SCSI 通道上，其缺点是价格过于昂贵。在系统中应用 SCSI 必须要有专门的 SCSI 控制器。SCSI 总线由 SCSI 控制器进行数据操作和管理，控制器相当于一块小型 CPU，有自己的命令集和缓存空间。SCSI 总线结构可以对计算机中连接到 SCSI 总线上的多个设备进行动态分工操作，并可以对系统中的多个工作灵活地进行资源分配，动态完成作业。

SCSI-1 是最初的 SCSI 标准，又称 Narrow SCSI，它定义了线缆长度、信号特性、命令和传输模式。它支持的最大数据传输速度为 5MB/s，使用 8 位窄总线，最大支持接入 7 个设备。SCSI-1 是 1986 年开发的原始规范，现已不再使用。

SCSI-2 标准是 1992 年制定的，是 SCSI-1 的发展，在 SCSI-1 标准中加入一些新功能。SCSI-2 提供了两种传输选择：一种是 Fast SCSI，同步传输速度可达 10MB/s；另一种是 Wide SCSI，最大同步传输速度为 20MB/s，并且由 8 位窄总线扩展到 16 位，最大支持接入 15 个设备。

SCSI-3 是 SCSI 最新版本，也称 Ultra SCSI，由多个相关的标准组成。SCSI-3 最大支持接入 15 个设备，其最大传输速度可达 640MB/s，同时，大大地提高了总线频率，降低了信号干扰，增强了数据传输的稳定性。

SCSI 总线上连接的设备以多路复用的形式共享总线，大大减少了总线数量，但也出现了争用的问题。SCSI 在物理信号的基础上定义了十类总线信号，将 SCSI 总线状态划分成 8 个不同的阶段：空闲阶段、仲裁阶段、选择阶段、重选阶段、命令阶段、数据阶段、状态阶段和通信阶段，从而协调、控制总线的使用和数据的传输。为了避免信号传输到总线的尽头被反射回总线，需要在总线的尽头安装一个终结器以吸收信号。

SCSI 总线可以连接 16 个设备，每个设备有一个 SCSI ID（也称 Target ID）来进行总线寻址，但 SCSI ID 并不是 SCSI 总线网络中的最后一层地址，还有一个 LUN ID。

LUN 的英文全称是“Logical Unit Number”，即逻辑单元号。LUN ID 在逻辑上将每个 SCSI ID 划分成若干个逻辑 ID，物理设备寻址地址“Target x”就延伸为逻辑地址“Target x， LUN y”。这样，一条 SCSI 总线上可接入的最终逻辑存储单元数量就大大增加。LUN 对传统的 SCSI 总线来说意义不大，因为传统 SCSI 设备本身已经不可在物理上再分了。如果一个物理设备上没有再次划分的逻辑单元，那么这个物理设备必须向控制器报告一个 LUN 0，代表此物理设备本身。由于带 RAID 功能的 SCSI 接口磁盘阵列设备会产生很多虚拟磁盘，只靠 SCSI ID 是不够的，这时就要用到 LUN 来扩充可寻址的范围，后来习惯上将磁盘阵列生成的虚拟磁盘称为 LUN。

2.2.4 SAS 接口

SAS 的英文全称是 Serial Attached SCSI，SAS 是新一代的 SCSI 技术，它使用串行的 SCSI 接口，其传输速度可达到 12Gbps。

SAS 是一种点对点、全双工、双端口的接口，具有高性能、高可靠性和强大的可扩展性。SATA 是 SAS 的一个子标准，SAS 可以向下兼容 SATA，因此 SAS 控制器可以直接操控 SATA 硬盘。SAS 同样采用串行技术，在传输速率、抗干扰性方面强于 SCSI，SAS 接口的硬盘价格相对更高。SAS 接口如图 2-10 所示。

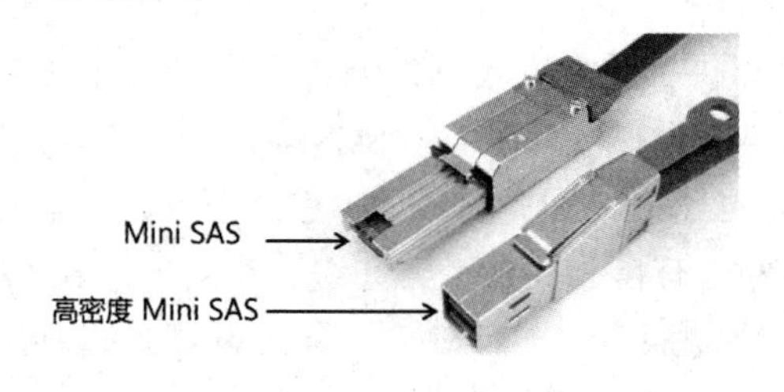

图 2-10　SAS 接口

SAS 采用点对点连接的设计使得通信的两个设备之间建立了专用链路进行通信，而在并行 SCSI 中采用的多点总线设计则是多个设备共享同一条总线。使用点对点连接，通信速度也快得多，因为通信的两个设备之间不需要在通信前检测是否允许使用连接链路。每个设备连接到指定的数据通路上，提高了带宽。

SAS 采用全双工（双向）通信模式，而不是单向通信。传统的并行 SCSI 只可以在一个方向上进行通信，当设备接收到并行 SCSI 的一个数据包后，如果该设备要响应该数据包，就需要在上一个链路断开后，再重新建立一个新的 SCSI 通信链路。而使用 SAS，则可以进行双向通信。每个 SAS 连接电缆有 4 根电缆，2 根输入，2 根输出。SAS 可以同时进行数据的读写，全双工的数据操作提高数据的吞吐效率。

SAS 结构采用扩展器（Expander）进行接口扩展，具有非常好的扩展能力。使用互联设备 SAS Expander 级联可以大大增加终端设备的连接数，从而节约 HBA（主机总线适配器、接口卡）花费。每个 Expander 最多可以连接 128 个终端设备或 128 个 Expander。1 个 SAS 域由以下几个部分组成：SAS Expander、终端设备、连接设备（即 SAS 连接线缆）。SAS Expander 配备了一个地址的路由表跟踪，记录了所有 SAS 驱动器的地址；终端设备包括启动器（通常为 SAS HBA 卡）和目标器（SAS/SATA 硬盘，也可以是处于目标模式的 HBA 卡）；SAS 域中不能形成环路，以保证其发现终端设备流程的正常进行。在实际使用中，因为带宽的原因，扩展器连接的终端设备比128个少很多。

2.2.5 NL SAS接口

NL SAS是指采用了SAS接口和SATA盘体的综合体，即具有SAS接口、接近SAS性能的SATA盘，NL SAS的应用综合了SAS接口性能好和SATA盘存储容量大的优点。

NL的英文全称为Near Line，近线存储，主要定位于客户在线存储和离线存储之间的应用。就是指将那些并不是经常用到的或数据的访问量并不大的数据存放在性能较低的存储设备上，但同时对这些设备的要求是寻址迅速、传输率高。

近线存储对性能要求并不高，但又要求其具备相对较好的访问性能。同时在多数情况下，由于不常用的数据要占总数据量比较大的比重，这也就要求近线存储设备需要的容量相对较大。近线存储相对应的另外两个概念是在线存储和离线存储，近线存储性能介于这两者之间。

在线存储（On Store）：是工作级的存储，在线存储的最大特征是存储设备和所存储的数据时刻保持"在线"状态，可以随时读取和修改，以满足前端应用服务器或数据库对数据访问的速度要求。在线存储设备可以采用SSD或FC接口磁盘。

离线存储（Off Store）：主要使用光盘或磁带存储。在大多数情况下，离线存储主要用于对在线存储的数据进行备份，以防范可能发生的数据灾难，因此又称备份级的存储。

SAS、NL SAS与SATA的应用比较如表2-3所示。

表2-3　SAS、NL SAS与SATA的应用比较

比较内容	SAS	NL NAS	SATA
优势	高可靠性 高性能 原生支持SCSI 支持双端访问 高级容错技术	原生支持SCSI 支持双端访问 高级容错技术 大容量 低功耗	大容量 低功耗
推荐场景	业务量大 访问频率较高 以小数据块居多 数据较为离散的中高端用户	适合大数据块 业务压力不大的用户使用	适合大数据块 业务压力不大的用户使用

2.2.6 FC接口

FC是Fibre Channel的缩写，即光纤通道技术，FC开发于1988年，最早用来提高硬盘协议的传输带宽，侧重于数据的快速、高效、可靠传输。FC通常的运行速率有2Gbps、4Gbps、8Gbps和16Gbps。FC由信息技术标准国际委员会（INCITS）的T11技术委员会标准化，INCITS受美国国家标准学会（ANSI）官方认可。过去，光纤通道大多用于超级计算机，但它也成为企业级存储SAN中的一种常见连接类型。到20世纪90年代末，FC-SAN开始得到大规模的应用。

光纤通道标准定义了三种不同的拓扑：点到点、仲裁环（FC-AL）和交换网（FC-SW）。

点到点结构定义了在两个设备之间的一条双向连接，不能支持三个或更多的设备。这种拓扑允许在服务器和存储设备之间建立专用的点到点的连接，它们首先通过登录建立一个初始

连接，然后就可以在长距离上使用光纤通道的全带宽工作。

仲裁环结构定义了一个单向环，允许两台以上的设备通过一个共享的带宽进行通信和交流，但在任一时刻仅有两台设备可以互相交换数据，其工作原理类似以太网的环状网络。在仲裁环的结构下支持挂接 126 个设备。

交换网结构使用链路层交换提供的多路连接，事实上构成了一个网络，其中多个设备可以同时使用全部带宽交换数据。交换网需要把一个或多个光纤通道交换机连接在一起，在端点设备之间形成一个控制中心。另外，这种交换网结构也允许把一个或多个令牌环连接进来，在第 3 章将介绍 FC-SAN 光纤存储区域网络，其主要使用的就是交换网结构。

FC 接口的优点主要有：很好的升级性，可以用非常长的光纤，可超过 10 公里；非常高的带宽；很强的通用性。缺点：价格非常昂贵，组件复杂。

2.2.7 iSCSI 接口

iSCSI（Internet SCSI，互联网小型计算机系统接口）把 SCSI 命令和数据块封装在 TCP 中，是一种在 TCP/IP 上进行数据块传输的标准。它是由 Cisco 和 IBM 共同发起的，并且得到了各大存储厂商的大力支持。iSCSI 可以实现在 IP 网络上运行 SCSI 协议，通信的双方只要部署 iSCSI HBA 就可以通过高速 IP 网络快速传输数据。iSCSI 标准在 2003 年 2 月 11 日由 IETF（互联网工程任务组）认证通过。

随着千兆/万兆以太网的普及，基于 iSCSI 的存储系统成为基于 FC 的存储系统的巨大挑战，只需要不多的投资便可实现几乎相当的存储性能。

iSCSI 的数据包结构如图 2-11 所示，iSCSI 数据加上一个 iSCSI 首部形成 iSCSI 报文，使用 TCP 封装后经 IP 数据报在 IP 网络中进行传输。

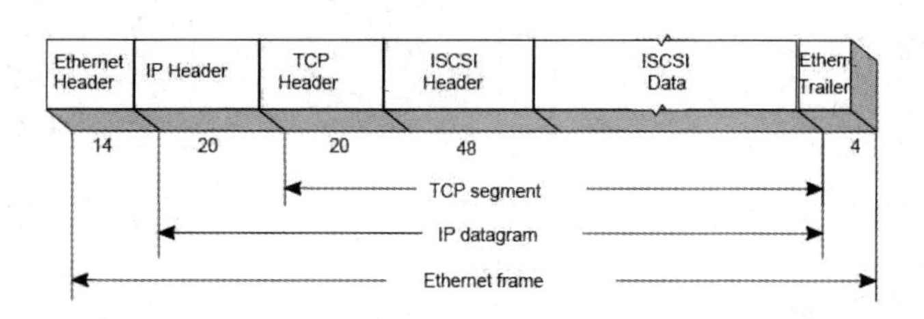

图 2-11　iSCSI 数据包结构

iSCSI 的工作流程如下。

（1）iSCSI 系统由 SCSI 适配器发送一个 SCSI 命令。

（2）命令封装到 TCP/IP 包中并送入以太网。

（3）接收方从 TCP/IP 包中抽取 SCSI 命令并执行相关操作。

（4）把返回的 SCSI 命令和数据封装到 TCP/IP 包中，将它们发回到发送方。

（5）系统提取出数据或命令，并把它们传回 SCSI 子系统。

iSCSI 协议建立在 TCP/IP 上，只需要很低的安装成本和维护费用，不需要特殊的 FC 交换机，减少了异构网络和电缆；由于 IP 技术成熟，具备 IP 知识的专业技术人员多，易于管理；iSCSI 没有距离限制，便于进行远程存储如异地数据交换、备份及容灾的实施；iSCSI 还有高扩展性、高可靠性、良好的标准化、灵活的安全性和 QoS 保证等优点。

2.3 文件系统管理

磁盘是由很多个扇区组成的，如果扇区之间不建立任何关系，写入其中的文件就无法访问，因为无法知道文件从哪个扇区开始，占用多少个扇区，文件有什么属性等。为了访问磁盘中的数据，就必须在扇区之间建立联系，也就是需要一种逻辑上的数据存储结构。建立这种逻辑结构就是文件系统要做的事情，在磁盘上建立文件系统的过程通常称为"格式化"。

一块硬盘就像一个块空地，文件就像不同的材料，我们首先得在空地上建起仓库（分区），并且指定好（格式化）仓库对材料的管理规范（文件系统），这样才能将材料运进仓库进行规范保管，取用时也能顺利找到所需材料。

一个文件系统（File System）就是大量文件的分层组织结构，文件系统使得对存放在磁盘、磁盘分区或逻辑卷内的数据文件的访问变得更加容易。一个文件就是一个有关联关系的记录或数据的集合，它们作为一个整体存储在一起并被命名。

文件系统通过使用目录（Directory）来把数据组织成分层结构。目录就是保存指向文件的指针的地方。所有文件系统都维护着一个到目录、子目录和文件的指针映射，这些内容也是文件系统的一部分。

除了文件和目录，文件系统还包括许多其他相关的记录，这些记录统称为元数据（Metadata）。例如，UNIX 系统的元数据，包括超级块（Superblock）、节点（Inode）和空闲及正在使用的数据块列表等。

文件系统块（File System Block）是最小的物理磁盘空间分配单元。每一个文件系统块对应于物理磁盘上一个连续区域。在文件系统创建之初，文件系统块的大小就确定了。文件系统的大小是由文件系统块的大小及所存储数据使用的总块数决定的。因为大部分文件都比一个预定义的文件系统块的大小要大，所以一个文件可以跨越多个块。随着新块的添加和删除，文件系统中的块将变得不再连续（碎片化）了。使用一段时间后，随着文件变得越来越大，文件系统就变得更加碎片化了。

常见的文件系统有以下几种。

（1）FAT（File Allocation Table，文件分配表）：适用于 Microsoft Dos/Windows 系统。

（2）NTFS（New Technology File System）：适用于 Microsoft Windows NT 系统。

（3）UNIX 文件系统（UFS）：适用于 UNIX 系统。

（4）Ext（Extended File System，扩展文件系统）：适用于 Linux 系统。

（5）NFS（Network File System，网络文件系统）：网络共享文件系统，适用于 UNIX 系统、Linux 系统。

（6）CIFS（Common Internet File System，通用 Internet 文件系统）：网络共享文件系统，适用于 Windows 系统。

2.3.1 FAT 文件系统

FAT 就是用来记录文件所在位置的表格，它对硬盘的使用是非常重要的，如果丢失文件分配表，那么硬盘上的数据就会因无法定位而不能使用了。FAT 是在 Microsoft Dos/Windows 系列操作系统中共用的一种文件系统的总称，FAT12、FAT16、FAT32 均是 FAT 文件系统。

FAT12 支持的最大分区只有 16MB，早已被淘汰；FAT16 支持的最大分区为 2GB，单个文件大小不超过 2GB；FAT32 支持的分区达到 32GB（在 Windows 2000 和 Windows XP 环境下，格式化程序只能创建最大为 32GB 的 FAT32 文件系统，不过可以用 PQ 等分区软件分出 2TB 甚至更大的 FAT32 分区，使用起来完全正常），单个文件大小不超过 4GB。

计算机将信息保存在硬盘上称为“簇”的区域，使用的簇越小，保存信息的效率就越高。在采用 FAT16 分区时，分区越大，相应的簇越大，存储效率就越低，这势必造成存储空间的浪费。FAT32 采用了更小的簇，系统可以更有效率地保存信息。例如，两个分区大小都为 2GB，一个分区采用了 FAT16 文件系统，另一个分区采用了 FAT32 文件系统。采用 FAT16 分区的簇大小为 32KB，而采用 FAT32 分区的簇只有 4KB，这样 FAT32 文件系统就比 FAT16 文件系统的存储效率要高很多，在通常情况下存储效率可以提高 15%。此外，FAT32 文件系统可以重新定位根目录和使用 FAT 的备份副本，FAT32 分区的启动记录被包含在一个含有关键数据的结构中，减少了计算机系统崩溃的可能性。

2.3.2 NTFS 文件系统

NTFS 是 Windows NT 环境的文件系统，是 Windows NT 家族（如 Windows 2000、Windows XP、Windows Vista、Windows 7 和 Windows 10 等）的限制级专用的文件系统（操作系统所在盘的文件系统必须格式化为 NTFS 文件系统，在 4096 簇环境下）。Windows NT 和 NTFS 是同时开始设计的，NTFS 作为一个全新的文件系统，它能克服个人计算机原有文件系统的限制，同时又满足 NT 企业用户的预期需要。

NTFS 能够很好地适应不断扩大的磁盘容量需求。NTFS 采用 64 位地址来引用簇。因此，如果使用 512 字节的簇，NTFS 能寻址 $2^{64}\times512$ 字节的磁盘，在很长的时间内都能满足需要。

NTFS 使用与 NT 一样的安全模型，而 FAT 的开发者则忽视了文件系统的安全问题。通过使用自由访问控制和系统特权访问控制，来控制能在一个文件上进行的操作。同时，文件上的任何操作都将记录在日志中，日志文件则以 NT 内部格式存储在 NTFS 文件系统内。这种方式使 NTFS 的安全管理与 NT 的安全管理天衣无缝地结合在一起。

在名字字符集方面，FAT 文件系统使用 8 bit 的 ASCII 码作为文件和目录名字方案的字符集，这使得 FAT 文件系统的名字局限于英文字符和一些符号。NT 和 NTFS 都使用 16bit 的 Unicode 码作为名字的字符集，NTFS 的这一特性让全球的 NT 使用者都能使用本地语言处理他们的文件。

在 FAT 文件系统中，文件以基于单位的方式存储数据模型。NTFS 则允许在文件内部使用数据流。NTFS 的未命名的数据流等同于传统 FAT 中的文件数据视图，但 NTFS 的命名文件流则能够代替 FAT 的文件数据单位。

FAT 没有提供对故障—容错的支持。在创建或更新文件和目录的时候，如果系统崩溃了，则 FAT 的磁盘结构可能变得不一致。这种情形可能造成已修改数据的丢失，也可能造成驱动器的损坏和磁盘上数据的丢失。NTFS 内建一个事务日志系统，对于任何将要进行的修改操作，NTFS 都要在一个特殊的日志文件中进行登记。如果系统崩溃，NTFS 检查日志文件并利用它可以使磁盘恢复到数据损失的一个最小的状态。

2.3.3 Ext 文件系统

Ext 常用于 Linux 操作系统。Ext 文件系统由于推出的版本不同，又分为 Ext2、Ext3 和 Ext4 等，Ext3 在 Ext2 的基础上增加了一个日志功能。由于前期发现 Ext4 有重要问题，现在使用的 Ext4 是从 Ext3 中分离出来进行独立开发的。2008 年 12 月 25 日，Linux Kernel 2.6.28 的版本正式发布，随着这一新内核的发布，Ext4 文件系统也结束实验期，成为稳定版。

Ext4 可以提供更佳的性能和可靠性，这里不探讨 Ext4 文件系统的技术细节。Ext4 在应用中的性能提升表现在如下几个特点。

（1）与 Ext3 兼容。执行若干条命令，就能从 Ext3 在线迁移到 Ext4，而无须重新格式化磁盘或重新安装系统。原有 Ext3 数据结构照样保留，Ext4 作用于新数据，当然，整个文件系统因此也就获得了 Ext4 所支持的更大容量。

（2）更大的文件系统和更大的文件。与 Ext3 目前所支持的最大 16TB 文件系统和最大 2TB 文件相比较，Ext4 分别支持 1EB 的文件系统，以及 16TB 的文件。

（3）无限数量的子目录。Ext3 目前只支持 32 000 个子目录，而 Ext4 支持无限数量的子目录。

（4）引入 Extents。Ext3 采用间接块映射，当操作大文件时，效率极其低下。比如一个 100MB 的文件，在 Ext3 中要建立 25 600 个数据块（每个数据块大小为 4KB）的映射表。而 Ext4 引入了现代文件系统中流行的 Extents 概念，每个 Extent 为一组连续的数据块，上述文件则表示为“该文件数据保存在接下来的 25 600 个数据块中”，提高了效率。

（5）延迟分配。Ext3 的数据块分配策略是尽快分配，而 Ext4 和其他现代文件系统的策略是尽可能地延迟分配，直到文件在 cache 中写完才开始分配数据块并将其写入磁盘，这样就能优化整个文件的数据块分配，与前两种特性搭配起来可以显著提升性能。

（6）日志校验。日志是最常用的部分，也极易导致磁盘硬件故障，而从损坏的日志中恢复数据会导致更多的数据损坏。Ext4 的日志校验功能可以很方便地判断日志数据是否损坏，而且它将 Ext3 的两阶段日志机制合并成一个阶段，在增加安全性的同时提高了性能。

（7）提供“无日志”（No Journaling）模式。日志总归有一些开销，Ext4 允许关闭日志，以便某些有特殊需求的用户可以借此提升性能。

（8）在线碎片整理。尽管延迟分配、多块分配和 Extents 能有效减少文件系统碎片，但产生碎片还是不可避免的。Ext4 支持在线碎片整理，并将提供 e4defrag 工具进行个别文件或整个文件系统的碎片整理。

2.4 RAID 技术

2.4.1 RAID 概念

RAID 为廉价磁盘冗余阵列，是由美国加州大学伯克利分校 D.A.Patterson 教授在 1988 年提出的，RAID 技术将多个单独的磁盘以不同的组合方式形成一个逻辑硬盘，从而提高磁盘整体读写性能和数据的安全性。磁盘不同的组合方式用不同的 RAID 级别来标识。目前，RAID

作为高性能、高可靠性的存储技术，已经得到了广泛的应用。

无论 RAID 是什么级别，其共同的特性是：RAID 由若干个物理磁盘组成，但它对操作系统而言仍是一个逻辑盘；文件数据分布在阵列的多个物理磁盘中；冗余磁盘容量用以保存容错信息，以便在磁盘失效时进行恢复。

使用 RAID 可以带来以下好处。

（1）多个磁盘组合成一个磁盘，扩展整体存储空间，满足大容量存储的需要。

（2）RAID 中多个磁盘同时传输数据，提升整体数据传输速率。

（3）采用磁盘冗余方式，通过镜像或校验技术来保证数据安全和系统安全，提高数据持久性。

（4）与同等大容量的磁盘相比，RAID 系统价格要低得多。

2.4.2 RAID 级别

RAID 技术经过不断的发展，现在已拥有了从 RAID 0 到 5 共 6 种明确标准级别的 RAID 级别。另外，还有 6、7、10（RAID 1 与 RAID 0 的组合）、01（RAID 0 与 RAID 1 的组合）、30（RAID 3 与 RAID 0 的组合）、50（RAID 5 与 RAID 0 的组合）等。不同的 RAID 级别代表不同的存储性能、数据安全性和存储成本。

1. RAID 0

RAID 0 也称条带化（Stripe），如图 2-12 所示，将数据分成一定的大小按顺序写到阵列的所有磁盘里。RAID 0 可以并行执行读写操作，可以充分利用总线的带宽。从理论上讲，一个由 N 个磁盘组成的 RAID 0 系统，它的读写性能将是单个磁盘读取性能的 N 倍，且磁盘空间的存储效率最大（100%）。RAID 0 有一个明显的缺点：不提供数据冗余保护，数据一旦损坏，将无法恢复。

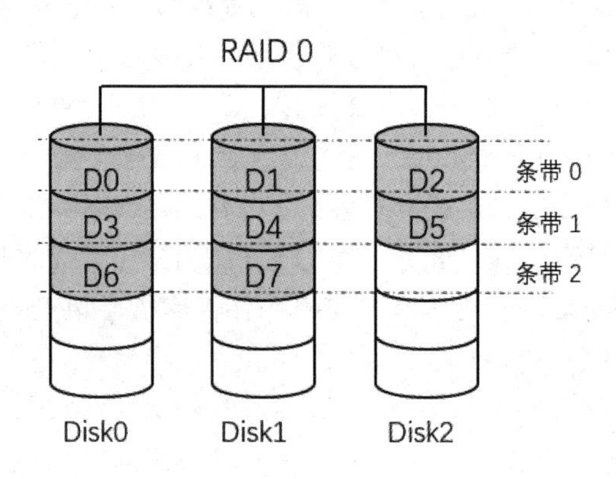

图 2-12　RAID 0 示意图

RAID 0 进行条带化涉及的几个概念如下。

分块：Strip（也称条块），是指将每一个磁盘分成多个大小统一的、地址相邻的块，这些块称为分块，分块通常被认为是条带的单元。按照顺序对磁盘中的分块进行编号，数据进行读写时通常也是按照这个顺序进行的。

条带：Stripe，是同一磁盘阵列中多个磁盘驱动器上相同“位置”的 Strip 的集合。为了区分 Strip 和 Stripe，有厂商将分块称为 Stripe Unit，译为条带单元，这个名称更容易理解。

条带深度：是指一个条带单元（分块）的容量大小。

条带宽度：是指在一个条带中的数据成员盘的个数。一个条带的容量大小就是条带深度×条带宽度。例如，在分块大小为64 KB的5个磁盘构成的RAID 0中，一个条带的大小为320 KB（64 KB×5）。

2. RAID 1

RAID 1称为镜像（mirror），它将数据完全一致地分别写入工作磁盘和镜像磁盘中，如图2-13所示。因此它的磁盘空间利用率为50%，在数据写入时对时间会有影响，但是读的时候没有任何影响。构成RAID 1的磁盘数量必须为偶数，以便镜像的实现。

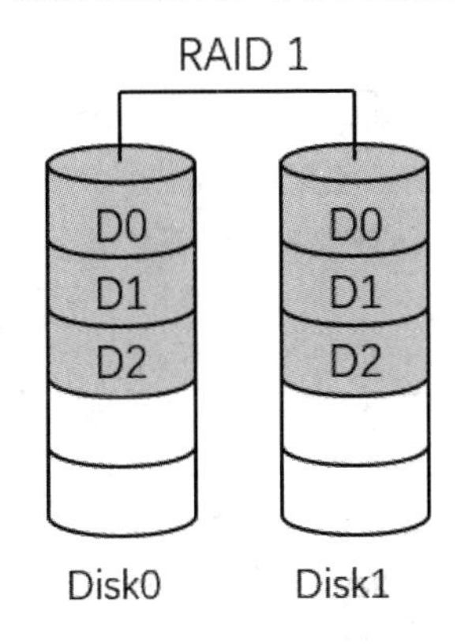

图2-13 RAID 1示意图

RAID 1提供了最佳的数据保护，一旦工作磁盘发生故障，系统自动从镜像磁盘读取数据，不会影响用户工作，RAID 1应用于对数据保护极为重视的应用。

3. RAID 3

RAID 3采用一个硬盘作为校验盘，其余磁盘作为数据盘，数据按位或字节的方式交叉存取到各个数据盘中，如图2-14所示。不同磁盘上同一带区的数据进行异或校验，并把校验值写入校验盘中。

RAID 3在数据读取时的性能有所提升，并且能够提供数据容错能力，但是，在写数据时的性能大为下降，因为每一次写操作，即使改动某个数据盘上的一个数据块，也必须根据所有同一带区的数据来重新计算校验值并将其写入校验盘中，一个写操作包含了写入数据块、读取同一带区的数据块、计算校验值、写入校验值等操作，系统开销大为增加。

当RAID 3中有数据盘出现损坏时，不会影响用户读取数据，如果读取的数据块正好在损坏的磁盘上，则系统需要读取所有同一带区的数据块，然后根据校验值重新构建数据，系统性能受到影响。

4. RAID 5

RAID 5与RAID 3的机制相似，但是其数据校验的信息被均匀分散到阵列的各个磁盘上，这样就不存在并发写操作时的校验盘性能瓶颈，如图2-15所示。阵列的磁盘上既有数据，又有数据校验信息，数据块和对应的校验信息会存储于不同的磁盘上，当一个数据盘损坏时，系统可以根据同一带区的其他数据块和对应的校验信息来重构损坏的数据。

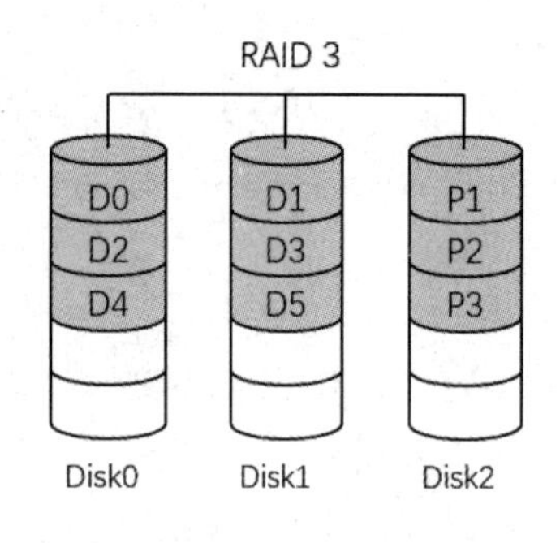

图 2-14　RAID 3 示意图

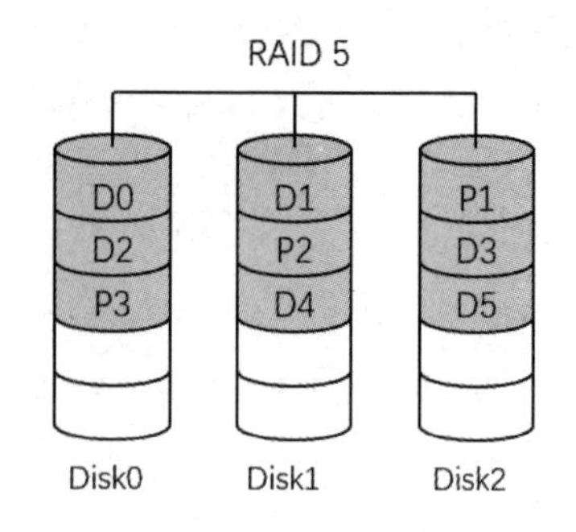

图 2-15　RAID 5 示意图

RAID 5 可以理解为 RAID 0 和 RAID 1 的折中方案。RAID 5 可以为系统提供数据安全保障，但其保障程度要比 RAID 1 的低而磁盘空间利用率要比 RAID 1 的高。RAID 5 具有和 RAID 0 相似的数据读取速度，只是多了一个奇偶校验信息，写入数据的速度比对单个磁盘进行写入操作稍慢。同时由于多个数据对应一个奇偶校验信息，RAID 5 的磁盘空间利用率要比 RAID 1 的高，存储成本相对较低。RAID 5 数据盘损坏时的情况和 RAID3 的相似，由于需要重构数据，其性能会受到影响。

5．RAID 6

RAID 6 提供两级冗余，即阵列中的两个驱动器失败时，阵列仍然能够继续工作。

RAID 1、RAID 3 和 RAID 5 都只能保护因单个磁盘失效而造成的数据丢失，如果两个磁盘同时发生故障，数据将无法恢复。RAID 6 引入双重校验的概念，常用的校验方式有两种，一种是 P+Q 校验，另一种是 DP 校验，如图 2-16 和图 2-17 所示。

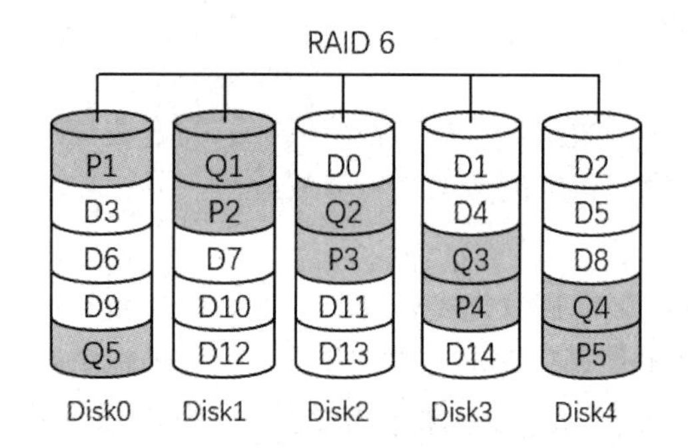

图 2-16　RAID 6 P+Q 校验示意图

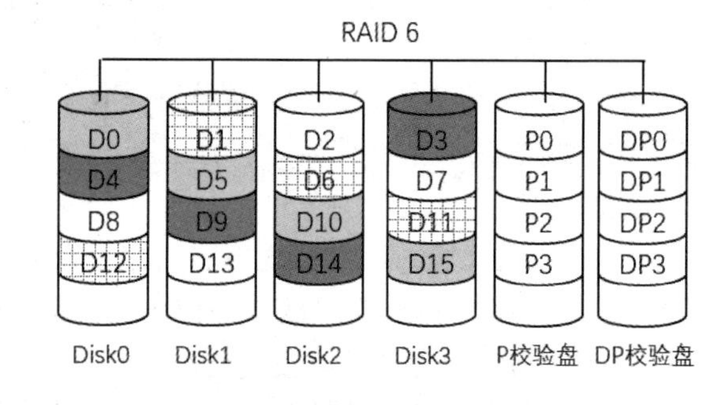

图 2-17　RAID 6 DP 校验示意图

P+Q 校验：P 通过用户数据块的简单异或运算得到。Q 是对用户数据进行 GF（伽罗瓦域）变换再异或运算得到。$P0 = D0 \oplus D1 \oplus D2, Q0 = (\alpha \otimes D0) \oplus (\beta \otimes D1) \oplus (\gamma \otimes D2)$，α、β 和 γ 为常量系统，由此产生的值是一个所谓的“芦苇码”。该算法将数据磁盘相同条带上的所有数据进行转换和异或运算。

DP 校验：P 和 DP 代表 2 个校验数据，分别使用横向校验方式和斜向校验方式得到，DP 横向校验方式与 RAID 3 中的校验方式完全相同，斜向校验盘中校验数据 DP0、DP1、DP2、DP3 为各个数据盘及横向校验盘的斜向数据校验信息。

横向校验：$P0 = D0 \oplus D1 \oplus D2 \oplus D3$，斜向校验：$DP0 = D0 \oplus D5 \oplus D10 \oplus D15$。

6．RAID 10

RAID 10 是 RAID 1 和 RAID 0 的结合，也称 RAID（1+0），如图 2-18 所示。RAID 10 先

进行镜像然后进行条带化，既提高了系统的读写性能，又提供了数据冗余保护，RAID 10的磁盘空间利用率和RAID 1是一样的，均为50%。RAID 10既适用于大量的数据存储需要，又适用于对数据安全性有严格要求的领域，比如金融、证券等。

7．RAID 01

RAID 01也是RAID 0和RAID 1的结合，但它是对条带化后的数据进行镜像，如图2-19所示。但与RAID 10不同，一个磁盘的丢失等同于整个镜像条带的丢失，所以一旦镜像盘失败，则存储系统成为一个RAID 0系统（即只有条带化）。RAID 01的实际应用非常少。

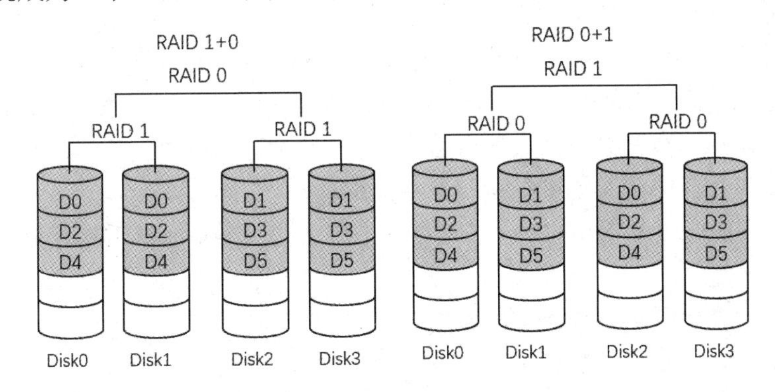

图2-18　RAID10示意图　　图2-19　RAID01示意图

8．JBOD

JBOD（Just Bundle Of Disks）译成中文可以是“简单磁盘捆绑”，通常又称为Span。JBOD与RAID不同，它只是在逻辑上把几个物理磁盘一个接一个串联到一起，从而提供一个大的逻辑磁盘。Span上的数据简单地从第一个磁盘开始存储，当第一个磁盘的存储空间用完后，再依次从后面的磁盘开始存储数据。

Span存取性能完全等同于对单一磁盘的存取操作，没有任何性能提升，Span也不提供数据安全保障，它只是简单地提供一种利用磁盘空间的方法，Span的存储容量等于组成Span的所有磁盘的容量的总和。通常将JBOD称为“磁盘柜”，RAID称为“磁盘阵列”，以示区别。

2.4.3　RAID实现

RAID的实现可以有硬件和软件两种不同的方式，硬件方式就是通过RAID控制器实现；软件方式则是通过软件把服务器中的多个磁盘组合起来，实现条带化快速数据存储和安全冗余。

硬件RAID通常是利用服务器主板上所集成的RAID控制器，或者单独购买RAID控制卡，连接多个独立磁盘实现的。现在几乎所有服务器主板都集成了RAID控制器，可以实现诸如RAID 0/1/5之类的基本RAID模式。如果需要连接更多的磁盘，实现更高速的数据存储和冗余，则需另外配置RAID控制卡。总的来说，硬件RAID性能较好，应用也较广，特别适合于需要高速数据存储和安全冗余的环境，但其价格较贵。

软件RAID是利用操作系统和第三方存储软件开发商的软件来实现RAID的。Windows及Linux系统都支持软件RAID功能。它无须另外购买RAID控制卡，也可在无RAID控制器的主板上实现。这种软件RAID的实现方式成本较低，但配置较为复杂，占用主机CPU资源，性能较低，仅适合小规模的数据存储使用。

2.4.4 RAID 2.0 技术

1. 传统 RAID 技术的局限性

传统 RAID 技术不仅可以提供大容量存储空间，还采用条带化数据组织技术和数据冗余策略来提升存储性能及其安全性。

随着高性能应用不断涌现，对数据的存储需求也不断增长，传统 RAID 出现了越来越多的问题。

（1）重构时间过长，增加了数据丢失的风险。

随着单块磁盘的容量达到数 TB 级别，传统 RAID 技术在磁盘重构过程中需要的时间越来越长，而且繁重的读写操作有可能引起 RAID 组中的其他磁盘出现故障或错误，从而导致发生故障的概率大幅提升，增加数据丢失的风险。

（2）无法实现对存储资源统进行统一灵活调配。

传统 RAID 中的磁盘数量不多，无法满足企业在大型计算、海量数据存储应用中对存储资源统一灵活调配的需求。

（3）新加入的高性能磁盘难以发挥作用。

一个 RAID 组可以创建一个或多个 LUN，但一个 LUN 一般只能在一个 RAID 组中创建。如果后面新加入性能较高的介质，其性能也无法得以充分利用，以磁盘为单位的数据管理无法有效地保障数据访问性能和存储空间利用率。

2. RAID 1.5 技术

既然传统 RAID 阵列技术已经不能满足行业的需求，随着虚拟化技术不断发展，提出 LUN 虚拟化技术，这就是 RAID 1.5 技术，它是在传统 RAID 基础之上将 RAID 组切分成更细粒度的逻辑空间，经过组合构建出主机可访问的逻辑存储单元。

传统 RAID 技术的构建过程：使用若干物理磁盘→创建 RAID→根据需要创建 LUN→映射给应用主机。RAID 1.5 技术的构建过程：使用若干物理磁盘→创建 RAID→多个 RAID 组成一个存储池→在存储池中划分成小逻辑块 Extend→选择 Extend 组成 LUN→映射给应用主机，如图 2-20 所示。

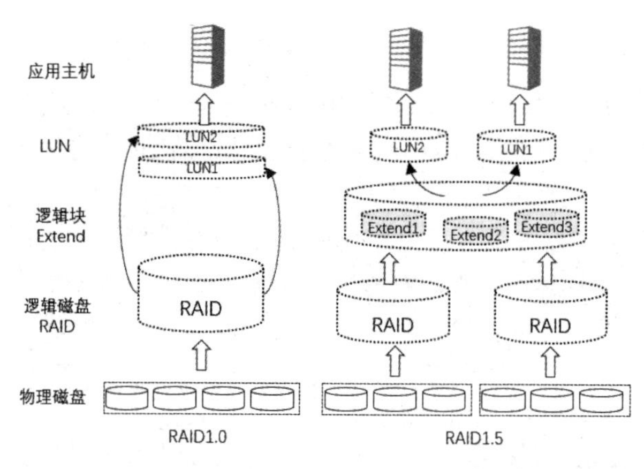

图 2-20　RAID 1.0 和 RAID 1.5 的构建过程比较示意图

RAID 1.5 很好地解决了性能的问题，因为一个 LUN 的读写同时跨越了很多硬盘，而且这个 LUN 里面可以包含多个 RAID 组，也就可以有多种磁盘介质，可以做到自动分层存储。但是，由于RAID组还是基于硬盘的，如果这块硬盘坏了，只有一个RAID组的几个硬盘参与重构，因此其重构速度依然和RAID 1.0一样。

3. RAID 2.0 技术

以华为和HP 3PAR为代表的厂商，在传统RAID技术的基础上，将存储池中的磁盘划分成一个个小粒度的数据块空间，基于块构建RAID组，使数据均匀地分布到存储池中的所有磁盘上，然后以块为单元来进行存储资源管理，这就是RAID 2.0技术。其优势在于能够快速精简重构。

RAID 2.0技术的构建过程可以概括为：选择物理磁盘→全部切成大块Chunk→以Chunk为单位做成RAID 5（CKG）→把CKG切分为相等的小逻辑块Extend→选择Extend组成LUN→映射给主机，如图2-21所示。

图2-21 RAID 2.0技术示意图

华为公司在此基础上设计研发了一种底层块虚拟化（Virtual for Disk）和上层LUN虚拟化（Virtual for Pool）的双层虚拟化技术，用于满足存储技术虚拟化架构发展趋势，即RAID 2.0+技术。这种存储空间管理机制使数据保护的级别精细化到数据块，从而提供了更好的数据读写效率和数据保护。此外，RAID 2.0+在底层块级虚拟化磁盘管理的基础上，通过一系列Smart软件提升效率，实现了上层LUN虚拟化的高效资源管理。RAID 2.0+技术的核心是在RAID 2.0的基础上又多切了一刀Grain（谷粒），如图2-22所示。

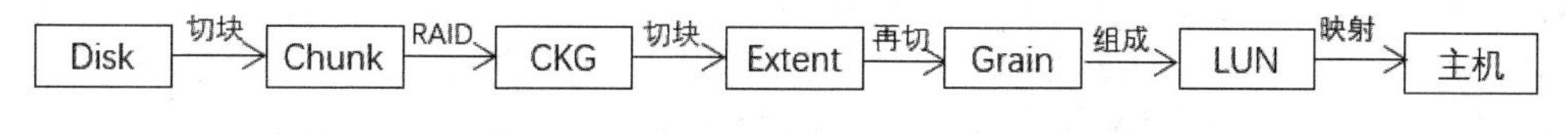

图2-22 RAID 2.0+技术示意图

4. RAID 2.0 的优点

RAID 2.0系统中的一块硬盘发生故障后，重构可以在同一硬盘组内的其他所有硬盘保留的热备空间上并发进行，使用RAID 2.0技术的存储系统具备以下优势。

快速重构：存储池内所有硬盘参与重构，相对于传统RAID，其重构速度大幅提升，如华为称其存储系统重构时间比RAID 1.0的缩短20倍。

自动负载均衡：RAID 2.0使各硬盘均衡分担负载，不再有热点硬盘，提升了系统的性能和硬盘的可靠性。

系统性能提升：LUN基于分块组创建，可以不受传统RAID硬盘数量的限制，分布在更多的物理硬盘上，因而系统性能随硬盘IO带宽增加得以有效提升。

自愈合：当出现硬盘预警时，无须热备盘，无须立即更换故障盘，系统可快速重构，实现自愈合。

2.5 单节点存储扩展

单节点存储系统进行存储扩展通常使用的方法是DAS技术。DAS的英文全称是

Direct-Attached Storage，直译过来就是“直接附加存储”，也称“直连方式存储”，是指将存储设备通过 SCSI 接口线缆或光纤通道直接连接到服务器上，能起到扩展内部存储空间的作用，图 2-23 所示为典型的 DAS 结构图。由于 DAS 设备一般直接连接在服务器上，所以有时也称之为 SAS（Server-Attached Storage，服务器附加存储）。

DAS 购置成本低，配置简单，使用过程和使用本机硬盘并无太大差别，对服务器的要求仅仅是一个外接的 SCSI 口或 FC 口，因此对小型企业很有吸引力。在使用 SCSI 接口线缆连接时，一个 SCSI 环路或 SCSI 通道可以最多挂载 15 个设备；而使用 FC 接口可以在点对点的方式下工作，也可使用仲裁环的方式，后者在理论上支持挂接 126 个设备。

DAS 使用的存储设备主要有两种：RAID 和 JBOD，即带 SCSI 接口或 FC 接口的磁盘阵列或磁盘柜。

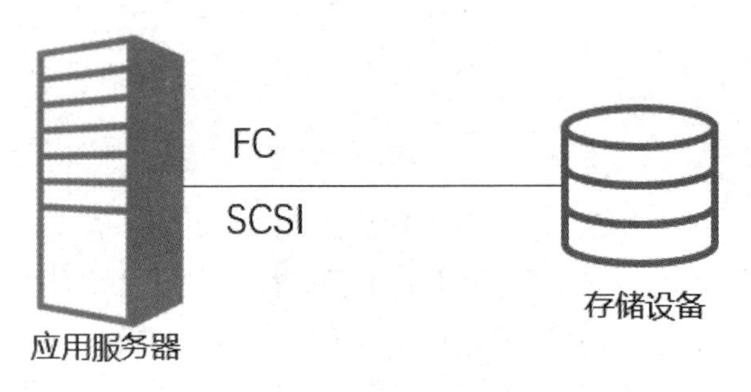

图 2-23　DAS 结构图

DAS 方式实现了机内存储到存储子系统的跨越，其优点主要有：结构简单、成本低、容易部署、小规模下维护方便等。DAS 同时存在以下问题。

（1）可扩展性差。SCSI 总线的距离最大为 25 米，最多可挂载 15 个设备。服务器与存储设备直连的方式，导致两者任何一方出现新的应用需求或新的功能扩展，都会造成业务系统的停机，从而给企业带来经济损失，对于银行、交通、电信等行业 7×24 小时服务的关键业务系统是不可接受的。

（2）对服务器依赖性强，性能要求较高，备份恢复困难。由于存储设备没有自己的操作系统，所有管理、存取、维护操作都是由服务器操作系统完成的。数据备份和恢复要求占用服务器主机资源（包括 CPU、系统 IO 等），数据流需要回流到主机再到服务器连接着的磁带机（库），数据备份通常占用服务器主机资源的 20%～30%，因此许多企业用户常常在深夜或业务系统不繁忙时进行日常数据备份，以免影响正常业务系统的运行。直连式存储的数据量越大，备份和恢复的时间就越长，对服务器硬件的依赖性和影响就越大。

（3）可管理性差，资源利用率较低。对存在多个服务器的系统来说，设备分散，不便管理。多台服务器使用 DAS 时，存储空间不能在服务器之间动态分配，可能造成资源浪费。

（4）异构化严重。不同厂商的存储设备采用的标准不同，导致设备出现异构化。而企业在不同阶段采购了不同型号不同厂商的存储设备，设备之间异构化现象严重，导致维护成本居高不下。如果使用同一厂商的产品，就会出现受制于人的局面，一旦厂商的产品质量出现波动，应用企业也只能默默承受。

任务实施

2.6　任务 1 在 Windows 系统环境下实现软件 RAID

RAID 可以使用软件实现，目前，Windows Server 系列操作系统和 Linux 操作系统都支持软件 RAID 的创建。本次实训是在 Windows Server 2003（或更高版本 Server 系统）中创建软件 RAID 的。

实训任务

在 Windows 系统环境下实现软件 RAID。

实训目的

1. 掌握虚拟机的使用方法；
2. 掌握在 Windows 系统环境下实现软件 RAID 的方法；
3. 加深对传统 RAID 技术的理解。

实训步骤

1. 准备工作：配置虚拟机环境

（1）编辑虚拟机添加磁盘。

编辑虚拟机 Windows Server 2003（如果没有相应的系统，还需先安装 Windows Server 系列操作系统），给虚拟机添加 9 块 SCSI 硬盘，大小均为 5GB。这样就足够用来创建镜像卷、RAID 5、带区卷、跨区卷、简单卷等。具体编辑过程比较简单，不再赘述。

（2）初始化新添加的硬盘。

进入虚拟机，选择“我的电脑”，单击鼠标右键，在弹出的快捷菜单中选择“管理”选项，打开“计算机管理”对话框，单击“磁盘管理”命令，将自动启动“磁盘初始化和转换向导”，单击“下一步”按钮继续，选择要初始化的新添加硬盘，这里勾选所有硬盘后单击“下一步”按钮，最后单击“完成”按钮，即完成了新添加硬盘的初始化操作。

2. 创建镜像卷、RAID 5、带区卷、跨区卷、简单卷

（1）打开“计算机管理”对话框，选中“磁盘 1”，单击鼠标右键，在弹出的快捷菜单中选择“新建卷”选项，如图 2-24 所示。

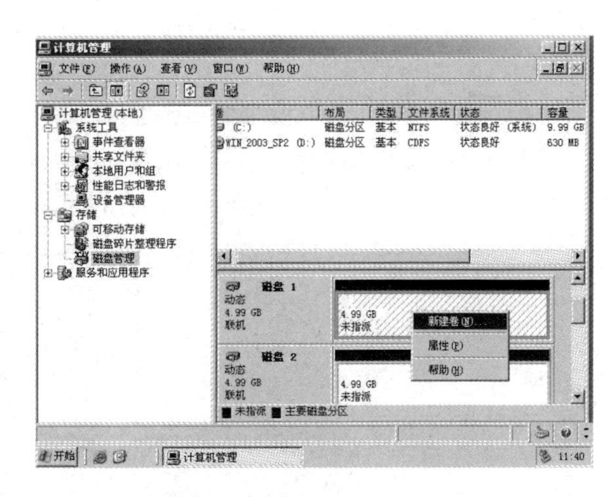

图 2-24　选择“新建卷”选项

（2）启动新建卷向导，如图 2-25 所示，单击“下一步”按钮。

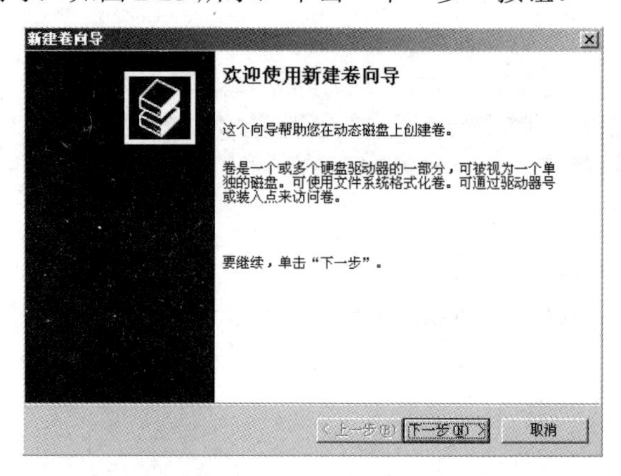

图 2-25　新建卷向导

（3）选择新建卷的类型，这里选择“镜像”单选按钮，如图 2-26 所示，单击“下一步”按钮。

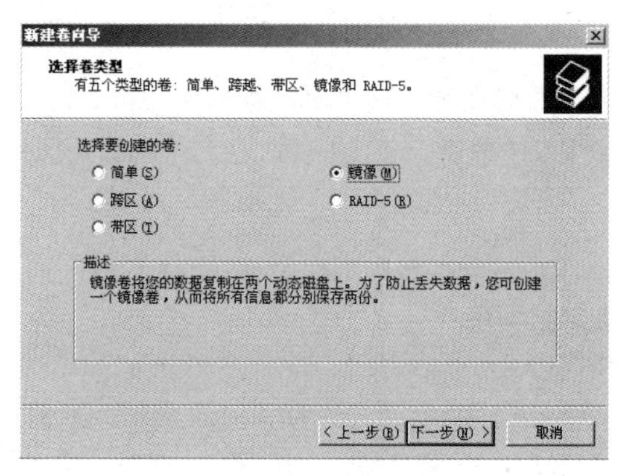

图 2-26　设置新建卷的类型

（4）在图 2-27 所示的对话框中，从“可用”磁盘列表中选择磁盘，单击“添加”按钮，选用的磁盘就进入“已选的”磁盘列表中，图中添加了“磁盘 1”和“磁盘 2”，单击“下一步”按钮。

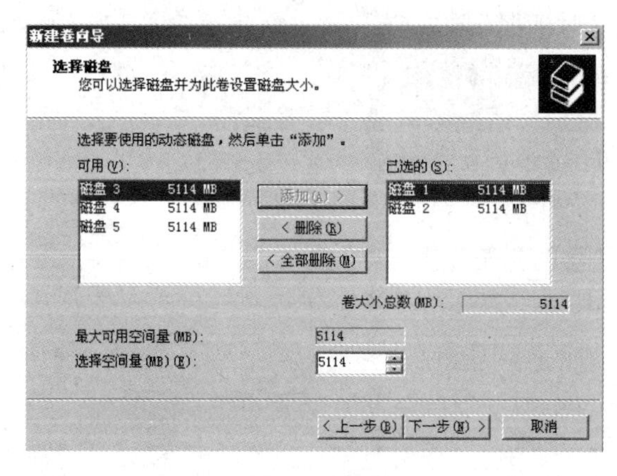

图 2-27　选择磁盘

（5）为新建卷指派一个驱动器号，驱动器号应为未使用的合法编号，如图 2-28 所示，单击“下一步”按钮。

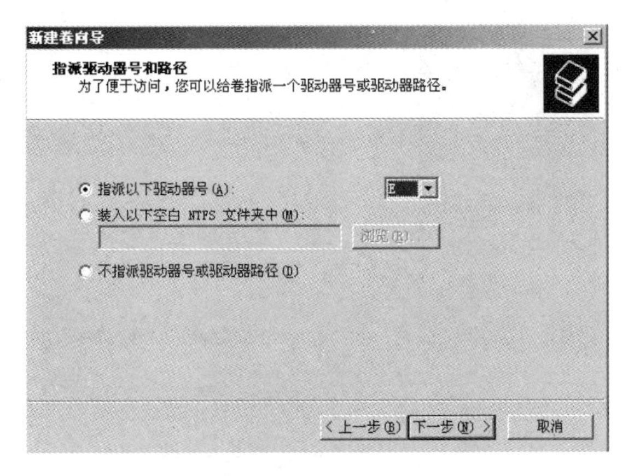

图 2-28　为新建卷指派驱动器号

（6）将卷标改为 RAID 1，并勾选“执行快速格式化”复选框，如图 2-29 所示，单击“下一步”按钮。

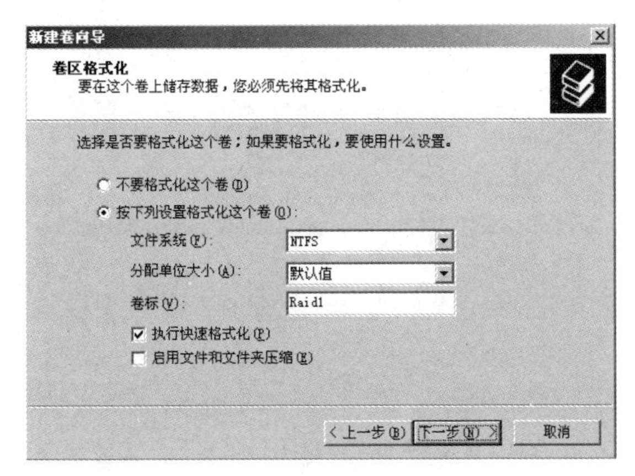

图 2-29　格式化新建卷

（7）检查 RAID 1 的配置信息，确定无误后，单击“完成”按钮，如图 2-30 所示。

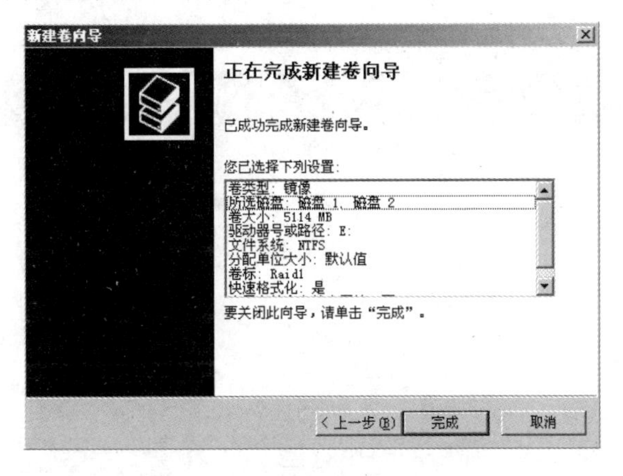

图 2-30　检查新建卷配置信息

（8）两块硬盘上的数据开始进行同步，如图 2-31 所示，数据同步顺利完成后，两块硬盘均显示“状态良好”，说明已经完成了 RAID 1 的创建。

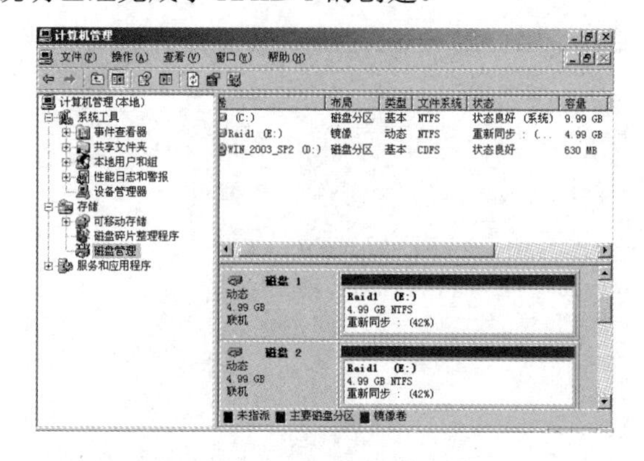

图 2-31　完成 RAID 1 的创建

（9）实现 RAID 5。RAID 5 的实验操作和 RAID 1 基本相似。将第（3）步选择“镜像”单选按钮改为选择“RAID-5”单选按钮，将第（4）步添加的 2 块硬盘改为添加 3 块（RAID 5 至少用 3 块硬盘），将第（6）步的卷标改为 RAID 5 即可，如图 2-32 所示。

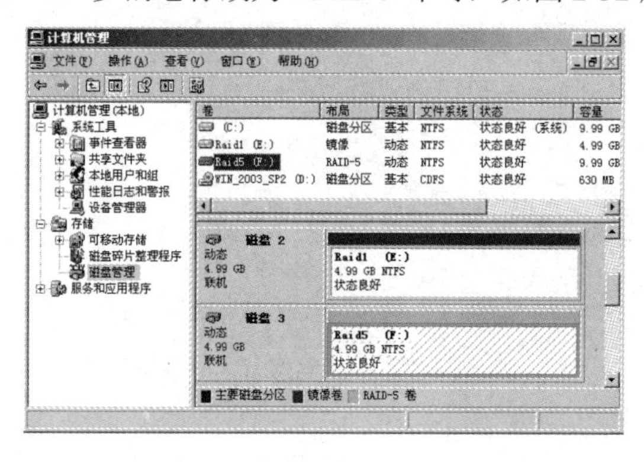

图 2-32　完成 RAID 5 的创建

（10）带区卷、跨区卷、简单卷的创建过程基本相似，这里不再赘述。创建完成后，可以查看新创建磁盘分区的状态信息，对照 RAID 的相关知识比较一下这五类磁盘的特点。

2.7　任务 2 在 Linux 系统环境下实现软件 RAID

实训任务

在 Linux 系统环境下实现软件 RAID。

实训目的

1．掌握 Linux 磁盘操作相关命令的使用方法；
2．掌握在 Linux 系统环境下实现软件 RAID 的方法；

3．加深对传统 RAID 技术的理解。

实训步骤

1．创建 RAID 0 和 RAID 1

（1）在虚拟机中安装 Centos 7（或其他版本），编辑虚拟机，给虚拟机添加 5 块大小相同的硬盘。启动系统，输入命令：fdisk -l，查看当前系统硬盘的情况。

（2）安装 mdadm 服务。

```
# yum install mdadm -y
```

使用命令：mdadm --help-options 可以查看 mdadm 所有相关参数的情况。常用的命令有：-C 开始创建；-v 显示过程；-a 检测硬盘名称；-n 显示硬盘数量；-l 设置 RAID 级别；-x 指定空闲磁盘为热备盘等。

（3）创建 RAID 0。

使用两块磁盘创建 RAID 0：

```
#mdadm -C /dev/md0 -a yes -n 2 -l 0 /dev/sdb /dev/sdc
```

查看 md0 阵列的具体信息：

```
#mdadm -D /dev/md0
```

查看当前系统中所有处于启动状态的 RAID 设备信息，看 RAID 设备是否创建成功：

```
#cat /proc/mdstat
```

将 md0 进行格式化：

```
#mkfs.ext4 /dev/md0
```

将 md0 设备挂载：

```
#mkdir /mnt/md0
#mount /dev/md0 /mnt/md0
```

将挂载信息写入配置文件：

```
# echo "/dev/md0 /mnt/md0 ext4 defaults 0 0" >> /etc/fstab
```

上述挂载信息中，各部分信息分别代表：设备 Device、挂载点 Mount point、磁盘文件系统格式 file system、文件系统的参数 parameters（这里用的 defaults 默认参数）、能否被 dump（1 代表每天进行 dump 备份操作，2 代表不定期进行 dump 备份操作，这里使用 0 代表不进行 dump 备份操作）、开机是否检验扇区（1 表示最早检验，2 表示 1 级别检验完之后进行检验，这里使用 0 表示不检验）。

RAID 0 阵列 md0 已经创建完成。

（4）创建 RAID 1。

使用两块磁盘创建 RAID 1：

```
#mdadm -C /dev/md1 -a yes -n 2 -l 1 /dev/sdd /dev/sde
```

查看 md1 阵列的具体信息：

```
#mdadm -D /dev/md1
```

将 md1 进行格式化：

```
#mkfs.ext4 /dev/md1
```

将 md1 设备挂载：

```
#mkdir /mnt/md1
#mount /dev/md1 /mnt/md1
```

将挂载信息写入配置文件：

```
# echo "/dev/md1 /mnt/md1 ext4 defaults 0 0" >> /etc/fstab
```

创建的 RAID 1 阵列 md1 已经创建完成。

查看当前系统中所有处于启动状态的 RAID 设备信息，如图 2-33 所示。

```
[root@Centos ~]# cat /proc/mdstat
Personalities : [raid0] [raid1]
md1 : active raid1 sde[1] sdd[0]
      5237760 blocks super 1.2 [2/2] [UU]

md0 : active raid0 sdc[1] sdb[0]
      10475520 blocks super 1.2 512k chunks
```

图 2-33　RAID 设备状态

2. 创建 RAID 5 并进行故障测试

（1）停用前面创建的 RAID 0 和 RAID 1，解放磁盘，准备创建 RAID5。

取消挂载：

```
# umount /dev/md0 /dev/md1
```

停用 RAID 0 和 RAID 1：

```
# mdadm -S /dev/md0 /dev/md1
```

（2）重新创建 RAID，使用 5 块磁盘创建 RAID 5：

```
#mdadm -C /dev/md0 -a yes -n 5 -l 5 /dev/sdb /dev/sdc /dev/sdd /dev/sde /dev/sdf
```

在提示是否用这些属于已建磁盘阵列的硬盘创建 RAID 5 时，输入“y”并按 Enter 键。

创建完成后，查看 md0 阵列的具体信息：

```
#mdadm -D /dev/md0
```

将 md0 进行格式化：

```
#mkfs.ext4 /dev/md0
```

将 md0 设备挂载：

```
#mkdir /mnt/md0  //前面已创建目录
#mount /dev/md0 /mnt/md0
```

RAID 5 阵列 md1 已经创建完成。

查看当前系统中所有处于启动状态的 RAID 设备信息，如图 2-34 所示。

```
[root@Centos ~]# cat /proc/mdstat
Personalities : [raid0] [raid1] [raid6] [raid5] [raid4]
md0 : active raid5 sdf[5] sde[3] sdd[2] sdc[1] sdb[0]
      20951040 blocks super 1.2 level 5, 512k chunk, algorithm 2 [5/5] [UUUUU]

unused devices: <none>
```

图 2-34　RAID 5 创建完成后 RAID 状态信息

（3）标记坏盘：mdadm /dev/md0 --fail /dev/sdc，在 md0 中将 sdc 标记为已坏，然后查看 RAID 的情况，如图 2-35 所示。

```
[root@Centos ~]# mdadm /dev/md0 --fail /dev/sdc
mdadm: set /dev/sdc faulty in /dev/md0
[root@Centos ~]# cat /proc/mdstat
Personalities : [raid0] [raid1] [raid6] [raid5] [raid4]
md0 : active raid5 sdf[5] sde[3] sdd[2] sdc[1](F) sdb[0]
      20951040 blocks super 1.2 level 5, 512k chunk, algorithm 2 [5/4] [U_UUU]

unused devices: <none>
```

图 2-35　标记坏盘

（4）移除坏盘：mdadm /dev/md0 --remove /dev/sdc，在 md0 中将 sdc 移除，然后再查看

RAID 的情况，如图 2-36 所示。

```
[root@Centos ~]# mdadm /dev/md0 --remove /dev/sdc
mdadm: hot removed /dev/sdc from /dev/md0
[root@Centos ~]# cat /proc/mdstat
Personalities : [raid0] [raid1] [raid6] [raid5] [raid4]
md0 : active raid5 sdf[5] sde[3] sdd[2] sdb[0]
      20951040 blocks super 1.2 level 5, 512k chunk, algorithm 2 [5/4] [U_UUU]

unused devices: <none>
```

图 2-36　移除坏盘之后的阵列信息

（5）在 RAID 5 的挂载点添加一个 txt 文件，然后再次移除一个坏盘，查看文件还能否访问。

3. 创建 RAID 10 和 RAID 6

具体操作步骤略，作为拓展实训项目（注：创建 RAID 10 和 RAID 6 分别至少需要 4 块磁盘）。

综合训练

一、选择题

1. 下列 RAID 级别中需要的最小硬盘数为 3 个的是（　　）。

   A. RAID 1　　B. RAID 0
   C. RAID 5　　D. RAID 10

2. 下列 RAID 技术中采用奇偶校验方式来提供数据保护的是（　　）。

   A. RAID 1　　B. RAID 3
   C. RAID 5　　D. RAID 10

3. SSD 相比 HDD，哪个性能不占优势？（　　）

   A. 读写速度　　B. 容量
   C. 功耗　　D. 抗震性能

4. 下列不属于光纤通道标准定义内容的是（　　）。

   A. 点到点　　B. 仲裁环
   C. 交换网　　D. 总线网

5. 下列 RAID 技术中，可以允许两块硬盘同时出现故障而仍然保证数据有效的是（　　）

   A. RAID 3　　B. RAID 4
   C. RAID 5　　D. RAID 6

6. 有关 NL SAS 的说法正确的是（　　）。

   A. NL SAS 是指采用了 SAS 接口和 SATA 盘体的综合体
   B. NL SAS 是指采用了 SATA 接口和 SAS 盘体的综合体
   C. NL SAS 用来存放高频读写的数据
   D. NL SAS 用来取代 SAS

7. 目前哪种硬盘接口传输速率最快？（　　）

   A. SAS　　B. FC　　C. SATA　　D. IDE

8. 用于衡量硬盘实际工作速率的参数是（　　）。

A．外部数据传输速率　　B．内部数据传输速率
C．局部数据传输速率　　D．最高数据传输速率

9．固态硬盘的优势不包括（　　）。
A.启动快　　B.价格低
C.读取数据延迟小　　D.功耗低

10．使用串行传输方式的硬盘接口有（　　）。
A．SAS　　B．FC　　C．SATA　　D．SCSI

11．RAID 6 级别的 RAID 组的磁盘利用率（*N*：成员盘个数）为（　　）。
A．50%　　B.100%　　C.（*N*−2）/*N*　　D．1/2*N*

12．对于 E-mail 或 DB 应用，以下哪个 RAID 级别是不被推荐的？（　　）
A．RAID 10　　B．RAID 6　　C．RAID 5　　D．RAID 0

二、思考题

1．试着比较 SCSI 和 SAS 两个接口协议的不同特点。
2．简要说明 RAID 2.0 的主要技术特点。
3．使用了 RAID 系统，但是并没有感觉到速度有明显的提升，这是为什么？
4．应该选择怎样的 RAID 解决方案，RAID 控制卡？还是软件 RAID？

第3章 网络存储技术

学习目标

- 掌握 NAS、SAN 的概念和特点；
- 理解文件级虚拟化的概念和作用；
- 了解 NAS、SAN 的应用场合；
- 掌握开源 NAS 的使用方法；
- 掌握搭建 IP-SAN 的方法。

任务引导

单节点存储的存储容量和性能都难以实现较大提升，在稍微复杂的存储环境下，就难以胜任工作了。依托高速局域网部署网络存储设备，实现网络数据存储，是最直接、最有效的升级途径。网络存储有网络附加存储和存储区域网络两种类型，这两种存储技术在目前云计算系统的基础设施中，仍然发挥着巨大作用。

相关知识

3.1 网络附加存储

3.1.1 网络附加存储的概念和特点

随着网络技术的飞速发展，企业在网络中共享资料、共享数据的需求越来越大。跨平台的、安全的、高效的文件共享是 NAS 产生的内在驱动力。NAS 的英文全称是 Network Attached Storage，直译过来就是“网络附加存储”，也称“网络直连存储”。NAS 是一种专用的、高性能的文件共享和存储设备，其客户端能够通过 IP 网络共享文件。NAS 结构示意图如图 3-1 所示。

NAS 包括存储器件（如硬盘驱动器阵列、光盘库、磁带库等）和专用服务器（可称为 NAS 控制器、NAS 机头或 NAS 引擎等）。专用服务器上装有专门的操作系统，通常是简化的 UNIX/Linux 操作系统，或者是一个特殊的 Windows 2000 内核。它为文件系统管理和访问进行了专门的优化。NAS 拥有自己的文件系统，通过 NFS 或 CIFS 对外提供文件访问服务。

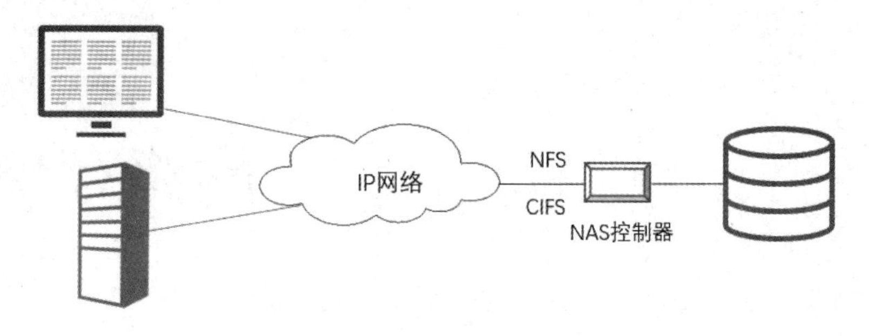

图 3-1 NAS 结构示意图

NAS 的优点主要有：支持即插即用；通过 TCP/IP 网络连接到应用服务器，可以基于已有的企业网络进行连接；专用的操作系统支持不同的文件系统，提供不同操作系统的文件共享；经过优化的文件系统提高了文件的访问效率，也支持相应的网络协议；即使应用服务器不再工作，仍然也可以读出数据。

NAS 的缺点主要有：NAS 设备与客户机通过企业网进行连接，因此数据备份或存储过程中会占用网络的带宽；NAS 的可扩展性受到设备大小的限制，增加另一台 NAS 设备非常容易，但是要想将两个 NAS 设备的存储空间无缝合并并不容易，因为 NAS 设备通常具有独特的网络标识符，存储空间扩大有限；NAS 访问需要经过文件系统格式转换，所以 NAS 访问是以文件级来访问的，不适合 Block 级的应用，如数据库系统应用。

3.1.2 文件共享协议

NAS 设备客户端使用文件共享协议通过网络访问 NAS 设备，大多数 NAS 设备支持多个文件共享协议，可处理远程文件系统的文件 I/O 请求。常用的文件共享协议有 NFS 和 CIFS 等。

1. NFS

NFS 也是使用客户端/服务器端方式工作的远程文件共享协议，通常在 UNIX 系统上使用。NFS 的基本原则是容许不同的客户端及服务器端通过一组 RPC（远程过程调用）分享相同的文件系统，它独立于操作系统，容许不同硬件及操作系统进行文件共享。NFS 使用独立于计算机的模型表示用户数据，将 RPC 作为两个计算机之间通信的方法。

NFS 协议提供一组 RPC 以访问远程文件系统并执行以下操作：搜索文件和目录；打开、读取、写入和关闭文件；更改文件属性；修改文件链接和目录。

NFS 在客户端和远程系统之间创建连接以传输数据。NFS（NFSv3 和更低版本）是无状态协议，它不会维护任何类型的表以存储有关打开文件和关联指针的信息。因此，每次呼叫可提供整个参数集以访问服务器上的文件。这些参数包括文件的文件句柄引用、读取或写入的特定位置和 NFS 的版本。

NFS 协议具有如下两个方面的优点。

高并发性：多台客户端可以使用同一文件，以便网络中的不同用户都可以访问相同的数据。

易用性：文件系统的挂载和远程文件系统的访问对用户是透明的，当客户端将共享文件系统挂载到本地后，用户像访问本地文件系统一样远程访问服务器中的文件系统。

2. CIFS

CIFS 是一种使用客户端/服务器端模式的应用程序协议，客户端程序能够通过 TCP/IP 向远程计算机（服务器）上的文件和服务发出请求。CIFS 是服务器消息块（SMB）协议的公共或开放的版本，SMB 协议现在是局域网用于服务器文件访问和打印的协议。

CIFS 具有如下优点。

高并发性：CIFS 提供文件共享和文件锁机制，允许多个客户端访问或更新同一个文件而不产生冲突。利用文件锁机制，同一时刻只允许一个客户端更新文件。

高性能：客户端对共享文件进行的操作并不会立即写入存储系统，而是保存在本地缓存中。当客户端再次对共享文件进行操作时，系统会直接从本地缓存中读取文件，提高文件访问性能。

数据完整性：CIFS 采用抢占式缓存、预读和回写的方式保证数据的完整性。客户端对共享文件进行的操作并不会立即写入存储系统，而是保存在本地缓存。当其他客户端需要访问同一文件时，保存在客户端缓存中的数据会被写入存储系统，保证同一时刻只有一个拷贝文件处于激活状态，防止出现数据不一致性冲突。

高安全性：CIFS 支持共享认证。通过认证管理，设置用户对文件系统的访问权限，保证文件的机密性和安全性。

应用广泛性：支持 CIFS 协议的任意客户端均可以访问 CIFS 共享空间。

统一的字符编码标准：CIFS 支持各类字符集，保证 CIFS 可以在所有语言系统中使用。

3. NFS 和 CIFS 的对比

CIFS 和 NFS 都需要转换不同操作系统之间的文件格式。如果文件系统已经设置为 CIFS 共享，再添加 NFS 共享，则 NFS 共享只能设置为只读；反之亦然。

CIFS 和 NFS 的各项对比如下。

平台：NFS 主要运行于 UNIX 系列的平台；CIFS 主要运行于 Windows 系列的平台。

软件：NFS 的客户端必须配备专用软件；CIFS 被集成到操作系统中，不需要额外的软件。

底层网络协议：NFS 使用 TCP 或 UDP 传输协议；CIFS 是一个基于网络的共享协议，其对网络传输的可靠性要求很高，所以它通常使用 TCP/IP 传输协议。

故障影响：NFS 是无状态的协议（NFSv4 是有状态的），在连接故障后可自动恢复连接；CIFS 是一个有状态的协议，在连接故障时不能自动恢复连接。

效率：NFS 是无状态的协议，每次进行 RPC 注册时都要发送较多的冗余信息，其效率较低；而 CIFS 是有状态的协议，仅发送少许的冗余信息，因此 CIFS 具有比 NFS 更高的传输效率。

3.1.3 文件级虚拟化

基于网络的文件共享环境由多个文件服务器或 NAS 设备组成。NAS 设备或文件服务器环境中实施的文件级虚拟化可提供简单的、无中断的文件移动解决方案。

文件级虚拟化可消除在文件级访问的数据与物理存储文件的位置之间的相关性。它会创建逻辑存储池，用户能够使用逻辑路径（而不是物理路径）访问文件。全局命名空间用于将文件的逻辑路径映射到物理路径名称。文件级虚拟化支持跨 NAS 设备移动文件，即使正在访问这些文件也可以。文件级虚拟化前后的对比示意图如图 3-2 所示。

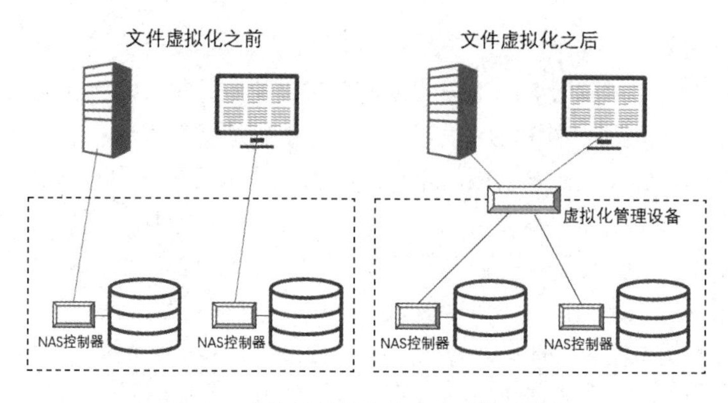

图 3-2　文件级虚拟化前后的对比示意图

图 3-2 中只是对比文件虚拟化前后的区别，其具体过程一般是由 NAS 控制器/引擎共同完成的（而没有图中的“虚拟化管理设备”）。文件虚拟化之前，存放的文件绑定到特定的 NAS 设备或文件服务器上，每个主机能够准确知道其文件资源的位置，但存储容量无法整合，往往会导致存储资源不能合理分配。当文件服务器被填满时，需要将文件从一个服务器移动到另一个服务器。而跨环境移动文件并不轻松，且可能导致文件移动期间不可访问。此外，需要重新配置主机和应用程序以便在新位置访问文件。这使存储管理员难以在保持所需的服务级别的同时提高存储效率。

文件级虚拟化简化了文件移动，能够使用户或应用程序与文件存储位置保持独立，方便了跨服务器或 NAS 设备移动文件。这意味着当移动文件时，客户端可以无间断地访问文件。客户端也可以从旧位置读取文件，并将这些文件写回新文件，而不会感觉到物理位置已经更改。

3.1.4　开源 NAS 服务软件

市场上商业 NAS 服务器种类繁多，价格从几万元到几十万元不等。企业可以购买现成的 NAS 服务器作为网络文件共享的解决方案。为了节约成本和得到更多的定制特性，企业也可以设计和搭建自己的 NAS 服务器。通过将开源免费的 NAS 服务器软件安装到个人电脑或服务器上，再配置大容量的硬盘驱动器和以太网适配器就可以搭建一台免费的 NAS 服务器。目前主流的开源 NAS 软件有如下几种。

1. Free NAS

Free NAS 是最流行的开源 NAS 项目之一，它是一个 FreeBSD 发行版本并集成了基于 m0n0wall 的 Web 管理界面、PHP 脚本和文档。Free NAS 根据 BSD 许可证进行发布，它可以安装到紧凑型闪存、USB 闪存或硬盘驱动器上，或者直接从一个 Live CD 上启动。

Free NAS 支持下列协议：SMB/CIFS、AFP、NFS、FTP、TFTP、Unison、ISCSI 和 UPnP。它还支持软件 RAID（0、1 和 5）、ZFS 和磁盘加密。Free NAS 的网络功能支持 VLAN 标签、链接聚合和局域网开机。Free NAS 的监视功能包括 S.M.A.R.T、电子邮件警告、SNMP、Syslog 和 UPS。Free NAS 还提供一些额外服务：BT 客户端、UPnP 服务器、iTunes/DAAP 服务器、互联网服务器和网络带宽衡量工具等。

Free NAS 可以在其官方网站下载使用，前几个版本对硬件要求很低（如最小内存要求 96MB 等），从 9.10 版本开始对硬件要求越来越高，Free NAS 11.1 和 11.2-BETA3 版本的内存要求最小 8GB，导致其实用价值变低。最初的 Free NAS 为人们提供了使用淘汰主机构建文件共享系统的方法，显然当前 8GB 内存的主机还不在淘汰机之列。

2．Crypto NAS

Crypto NAS 这个项目专注于磁盘加密。它提供基于 Linux 的 Live CD。这个 Live CD 包含加密功能和 NAS 服务器。此外，Crypto NAS 还提供一个可以安装到现有 Linux 服务器上的软件包，为磁盘加密增加用户友好型的基于互联网的前端。它根据 GPL（通用公共许可证）进行授权许可。

通过 Crypto NAS 的互联网前端来启动加密卷，这个加密卷就可以在本地网络上通过 SMB/CIFS 共享协议来访问。加密的磁盘分区是 LUKS（Linux 统一密钥设定）卷，可以在另一台计算机上将其打开，比如使用 Windows 上的 Free OTFF 来解密并访问文件，或者直接通过 Linux 系统来访问。

服务器包可以安装在现有的 Linux 系统。系统要求最低 2.6 版本的内核，支持 LUKS 的 Crypt Setup，支持设备映射器加密目标的内核，以及 Python 2.4。它在任何 Linux 版本都可以运行得相当快，不过目前它只针对 Ubuntu 和其他 Debian 版本提供服务器包。

3．Open filer

Open filer 和 Free NAS 一样，也是一个成熟的 NAS 服务器，它是一个基于 rPath 的 Linux 发行版，它基于 GPLv2 许可协议发布。Open filer 可以安装在个人计算机或服务器上，而且也可以安装成虚拟机，它对硬件的要求相对要高得多，1GHz CPU、2GB 内存、10GB 磁盘空间和以太网适配器。

Open filer 也支持很多网络协议，如 SMB/CIFS、NFS、HTTP/webdev 和 FTP。Open filer 支持的网络目录包括 NIS、LDAP、活动目录（AD）和 Hesiod，此外还支持 Kerberos5 身份认证协议。Open filer 提供了广泛的共享管理功能，例如，在每个共享基础上设置基于多组的访问控制，SMB/CIFS 卷影复制，以及公共/来宾共享等。

3.2　存储区域网络

SAN（Storage Area Network，存储区域网络）是一种通过网络方式连接存储设备和应用服务器的存储构架，这个网络专用于应用服务器和存储设备之间的访问，如图 3-3 所示。当有数据存取需求时，数据可以通过存储区域网络在应用服务器和后台存储设备之间高速传输，所有应用服务器可以通过这个网络对任意存储介质进行读取和写入。常用的方案是基于光纤通道的 FC-SAN 和基于 iSCSI 协议的 IP-SAN。

3.2.1　SAN 的组成和特征

可以将 SAN 看作存储总线概念的一个扩展，在网络单元和存储器接口的支持下，服务器与存储设备构成一种与传统网络不同的网络，对原有的局域网络不增加传输负担。SAN 可以在服务器间共享，也能为某个服务器专有，而且不局限于本地存储设备，可以扩展到异地存储设备。SAN 网络支持服务器到服务器、服务器到存储设备、存储设备到存储设备三种方式的直接高速数据传输，扩大了存储空间和提高了访问速度。

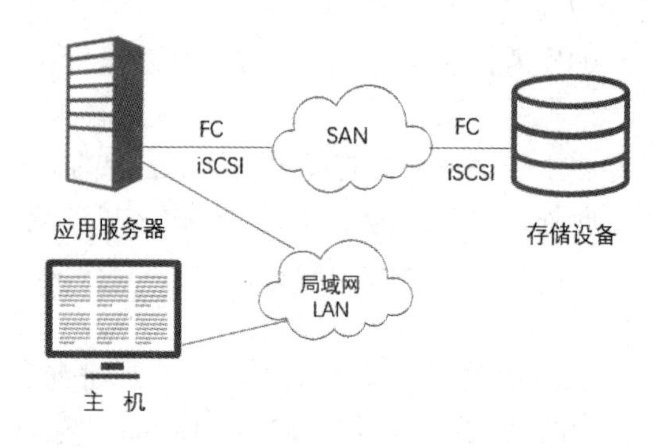

图 3-3　SAN 结构示意图

SAN 由服务器、存储系统、连接设备三部分组成。存储系统为 SAN 解决方案提供了存储空间，是 SAN 的核心部分，由 SAN 控制器和磁盘系统构成。SAN 控制器提供数据读写、备份、共享、快照等数据安全管理，以及系统管理等一系列功能。连接设备包括交换机、路由器、HBA 卡和各种介质的连接线。

利用虚拟化技术，SAN 可以让所有交换设备、网络拓扑、存储设备、RAID 控制器和其他硬件对应用服务器和操作系统来说都变成透明的。虚拟化技术加上集中式管理软件，管理人员通过一个单一的设备接口就可以执行所有必要的管理。

SAN 的具体特征和优势可以归纳为以下几点。

（1）SAN 的构建基于存储器接口，存储资源位于服务器之外，这使得服务器和存储设备相互之间的海量数据传输不会影响局域网的性能，对 LAN 的日常作业没有影响。

（2）设备整合。多台服务器可以通过存储网络同时访问存储系统，不必为每台服务器单独购买存储设备，降低存储设备异构化程度，减轻维护工作量，降低维护费用。

（3）数据集中。不同应用和服务器的数据实现了物理上的集中，空间调整和数据复制等工作可以在一台设备上完成，大大提高了存储资源利用率。

（4）高扩展性。存储网络架构使服务器可以方便地接入现有 SAN 环境，较好地适应应用变化的需要和用户不断增长的海量数据存储的需求。

（5）总体拥有成本降低。存储设备的整合和数据集中管理，大大降低了重复投资率和长期管理维护成本。

（6）容错能力、高可用性和高可靠性。SAN 中的存储系统通常具备可热插拔的冗余部件以确保可靠性。

3.2.2　FC-SAN

FC 即光纤通道技术，FC-SAN 就是使用光纤通道传输数据的存储区域网络。FC 协议开发于 1988 年，最早用来提高硬盘协议的传输带宽，侧重于数据的快速、高效、可靠传输。FC 通常的运行速率有 2Gbps、4Gbps、8Gbps 和 16Gbps。FC 由信息技术标准国际委员会（INCITS）的 T11 技术委员会标准化，INCITS 受美国国家标准学会（ANSI）官方认可。过去，光纤通道大多用于超级计算机，但它也成为企业级存储 SAN 中一种常见的连接类型。到 20 世纪 90 年代末，FC-SAN 开始大规模应用。

1．FC-SAN 基础架构

FC-SAN 基础架构包含节点、端口、缆线、连接器、互联设备（如 FC 交换机或集线器），以及 SAN 管理软件。

主机、存储阵列和磁带库等终端设备都被称为节点。每个节点都是信息的源或目标，都需要一个或多个端口来提供物理接口，用于与其他节点进行通信。这些端口是主机适配器（如 HBA）和存储前端控制器或适配器的集成组件。在 FC 环境中，端口以全双工模式进行数据传输，拥有一条传送（Tx）链路和一条接收（Rx）链路。

FC-SAN 实施使用光纤布线，使用光信号来传输数据。光缆的类型有两种：多模光纤（Multi-Mode Fiber）和单模光纤（Single Mode Fiber）。多模光纤（MMF）缆线可同时承载多条光束，以不同的折射角度在线芯内传输。在 MMF 传输过程中，多条光束在缆线里穿行，容易发生色散和碰撞，导致信号衰减（弱化），因此 MMF 缆线通常用于短距离的缆线传输。单模式光纤（SMF）承载单条光束，在线芯中央穿行。这些缆线的直径从 7 微米到 11 微米，最常见的尺寸为 9 微米。极细的线芯和单束光波都有助于限制模态色散。在所有类型的光缆中，单模光缆提供了最小的信号衰减和最大的传输距离（长达 10 千米）。单模缆线用于长距离的缆线传输，距离通常取决于发送器的激光功率和接收器的灵敏度。

连接器连接到缆线的末端，用于在缆线和端口之间快速连接和断开连接。标准连接器（SC）和 Lucent 连接器（LC）是两种常用的光纤缆线连接器，都属于全双工连接器。直通式连接器（ST）是另一种光纤连接器，通常与光纤接线板一起使用，属于单工连接器。

FC 集线器、交换机和控制器是 FC-SAN 中常用的互连设备。集线器用作 FC-AL（光纤仲裁环）实施中的通信设备。集线器将节点连接成一个逻辑环或一个星型的物理拓扑。由于廉价且性能较高的交换机的出现，集线器已经不再用于 FC-SAN 中。交换机用在 FC-SW 中，将数据从一个物理端口直接发送到另一个物理端口，每个节点都有一个专用的通信路径。控制器是高端交换机，具有更高的端口计数和更好的容错功能。

SAN 管理软件管理主机、互联设备和存储阵列之间的接口，提供了 SAN 环境的视图，可以在一个中央控制台管理多个资源。它提供的主要管理功能包括映射存储设备，监控和生成已发现设备的警报及分区。

2．FC 的网络拓扑

光纤通道标准定义了三种不同的拓扑：点到点、仲裁环和交换网。点到点结构定义了在两个设备之间的一条双向连接，不能够支持三个或更多的设备。仲裁环定义了一个单向环，允许两台以上的设备通过一个共享的带宽进行通信和交流，但在任一时刻仅有两台设备可以互相交换数据，通常使用 FC 集线器构成“星形环”实现连接。交换网结构使用光纤交换机将多个设备连接起来，这些设备可以同时使用全部带宽进行交换数据。交换网一般把一个或多个光纤交换机连接在一起，在端点设备之间形成一个控制中心，也允许把一个或多个令牌环（集线器）连接进来。

在所有拓扑结构中，设备（包括服务器、存储设备和网络连接设备）都必须配置一个或多个光纤通道端口。在服务器上，端口一般借助主机总线适配器实现。一个端口总是由两个通道构成：输入通道和输出通道。两个端口之间的连接称为链路。在点到点和交换网拓扑中，链路总是双向的。在交换网环境下，链路所涉及的两个端口的输出通道和输入通道通过一个交叉装置连接在一起，使得每一个输出通道都连接到一个输入通道。仲裁环拓扑的链路是单向的，每个输出通道都连接到下一个端口的输入通道，直到圆周闭合为止。仲裁环的线缆连接可以借助一个集线器简化，在这种“星形环”的配置中，端点设备双向连接到集线器，在集线器内部的线缆连接保证在仲裁环内部维持单向的数据流。

3. FC 的协议分层

光纤通道形成了一套标准的网络协议，包含 5 个层次，从 FC-0 到 FC-4。其中 FC-0 到 FC-3 对应 OSI 的物理层、数据链路层和网络层，FC-4 是为上层应用协议（如 SCSI、IP 等）提供到光纤通道的接口。为了向 OSI 上层（传输层、会话层、表示层和应用层）提供服务，光纤通道可以与上层协议集成（ULP）。FC 的协议分层及其与 OSI 参考模型的对照，如图 3-4 和图 3-5 所示。

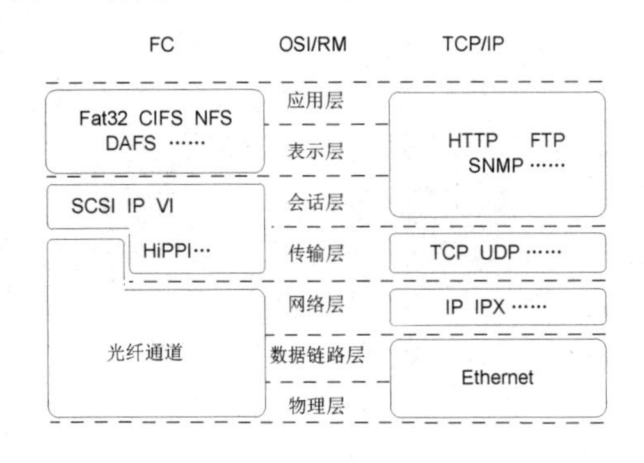

图 3-4 光纤通道分层与 OSI 对照图

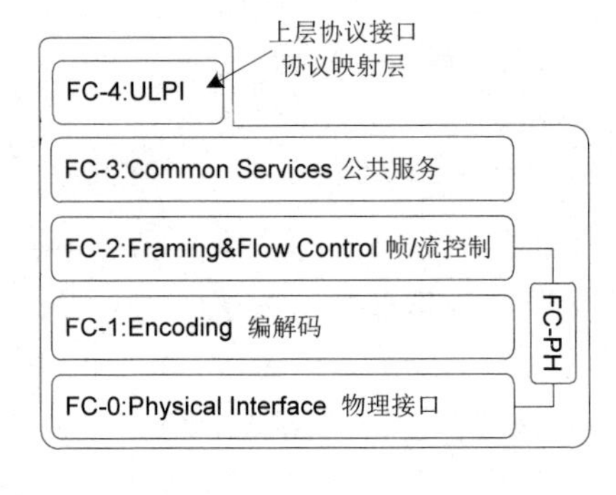

图 3-5 光纤通道协议分层示意图

FC-0：定义连接的物理特性，为各种介质类型、所允许的长度、物理信号和接口建立标准。目前光纤支持 1Gbps、2Gbps、4Gbps、8Gbps、16Gbps 等数据传输速率。

FC-1：定义编码和解码的标准，还定义了访问介质的命令结构。

FC-2：定义节点间的数据传输方式，以及帧格式、帧序列、通信协议，也包含对各种服务类别的定义和流量控制机制。人们通常把 FC-0、FC-1 和 FC-2 合称为光纤通道物理和信令层（FC-PH）。

FC-3：定义公共服务，为 FC-PH 层以上的高层协议提供一套通用的公共通信服务。

FC-4：协议映射层，为光纤通道提供与上层应用的接口，它定义了如何把应用协议映射到下面的光纤通道网络。例如，串行 SCSI 必须将光纤通道设备映射为可被操作系统访问的逻辑设备。对于主机总线适配器，这种功能一般要由厂商提供的设备驱动器程序来实现。FC-3 和 FC-4 称为光纤通道的高层。

光纤通道的层次基本上相当于 OSI 参考模型的较低层，并且可以看成链路层的网络。因此，光纤通道也称为“二层协议”或“类以太网协议”。光纤通道呈现为单个不可分割的网络，并在整个网络中使用统一的地址空间。虽然在理论上这个地址空间可以非常大，在单个网络中可以有千万个地址，但实际上光纤通道通常在一个 SAN 中只支持数十台设备，或者在某些大型数据中心应用中支持上百台设备。

3.2.3 FCoE

大型的 FC-SAN 通常采用“FC+LAN”双网结构，即系统由 FC 光纤通道网络和 LAN 以太网络组成，用于处理各种类型的 I/O 通信。LAN 使用 TCP/IP 协议，用于客户端服务器通信、数据备份、基础架构管理通信等；FC 用于在存储和服务器之间传输数据块级数据。

为了支持多个网络，需要给数据中心的服务器配备多个物理网络接口，相应的要部署多个网络交换机和物理缆线等基础架构，这会显著增加数据中心运营成本和系统复杂性。

FCoE（Fiber Channel over Ethernet，以太网光纤通道）协议提供了通过一个物理接口基础架构整合 LAN 和 SAN 通信的功能，解决具有多个分散网络基础架构的难题，FCoE 使用聚合增强以太网（CEE）链路通过以太网（至少是 10Gbps 网络）发送 FC 帧，实现了如下功能：将 FC-SAN 通信和以太网通信整合到一个公用以太网基础架构；显著减少适配器、交换机端口和缆线的数目；降低成本和简化数据中心管理；降低能耗并减少空间占用。

FCoE 连接示意图如图 3-6 所示，其主要组件包括：聚合网络适配器（Converged Network Adapters，CNA）、缆线、FCoE 交换机。

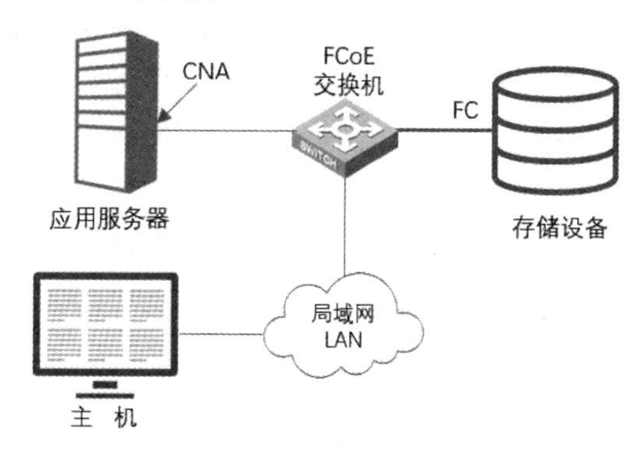

图 3-6　FCoE 连接示意图

CNA 可以在一个适配器中同时提供标准 NIC 和 FC HBA 的功能，并整合这两种类型的通信。凭借 CNA，不再需要为 FC 和以太网通信部署单独的适配器和缆线，从而减少了服务器插槽和交换机端口的数目。

FCoE 线缆目前有两种，一种是 FC 环境中常见的光缆，另一种是新型的屏蔽双绞线铜缆。屏蔽铜缆消耗的电力更少，成本也更低，但它的最长传输距离只有 10 米，因此从机柜交换机到 LAN 之间，用户可能会使用光缆。

FCoE 交换机具有以太网交换机和光纤通道交换机的功能，其内部包含光纤通道转发器（FCF）、以太网交换机和一组以太网端口和可选 FC 端口。FCF 的功能是将从 FC 端口接收的 FC 帧封装到 FCoE 帧，或者将以太网交换机接收的 FCoE 帧解封到 FC 帧。

3.2.4　IP-SAN

早期的 SAN 采用的是光纤通道，主要应用其高数据传输速度的优点，随着高速以太网技术突飞猛进的发展，在 1997 年～2005 年，主流商用 IP 协议标准从 10Mbps 发展到了 10Gbps，IP 技术已经成为整个 IT 行业中最成熟、最开放、发展最迅速、成本最低、管理最方便的数据通信方式之一。FC-SAN 的速度优势逐渐减弱，而购买 FC 组件（如 FC HBA 和交换机）的成本没有降低。整个行业开始考虑将 FC 传输技术转变为更加成熟可靠、成本更低的 IP 技术，以适应广域网数据应用、大规模服务器数据集中、海量数据存储等应用对新一代存储系统的要求。

利用 IP 网络实现 SAN 的技术包括 FCIP（Fiber Channel over IP）、IFCP（Internet Fiber Channel Protocol）和 iSCSI，前两种方法都是基于光纤通道技术构建的，而 iSCSI 不包含 FC 的协议。

FCIP 是基于 IP 的光纤信道，由 IETF 与 ANSI 共同提出。其原理是通过 IP 网络建立一条隧道来传输光纤通道数据。通常隧道建立在两个 SAN 之间，在发送端，帧被封装到 TCP/IP 中；在接收端，IP 包解包之后得到的光纤通道帧被发送给目标设备。具体实现要用到 FCIP 网关，它一般通过光纤通道交换机的扩展端口连接到每个 SAN 上，所有前往远程地点的存储业务均通过共同的隧道。

IFCP 称为 Internet 光纤信道协议，是一种网关到网关的协议，为 TCP/IP 网络上的光纤设备提供光纤信道通信服务。IFCP 协议层的主要功能是在本地和 N-PORT（光纤信道流量终点）间传输光纤信道帧映像，使 FC 帧可以路由到正确的目的地址，实现端到端的 IP 连接。

iSCSI 是 Internet 小型计算机系统接口协议，是 IETF 提出的基于 IP 协议的技术标准，将 SCSI 的指令通过 TCP/IP 通信协议传送到远方，进行存储设备的访问和读写，工作于 SCSI 和 TCP/IP 之间，不包含任何 FC 的内容。iSCSI 继承了 IP 网络的优点，将以太网的经济性引入存储，降低用户总体拥有成本。

目前提到的 IP-SAN，一般都是专指使用 iSCSI 协议的存储区域网络，与使用光纤通道的 FC-SAN 相区分。

3.2.5 SAN 的优势

DAS 最容易实现，但是局限性也大。一般用在服务器端的地理位置非常分散，难以实现 NAS 或 SAN 的场合，或者对成本极度敏感且数据存储需求并不高的场合。随着网络技术和存储技术的发展，网络设备、存储设备价格不断下降，DAS 注定只能起辅助作用，难以扩大应用。

NAS 提供文件级的数据访问和共享服务，有自己的文件管理系统，解放了服务器，具有多操作系统支持、低成本、易于部署等特点，相对 DAS 来说，NAS 是性价比更高的一种存储系统，在中小型企业、学校、机关等场所有广泛应用。其最大的缺点是占用局域网带宽，在某些时候会成为网络瓶颈，降低工作效率。

SAN 的优点主要有以下几个方面。

（1）逻辑上统一，便于集中管理，存储利用率高。虚拟化技术使存储设备无论处在什么物理位置，其在逻辑上是完全一体的，能够实现动态分配空间，提高利用率。

（2）网络专用，不影响局域网通信。

（3）容易扩充，收缩性很强。

（4）具有容错功能，整个网络无单点故障。

（5）安全性好。

DAS 是将计算、存储合并，就像人们日常使用的电脑；NAS 将计算和存储分离了，存储成为一个独立的设备，并且有自己的文件系统，自己管理数据；SAN 也实现了计算和存储的分离，存储成为一个独立的设备，只是接受命令不再进行复杂的计算，只进行读和写。

DAS、NAS、SAN 的对比如表 3-1 所示。DAS 的特点是速度快，但只能自己用；NAS 的特点是速度慢，但共享性好；SAN 的特点是速度快，但共享性差。NAS 存储的基本单位是文件，SAN 存储的基本单位是数据块。

表 3-1 DAS、NAS、SAN 的对比

	DAS	NAS	FC-SAN	IP-SAN（iSCSI）
表现形式	服务器内/外挂的存储阵列等	基于以太网，提供文件级服务	基于光纤网络，提供块存储服务	基于以太网，提供块存储服务
容量可扩展性	低	较高	高	高
共享能力	低	高	高	高
距离可扩展性	低	高	中	高
集中式存储、管理	否	是	是	是
接口及网络设备	SCSI 卡、SATA、1394 卡等	以太网卡、以太网交换机	光纤通道卡、光纤通道交换机	以太网卡、以太网交换机
价格	低	中低	高	中低

SAN 和 NAS 既互相竞争又相互补充；提供对不同类型数据的访问。SAN 针对海量、面向数据块的数据传输，NAS 提供文件级的数据访问和共享服务。NAS 和 SAN 不仅有各自的应用场合，还相互结合，许多 SAN 部署于 NAS 后台，为 NAS 设备提供高性能海量存储空间。

NAS 和 SAN 的综合解决方案如图 3-7 所示，图中使用了 NAS 网关，由专门提供文件服务而优化的操作系统和相关硬件组成，可以将其看作一个专门的文件管理器。NAS 网关连接到后端的 SAN 上，使 SAN 的大容量存储空间可以为 NAS 所用，NAS 网关后面的存储空间可以根据环境的需求扩展到非常大的容量。

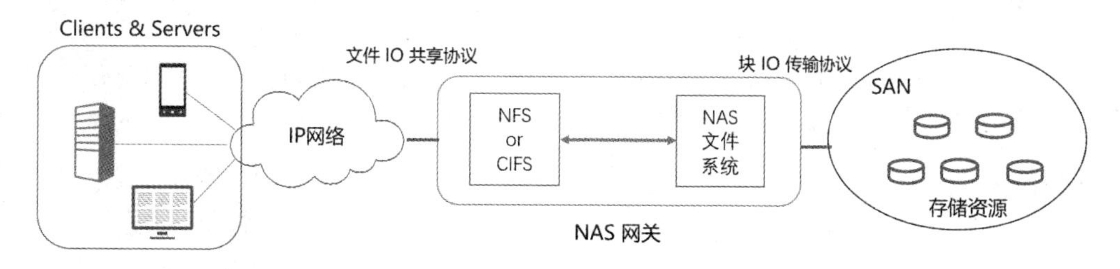

图 3-7 NAS 和 SAN 的综合解决方案

3.3 SOHO 网络存储

SOHO 的英文全称是 Small Office（and）Home Office。SOHO 是一种新经济、新概念，指自由、弹性且新型的生活和工作方式。SOHO 一般专指能够按照自己的兴趣和爱好自由选择工作，不受时间和地点制约、不受发展空间限制的白领一族。随着互联网在各个领域的广泛运用及电脑、传真机、打印机等办公设备在家庭中的普及，SOHO 成为越来越多的人可以尝试的一种工作方式，在这种家用或小型办公环境中，同样有大量数据存储需求，高存储空间、高速数据访问、高效可控的 SOHO 网络存储应运而生。

SOHO 网络存储本质上属于 NAS 存储，可见 NAS 存储不仅用在企业大型网络存储环境中，在家用和小型办公环境中也有其用武之地。

SOHO 网络存储有两种实现方式，一是使用开源 NAS 软件，DIY 存储管理系统，购置高容量存储磁盘作为存储介质，自建 SOHO 网络存储环境；二是购置专用 SOHO 网络存储设备，可以节省大量的时间和精力，且专用设备占用空间小，易收纳，一般都会购置专用设备部署

SOHO 存储环境。

SOHO 网络存储设备也称 NAS 网络存储器、个人私有云网盘，图 3-8 所示的是该类设备典型的设备外观。这类设备一般都搭载厂商二次开发的操作系统，其界面友好，易于上手管理。SOHO 网络存储设备一般支持挂载 2 个或 4 个 SATA Ⅲ接口硬盘，四盘位设备最大支持 56TB（4×14TB HDD）的硬盘容量，有多种 RAID、JBOD 可供选择，提供集群、快照、虚拟化等功能。

图 3-8　SOHO 网络存储设备外观

可以预见，在高速网络实现再次突破前，SOHO 网络存储设备具有的局域网高速访问、高容量、使用便捷、安全可靠等优点将维持其在 SOHO 环境下的竞争力。

任务实施

3.4　任务 1 Free NAS 环境搭建

使用开源 NAS 搭建 NAS 存储环境，是企业实现 NAS 存储的首选。本次实训使用对硬件安装要求低且较为稳定的 Free NAS 9.1.1 X64 版本，内存只要大于 256MB 都可以安装该软件（64 位版本需要硬件 CPU 支持 64 位操作系统，如果不支持，也可以选用 32 位版本）。可以将其做成 Live CD 或保存在 flash 存储设备上直接启动（Free NAS 推荐使用这种方式），这里使用虚拟机搭建硬件环境安装 Free NAS。

如果找不到合适的 Free NAS 版本（最新版本要求内存最小 8GB 起步），NAS4free 也是一个不错的选择，它需要的硬件资源少，同样基于 FreeBSD 系统，搭建完成后其 Web 操作界面与 Free NAS 的非常相像。

3.4.1　子任务 1 安装并配置 Free NAS 系统

实训任务

安装并配置 Free NAS 系统。

实训目的

1. 掌握 Free NAS 系统的安装和配置方法；
2. 熟悉 Free NAS 的 WebUI 用户界面。

实训步骤

1. 配置虚拟机硬件设备，准备安装系统

打开虚拟机软件，单击“创建新的虚拟机”按钮，弹出“新建虚拟机向导”对话框，如图 3-9 所示。选择“典型”单选按钮，单击“下一步”按钮，在图 3-10 所示的对话框中，选择“安装程序光盘映像文件”单选按钮，虚拟机软件将自动检测到系统是 FreeBSD 64 位的，单击“下一步”按钮。

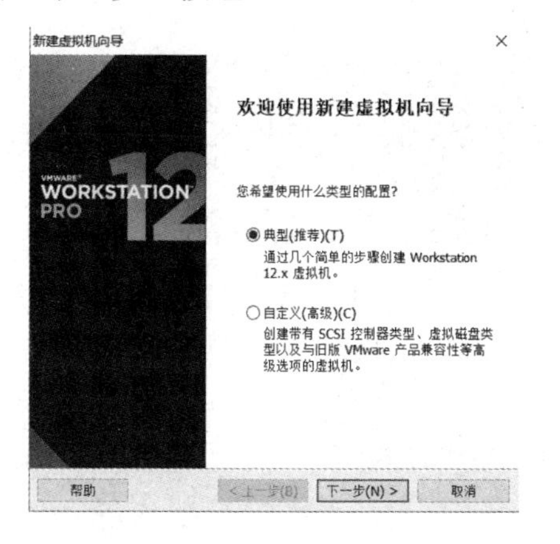

图 3-9　开启新建虚拟机向导

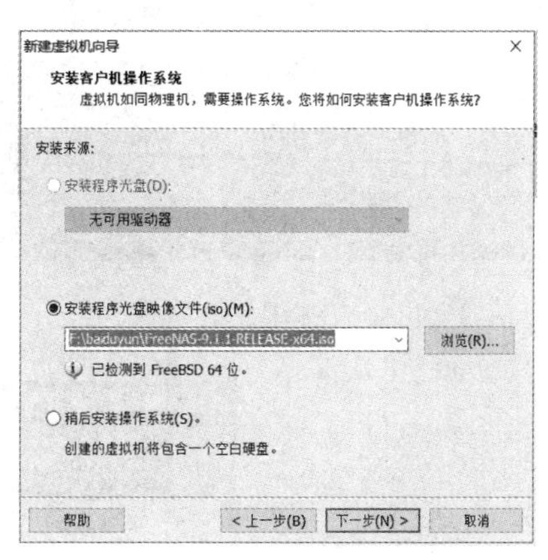

图 3-10　选择镜像文件

接下来对要安装的虚拟机进行命名，如图 3-11 所示，设置好虚拟机名称和安装位置后，单击“下一步”按钮，磁盘大小可以选择默认配置（20GB），再次单击“下一步”按钮，弹出如图 3-12 所示的对话框。可以通过单击“自定义硬件”按钮对内存、网络适配器等硬件进行配置，图中已经将内存从默认设置的 256MB 更改为 512MB。单击“完成”按钮，就完成了虚拟机的硬件配置。

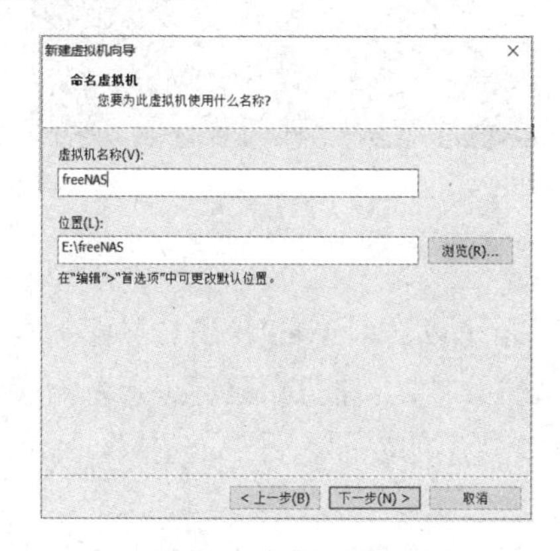

图 3-11　命名虚拟机

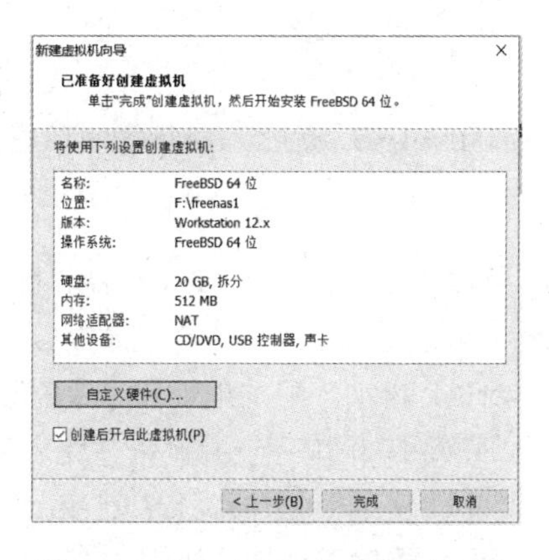

图 3-12　“新建虚拟机向导”对话框

2．安装 Free NAS 系统

在弹出的如图 3-13 所示的对话框中，选择“1 Install/Upgrade”，安装系统，按 Enter 键确认。弹出如图 3-14 所示的对话框，选择安装盘，这里只有一块硬盘 da0，直接按 Enter 键确认。

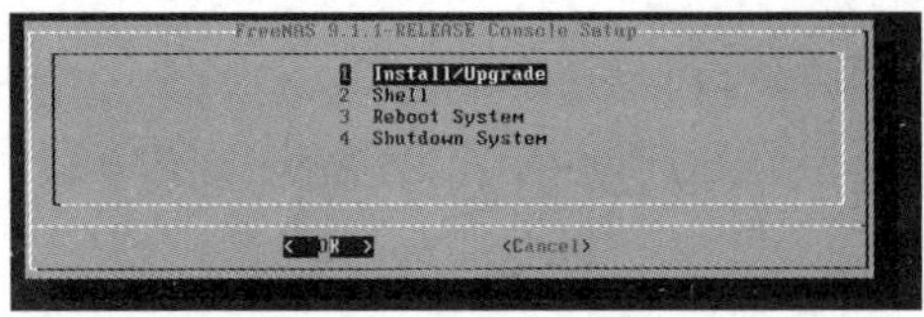

图 3-13　选择安装系统

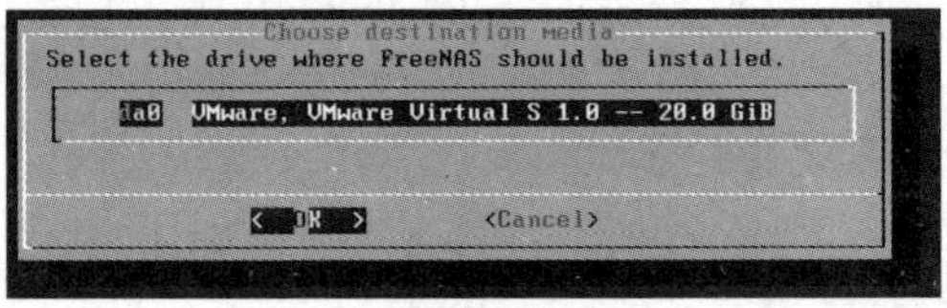

图 3-14　选择安装磁盘

Free NAS 安装程序提醒安装位置是硬盘，建议安装在 flash 媒体上，单击“yes”按钮确认继续安装，如图 3-15 所示。系统开始安装，如图 3-16 所示，只需 1～2 分钟就可以安装完成，弹出如图 3-17 所示的对话框，提示安装完成。

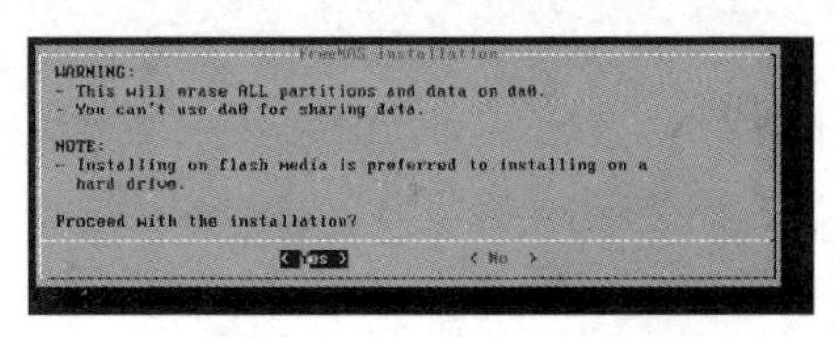

图 3-15　确认安装位置

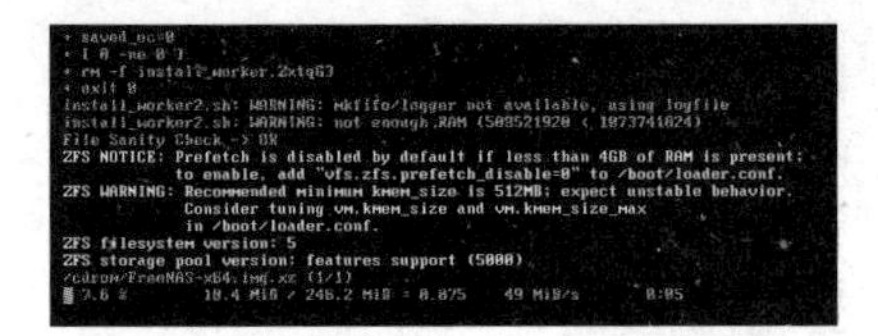

图 3-16　系统安装过程

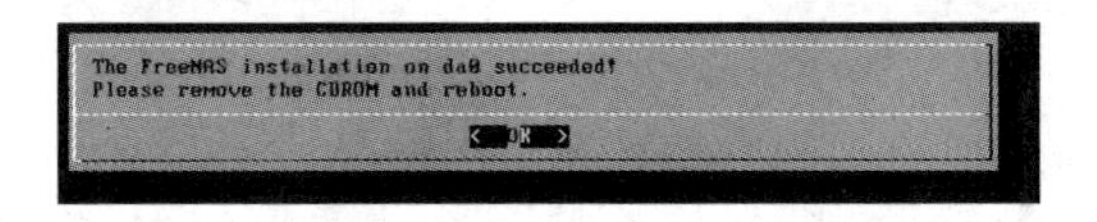

图 3-17　安装完成

按 Enter 键确认，在弹出的如图 3-18 所示的对话框中选择“3 Reboot System”，重启系统，如图 3-19 所示。

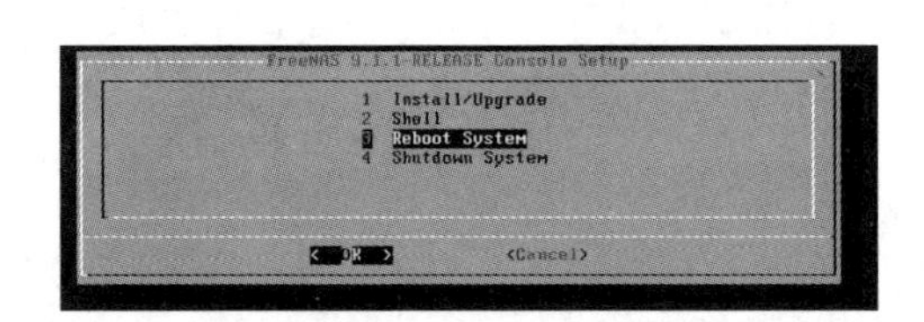

图 3-18　重启系统

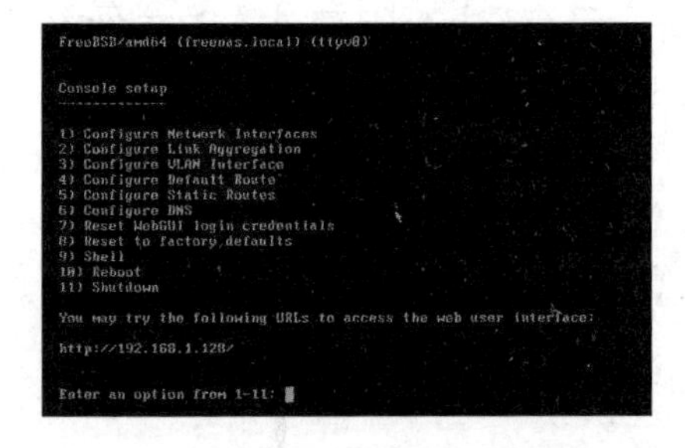

图 3-19　系统启动完成

2．配置 IP 地址和 WebUI 用户界面语言设置

系统启动完成后，停留在如图 3-19 所示的界面，提示可以访问 WebUI 用户界面。这个 IP 是通过 DHCP 自动分配的地址，如果需要更改地址，就输入“1”，按 Enter 键进入网络接口配置，可以修改 IP 地址、子网掩码。完成后回到如图 3-19 所示的界面，再输入“4”，设置默认网关。这里就使用 192.168.1.128 这个 IP，不进行更改。

打开浏览器输入地址，如图 3-20 所示，顺利打开 WebUI 用户界面（初次登录不需要输入用户名及密码）。至此，Free NAS 系统安装完成。如果不习惯英文界面，可以在图中左侧选项卡中单击“System”→“Setting”命令，在“Language”下拉列表中选择“Simplified Chinese”选项，单击“Save”按钮，刷新页面即可切换到中文界面。

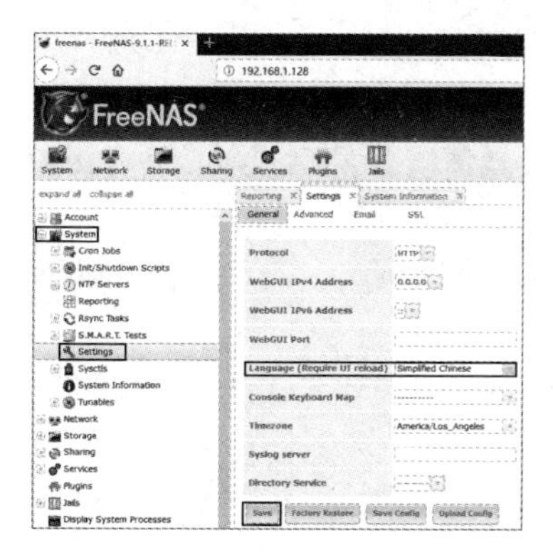

图 3-20　WebUI 用户界面

在右上角有一个“Alert”红灯闪烁，这是警告标志，点开该标志弹出提示框，提示我们修改用户密码。单击“账号[①]”选项卡，可以设置用户名和更改密码，如图 3-21 所示，设置好个人管理账号和密码并牢记。

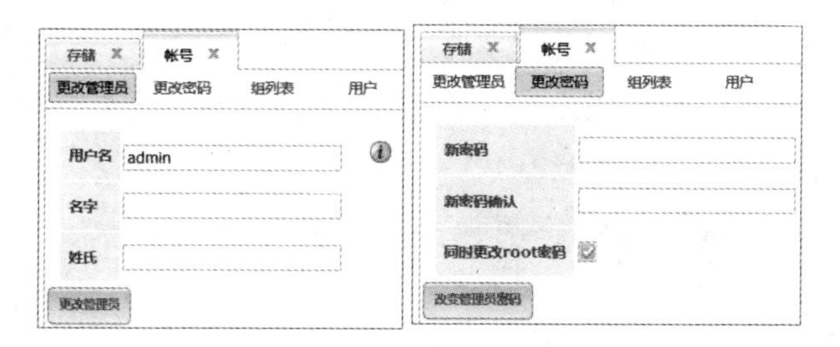

图 3-21　修改账号和密码信息

3.4.2　子任务 2 组建 NAS 文件共享网络

实训任务

组建 NAS 文件共享网络。

实训目的

1. 掌握 Free NAS 组建 NAS 文件共享环境的方法；
2. 熟悉 Free NAS 的 WebUI 用户界面；
3. 加深 NAS 概念的理解和 NAS 应用环境的了解。

实训步骤

Free NAS 系统可以管理存储设备，搭建文件共享环境，在企业小型办公环境或家庭文件

① 软件图中“帐号”的正确写法为“账号”。

共享环境中可以发挥巨大作用。现在使用 Free NAS 在内网中搭建一个文件服务器供员工共享使用，本实训也可以在虚拟机环境下进行。

1. Free NAS 系统挂载硬盘并初始化

关闭 Free NAS，编辑虚拟机设置，依次添加 6 块容量为 20GB 的 SCSI 接口硬盘，图 3-22 为已添加 6 块磁盘后的虚拟机设置情况。然后重新启动 Free NAS 系统。

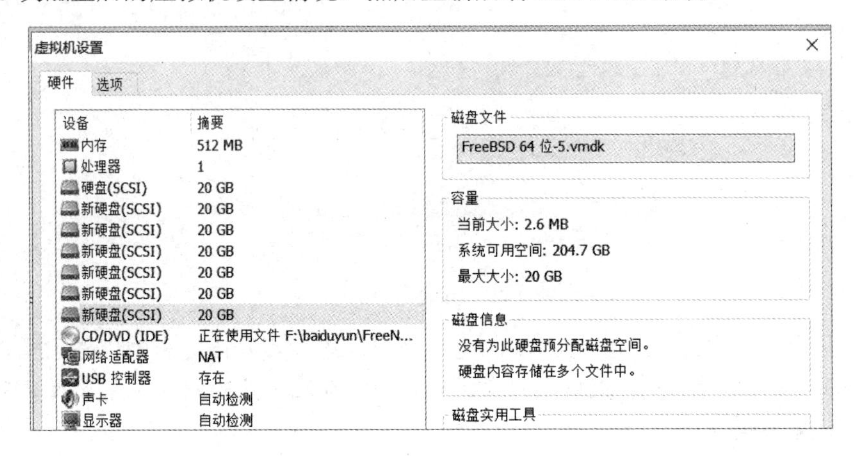

图 3-22　添加磁盘

使用浏览器登录 Free NAS 系统。单击“存储器”选项卡，进入存储管理界面，如图 3-23 所示。

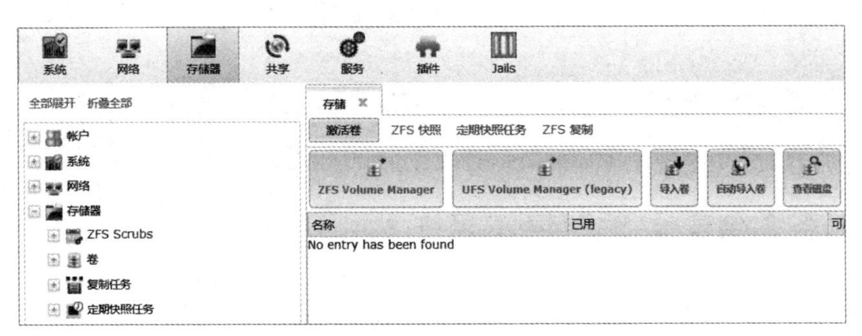

图 3-23　存储管理

Free NAS 9.1.1 X64 支持两种文件系统：ZFS 和 UFS，下面进行简要介绍。

ZFS 文件系统的英文全称为 Zettabyte File System，也叫动态文件系统（Dynamic File System），它是第一个 128 位文件系统。ZFS 文件系统最初是由 Sun 公司为 Solaris 10 操作系统开发的文件系统，被 Sun 称为终极文件系统。ZFS 是一个革命性的文件系统，它从根本上改变了文件系统的管理方式，并具有其他任何文件系统没有的功能和优点。ZFS 文件系统强健可靠、可伸缩、易于管理，其最新开发的文件系统重新命名为 Open ZFS。Free NAS 引入 Open ZFS 作为其默认的文件系统，且绝大多数功能都与 ZFS 文件系统有直接或间接的关联。ZFS 主要有如下特点：使用存储池的概念来管理物理存储，支持动态扩展存储资源；事务性文件系统，数据是使用 Copy-On-Write（写时复制）技术进行管理的，文件系统不会因意外断电或系统崩溃而被损坏；支持校对验证和自我修复数据；支持实时数据压缩；提供低开销的瞬时快照。

UFS 是 UNIX 文件系统，在最新的 Free NAS 11.1 版本中不再支持 UFS，仅支持 Open ZFS。

本次实训将用 3 块磁盘创建 ZFS 文件系统。单击“ZFS Volume Manager”命令，在弹出的如图 3-24 所示的对话框中，定义卷名称“Volume Name”，勾选“Encryption”复选框使用加密功能，单击“Available disks”下的“+”按钮调出所有可用磁盘，拉动“光盘”图标选用磁盘，选择卷布局类型“Volume layout”，最后单击“Add Volume”按钮确定添加卷。

ZFS 支持 RAIDZ（至少 3 块磁盘，单奇偶校验类似 RAID 5）、RAIDZ 2（至少 4 块磁盘，双奇偶校验类似 RAID 6）、RAIDZ 3（至少 5 块磁盘，三奇偶校验）、Mirror（镜像盘，即 RAID1）、Stripe（条带，即 RAID 0）、Log（ZIL，高速写缓存设备，需要至少一个专用的存储设备，推荐使用 SSD 固态硬盘）、Cache（L2ARC，高速读缓存设备，需要至少一个专用的存储设备，推荐使用 SSD 固态硬盘）等布局类型。这里选择 RAIDZ。

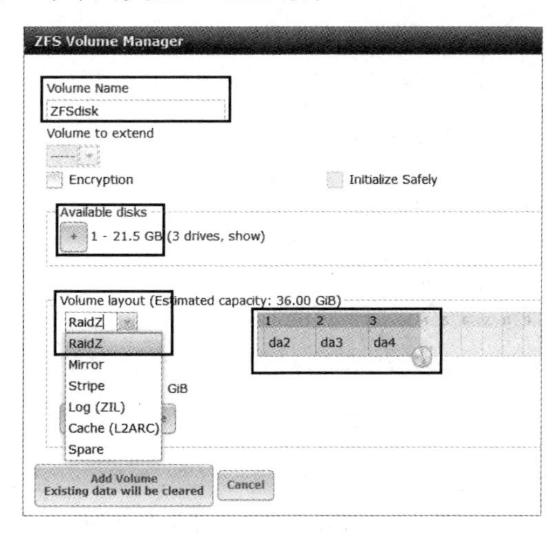

图 3-24 创建 ZFS 格式的 RAIDZ 卷

将剩下的 3 块磁盘创建为 UFS 格式的 RAID3。单击“UFS Volume Manager”命令，在弹出的如图 3-25 所示的对话框中，定义卷名称，选中 3 块磁盘，指定磁盘组类型选择“raid3”单选按钮，最后单击“添加卷”按钮确定添加。

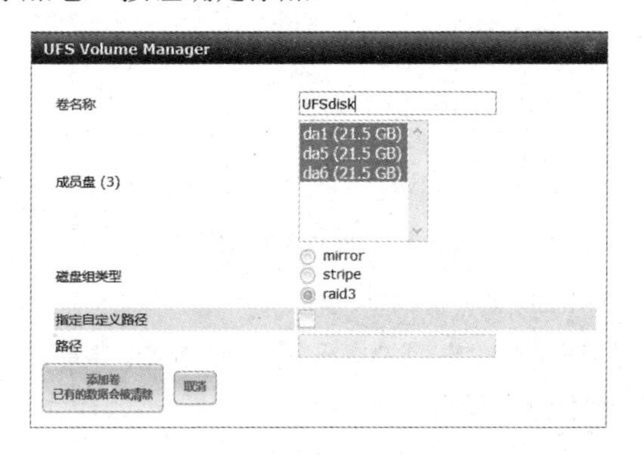

图 3-25 创建 UFS 格式的 RAID3 卷

至此，新硬盘添加并初始化完成。

2. 开启文件共享服务

单击“共享”选项卡，然后依次单击“Windows（CIFS）”→“Add Windows（CIFS）共享”命令，弹出如图 3-26 所示的对话框。依次输入名称和指定路径，并设定权限，单击“确定”按钮，弹出“确定开启服务”的确认对话框，单击“是”按钮即可。在如图 3-26 所示的对话框中还可以调出“高级模式”设置，允许和禁止访问的主机 IP。

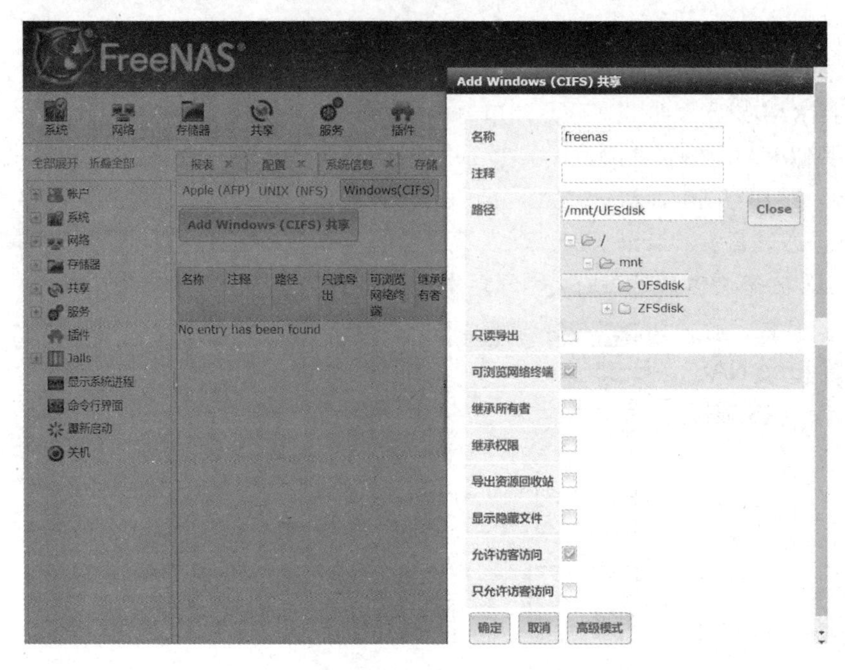

图 3-26　设置文件共享

在外部物理机的 Windows 系统单击“网络”选项卡，找到网上邻居“FREENAS”共享的文件夹“freenas”，如图 3-27 所示。该文件夹可以打开，即可说明共享设置完成。进入后能进行什么操作（如读、写、修改等），取决于在图 3-26 中开启了什么权限，可以尝试进行添加文件、修改文件等操作，这里不再赘述。

图 3-27　网上共享文件夹

至此，Free NAS 共享环境创建完成。

思考一下，在家庭网络环境中，自己 DIY 一个 Free NAS 共享环境，可以使用什么样的设备？用来共享什么文件？用于什么场合？

3.4.3　子任务 3　使用 Free NAS 组建 IP-SAN

实训任务

使用 Free NAS 组建 IP-SAN。

实训目的

1．掌握 Free NAS 组建 IP-SAN 的方法；
2．熟悉 Free NAS 的 WebUI 用户界面；
3．加深 SAN 概念的理解和 SAN 应用环境的了解。

实训步骤

使用 Free NAS 除了可以构建文件共享环境，还可以搭建 IP-SAN。在搭建之前，首先需要在 Free NAS 系统添加一块网卡，使管理网络与存储网络分开，其主要基于两点考虑：增加管理网络的安全性；存储网络的数据流量不影响管理网络。

1．配置 Free NAS 的网络环境

关闭 Free NAS 虚拟机，编辑虚拟机设置，添加一块网络适配器，并设置其网络连接模式为“NAT 模式”（原有网卡工作于命令“仅主机模式”），如图 3-28 所示。在虚拟机主窗口中打开“编辑”选项卡，单击“虚拟网络编辑器”命令，分别对 VMnet1 和 VMnet8 规划子网。在本例中，VMnet1 使用 192.168.1.0/24 网段，VMnet8 使用 192.168.10.0/24 网段，如图 3-29 所示。

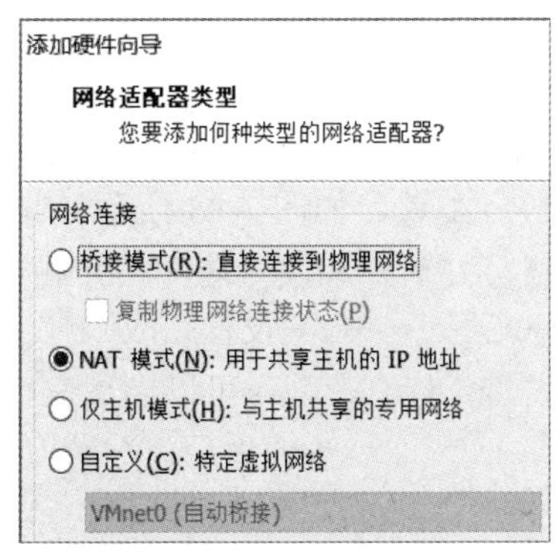

图 3-28　添加网络适配器

图 3-29　虚拟网络编辑器配置

打开物理机的“网络连接”对话框，如图 3-30 所示，对两块虚拟网卡 VMnet1 和 VMnet8 的 IP 地址分别进行检查并修改，务必使其分别处在上述两个相应网段，否则就无法通过网络连接 Free NAS 系统。这里配置过程较为简单，不再进行截图说明。

图 3-30　网络连接情况

网络环境设置好之后，启动 Free NAS 系统，在启动完成的界面输入“1”，对两块网卡 em0 和 em1 分别进行网络配置，设置 IP 地址，如图 3-31 所示。

```
Enter an option from 1-11: 1
1) em0
2) em1
Select an interface (q to quit): 1
Delete interface? (y/n) n
Reset network configuration? (y/n) n
Configure interface for DHCP? (y/n) n
Configure IPv4? (y/n) y
Interface name:
Several input formats are supported
Example 1 CIDR Notation:
    192.168.1.1/24
Example 2 IP and Netmask seperate:
    IP: 192.168.1.1
    Netmask: 255.255.255.0, /24 or 24
IPv4 Address [192.168.1.128]:192.168.1.128/24
```

图 3-31　配置网卡 em0 和 em1 的 IP 地址

两块网卡都配置完成，配置 Free NAS 的网络环境的工作就完成了。

2．组建 IP-SAN

使用浏览器打开 Free NAS 的 WebUI 用户界面，使用前面设置的用户名和密码登录。单击“服务”选项卡，单击 iSCSI 按钮，将“OFF”切换为“ON”，单击“iSCSI 设置”的扳手图标，开始进行 iSCSI 配置，如图 3-32 所示。

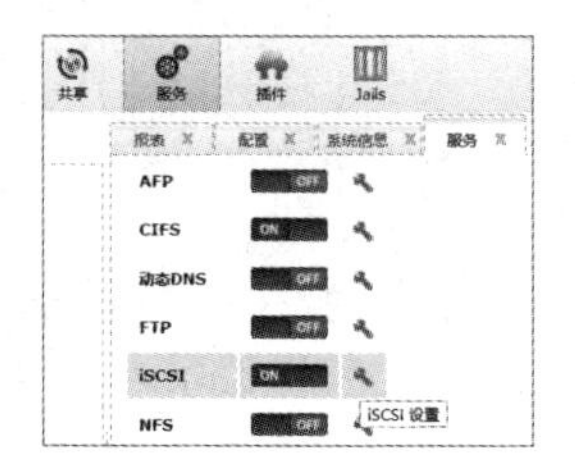

图 3-32　服务配置界面

在打开的 iSCSI 配置界面中，需要对 7 个内容分别进行配置，如图 3-33 所示（此处软件界面的汉化效果较差，为了便于理解，在下面的介绍中将英文名称和汉化名称一并展示）。

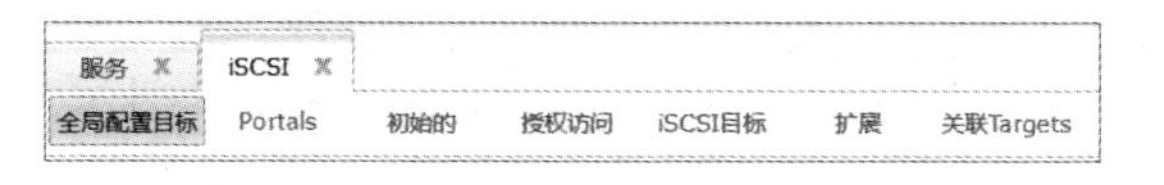

图 3-33　iSCSI 配置内容

（1）配置“Portals（入口）”。Portals 是设置 Free NAS 存储网络的 IP 地址，用于接收外部网络用户访问存储资源入口地址，这里设置第二块网卡（NAT 模式）的 IP 地址为 192.168.10.128，如图 3-34 所示。

（2）配置“Initiators（初始的）”。Initiators 是初始化的客户端，用于配置允许哪些用户从哪些网络发起 iSCSI 访问，这里配置允许所有用户（ALL），从“192.168.10.0/24”网络发起访问，如图 3-35 所示。

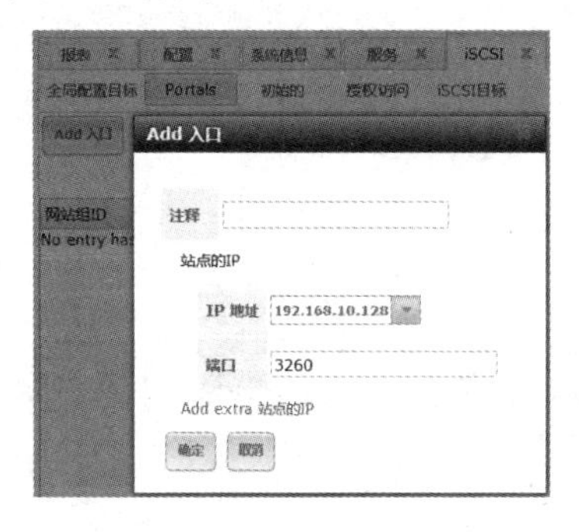

图 3-34　配置 Portals

图 3-35　配置

（3）配置“Authorized Access（授权访问）”。配置授权访问的用户组 ID、用户名和密钥，如果采用双向认证，还要配置对端用户及密码。这里设置的密码至少为 12 位，否则在进行 iSCSI 连接时，会提示密码不符合加密系统要求，如图 3-36 所示。

（4）配置“Extents（扩展范围）”。Extents 用于配置访问用户所访问的资源类型及路径，这里选择“程度类型”为“文件”，“该范围的路径”设置为“/mnt/RAIDZ2/extent0”（在前面创建的 RAIDZ 2 卷下创建的文件路径），“范围大小”设置为“50GB”，如图 3-37 所示。

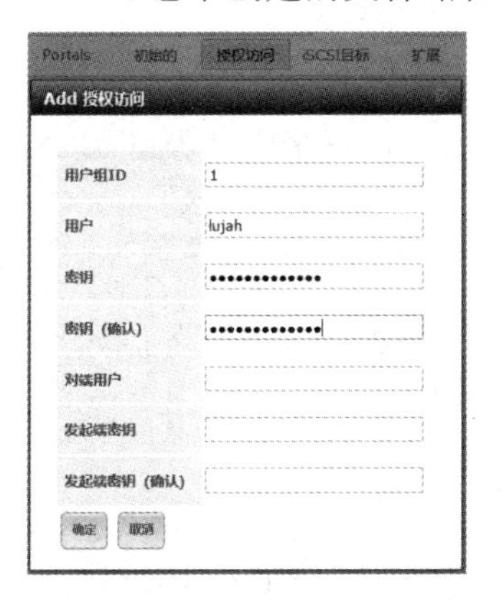

图 3-36　配置授权用户

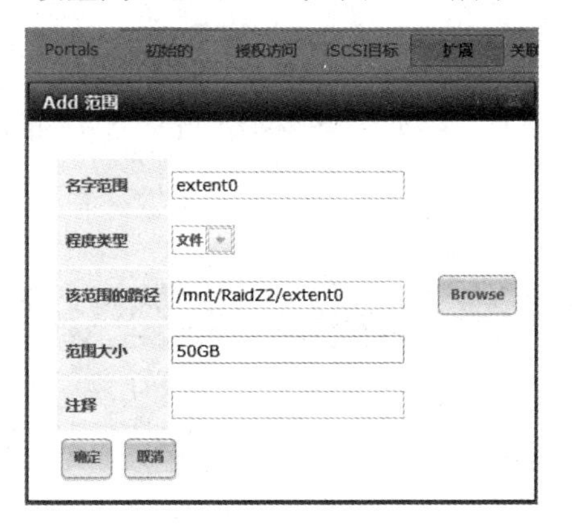

图 3-37　配置 Extents

（5）配置“Targetsi（SCSI 目标）”。在这项配置中，将前三项配置涉及的网络、用户、认证方式关联起来，即图 3-38 中的网站组 ID“初始组 ID”“认证方式”，并分配认证群组号，为 Targets 名称命名，如“freenas”。

图 3-38　配置 iSCSI 目标

（6）配置“关联 Targets”。这项配置将刚刚配置的 iSCSI 目标与前面配置的扩展范围关联起来，如图 3-39 所示。

（7）配置“Target Global Configuration（全局配置目标）”。这项配置的重点是寻找认证方法和探索认证群组，如图 3-40 所示。

图 3-39　配置关联 Targets

图 3-40　配置全局配置目标

至此，组建 IP-SAN 中 Free NAS 的配置工作全部完成，接下来就是等待 iSCSI Initiators 接入了。

3.5　任务 2 使用 Free NAS 配置 IP-SAN

NAS 存储环境配置好以后，就可以供网络中的主机、服务器进行访问和使用了，目前常见的操作系统主要有 Windows 系统和 Linux 系统。接下来，分别使用这两类操作系统完成与 Free NAS 存储环境的连接，实现 IP-SAN 存储。

3.5.1　子任务 1 Windows 系统连接 IP-SAN

实训任务

在 Windows 环境下配置 iSCSI Initiators 并连接 IP-SAN 存储设备。

实训目的

1．掌握在 Windows 环境下配置 iSCSI Initiators 的配置方法；
2．熟悉使用 iSCSI 发起程序连接 IP-SAN 的方法；
3．加深对 SAN 概念的理解和对 SAN 应用环境的了解。

实训步骤

iSCSI Initiators（iSCSI 发起程序）是在 Windows 环境下，软件模拟 iSCSI 接口卡连接 IP-SAN 的必备程序。在较高版本的 Windows 系统中，都已经集成了 iSCSI 发起程序，如果使用的是 Windows XP 或 Windows 2003 Server 等版本，则需要临时安装。搜索“iSCSI Initiator”，很容易找到“iSCSI Initiator for Microsoft Windows”程序，下载安装即可使用，这里不进行详细介绍。

1．配置 iSCSI 发起程序

实验环境使用了 Windows 10 系统，单击屏幕右下角的搜索框，输入“iSCSI”，即可找到“iSCSI 发起程序”，单击“运行”按钮。

如图 3-41 所示，在打开的“iSCSI 发起程序 属性”对话框中，单击“发现”选项卡，单击“发现门户”按钮，弹出“发现目标门户”对话框，如图 3-42 所示，输入 IP 地址：192.168.10.128，端口采用默认值，然后单击“高级”按钮，弹出如图 3-43 所示的对话框。

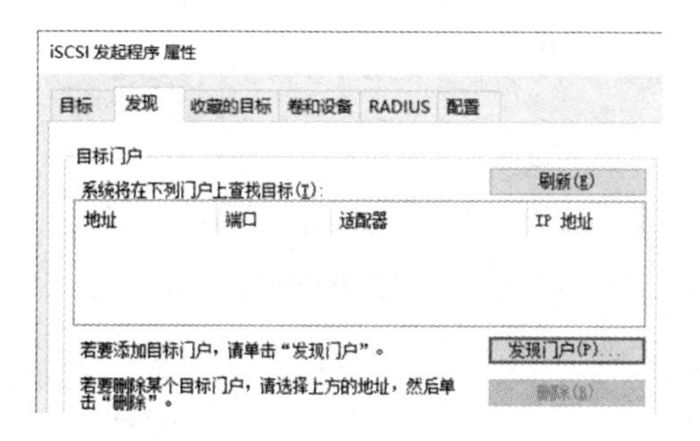

图 3-41　iSCSI 发起程序属性

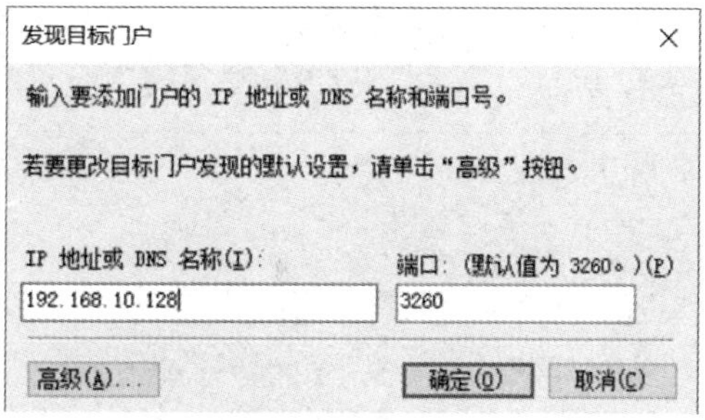

图 3-42　发现目标门户

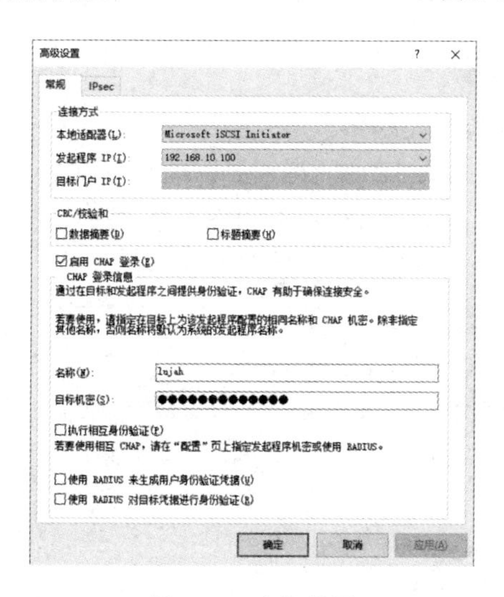

图 3-43　高级设置

在“高级设置”对话框中设置连接方式：本地适配器选择“Microsoft iSCSI Initiator”，发起程序 IP 选择“192.168.10.100”，这是 VMnet8 虚拟网卡设置的 IP，可以根据自己的实际情况选择。勾选“启用 CHAP 登录”复选框，并输入名称和密码（根据自己在 Free NAS 的配置进行输入）。配置完成，单击“确定”按钮，回到如图 3-42 所示的对话框，单击“确定”按钮。

这时在“iSCSI 发起程序 属性”对话框的“目标”选项卡中，就能看到已发现的目标，如图 3-44 所示。单击“连接”按钮，弹出“连接到目标”对话框，如图 3-45 所示，在这里单击“高级”按钮，再次对“高级设置”对话框进行设置，如图 3-46 所示。

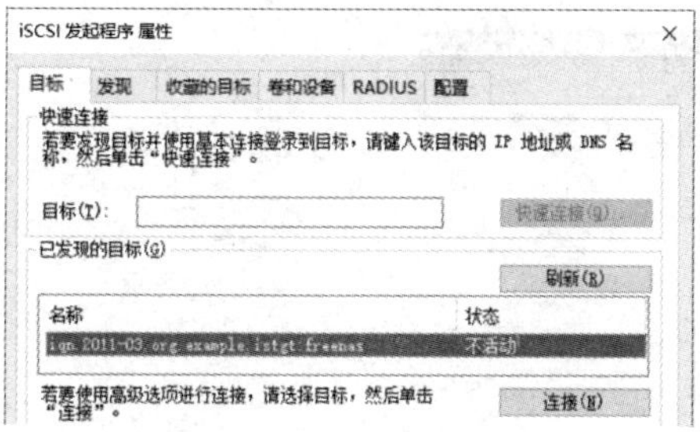

图 3-44　发现目标

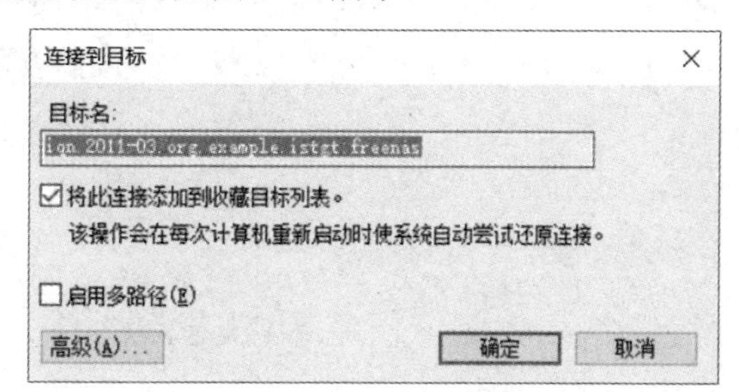

图 3-45　连接到目标

在“高级设置”对话框中，连接方式和认证方式都需要重新选择和设置，且“目标门户IP”也可以设置了。在本例中，“目标门户 IP”为“192.168.10.128”。配置完成，单击“确定”→“确定”按钮，回到如图 3-44 所示的对话框，“已发现的目标”的状态变为“已连接”，如图 3-47 所示，至此，iSCSI 发起程序配置完成。

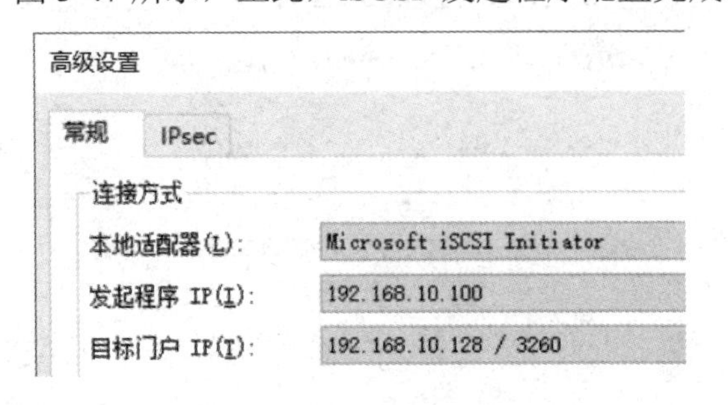

图 3-46　高级设置

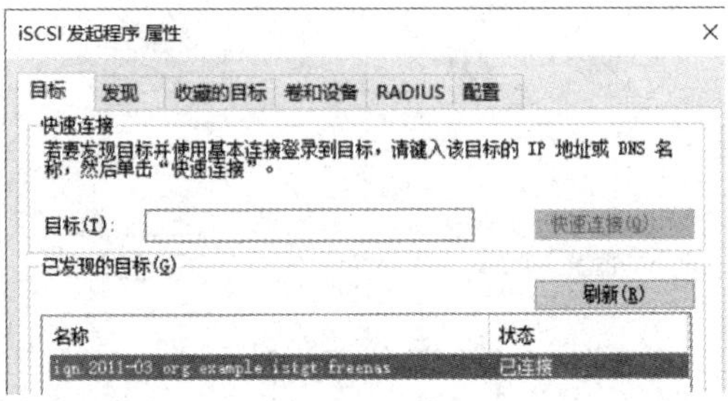

图 3-47　目标已连接

2. 配置并访问 IP-SAN 存储设备

打开磁盘管理，系统检测到新添加的磁盘，自动打开初始化磁盘窗口，如图 3-48 所示，这就是已连接的 Free NAS 上的 IP-SAN 存储设备，选择分区形式，单击“确定”按钮关闭对话框。

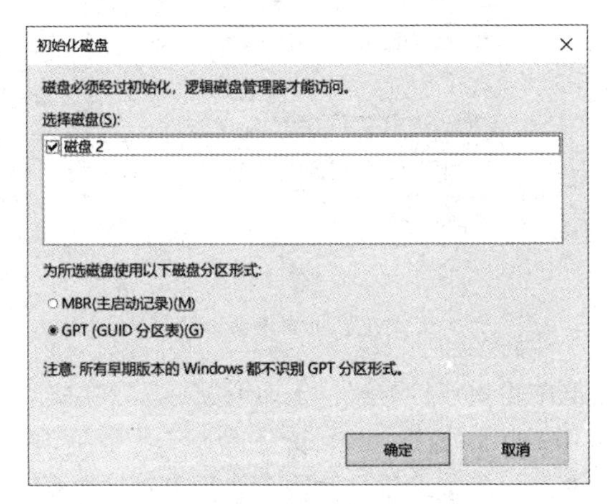

图 3-48　初始化磁盘

在磁盘管理界面找到新磁盘，右键单击新磁盘，如图 3-49 所示，在弹出的快捷菜单中单击“新建简单卷”命令，开启新建简单卷向导，按照向导一步一步进行磁盘初始化，完成新建卷的创建。这里配置比较简单，不进行截图说明。

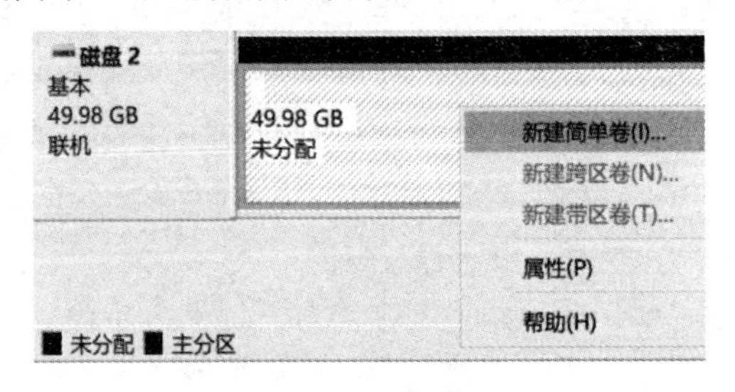

图 3-49　新建简单卷

磁盘初始化完成，就可以在“我的电脑”中打开刚刚创建的磁盘“新加卷 G”，进行文件、文件夹的创建等操作，就像操作本地磁盘一样，如图 3-50 所示。

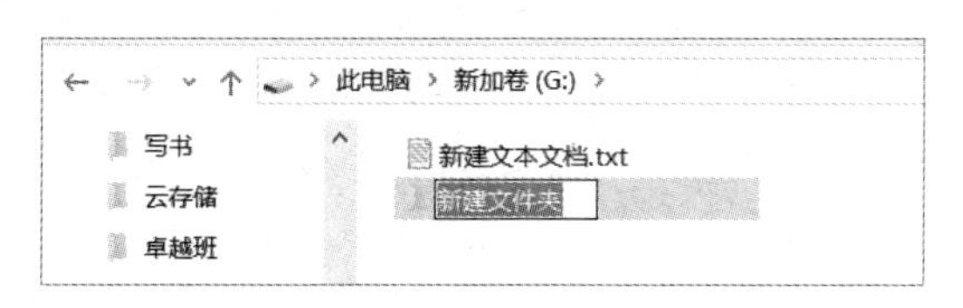

图 3-50　对新挂载的磁盘进行操作

至此，在 Windows 环境下连接 IP-SAN 的配置基本完成，该环境将数据管理与数据分离，让具有数据保护功能且具有良好 IO 性能的磁盘阵列来完成数据的存储工作，从而保证了企业核心数据的安全性和稳定性。

3.5.2　子任务 2 Linux 系统连接 IP-SAN

实训任务

在 Linux 环境下配置 iSCSI Initiators 并连接 IP-SAN 存储设备。

实训目的

1．掌握 Linux 环境下 iSCSI Initiators 的配置方法；
2．熟悉使用 iSCSI 发起程序连接 IP-SAN 的方法；
3．加深对 SAN 概念的理解和对 SAN 应用环境的了解。

实训步骤

Linux 操作系统一般都自带 iSCSI 组件，但系统默认没有安装该组件，需要手动安装。本实例使用的操作系统是 Centos Linux7.2 64 位。

1．安装 iSCSI 组件

挂载安装镜像文件：

```
[root@centos ~]# mount -o loop /home/CentOS-7-x86_64-DVD-1511.iso /mnt/centos/
mount: /dev/loop0 is write-protected, mounting read-only
```

并配置本地 yum 源文件：

```
[root@centos ~]# mv /etc/yum.repos.d/C* /opt/
[root@centos ~]# vi /etc/yum.repos.d/local.repo
[centos]
name=centos
baseurl=file:///mnt/centos/
gpgcheck=0
enabled=1
~
"/etc/yum.repos.d/local.repo" [New] 6L, 71C written
```

安装配置 iscsi-initiator 启动：

```
[root@centos ~]# yum -y install iscsi-initiator-utils
```

```
[root@centos ~]#service iscsid start
```

连接到 iscsi 共享存储：

```
[root@centos ~]#iscsiadm -m discovery -t sendtargets -p 192.168.10.128
192.168.10.128:3260,1 iqn.2011-03.org.example.istgt:freenas
```

登录到 iscsi 共享存储：

```
[root@centos ~]# iscsiadm -m node -T iqn.2011-03.org.example.istgt:freenas -p
192.168.10.128:3260 -l
Logging in to [iface: default, target: iqn.2011-03.org.example.istgt:freenas,
portal: 192.168.10.128,3260] (multiple)
Login to [iface: default, target: iqn.2011-03.org.example.istgt:freenas, portal:
192.168.10.128,3260] successful.
```

2. 配置 IP-SAN 存储设备

查看磁盘信息，可以看到多出一块硬盘设备：

```
[root@centos ~]# fdisk -l
… …
Disk /dev/sdb: 10.7 GB, 10737418240 bytes, 20971520 sectors
Units = sectors of 1 * 512 = 512 bytes
Sector size (logical/physical): 512 bytes / 512 bytes
I/O size (minimum/optimal): 4096 bytes / 1048576 bytes
```

这块磁盘 sdb 就是连接 Free NAS 系统的存储资源。

指定分区格式：

```
[root@centos ~]#mkfs.ext4 /dev/sdb
```

挂载并写入文件：

```
[root@centos ~]# mkdir /mnt/iscsi
[root@centos ~]# mount -t ext4 /dev/sdb /mnt/iscsi/
[root@centos ~]# df -h
Filesystem              Size  Used Avail Use% Mounted on
/dev/mapper/centos-root   18G  4.9G   13G  28% /
devtmpfs                479M     0  479M   0% /dev
tmpfs                   489M     0  489M   0% /dev/shm
tmpfs                   489M  6.7M  483M   2% /run
tmpfs                   489M     0  489M   0% /sys/fs/cgroup
/dev/sda1               497M  125M  373M  25% /boot
tmpfs                    98M     0   98M   0% /run/user/0
/dev/sdb                9.8G   37M  9.2G   1% /mnt/iscsi
```

设置开机自动挂载：

```
[root@centos ~]# echo "/dev/sdb /mnt/iscsi/ ext4 defaults 0 0"  >> /etc/fstab
```

查看并创建文件：

```
[root@centos ~]# cd /mnt/iscsi/
[root@centos iscsi]# touch test.txt
[root@centos iscsi]# ll
total 16
drwx------. 2 root root 16384 Oct 20 12:17 lost+found
-rw-r--r--. 1 root root     0 Oct 20 12:23 test.txt
```

至此，在 Linux 系统连接 IP-SAN 的过程就完成了，在上述创建过程中，iSCSI 建立连接使用的无认证方式。为了提高安全性，可以增加 CHAP 认证，具体过程请自行探索。

综合训练

一、选择题

1．不具备扩展性的存储架构有（　　）。

A．DAS　　B．NAS　　C．SAN　　D．IP-SAN

2．DAS 代表的含义是（　　）。

A．两个异步的存储　　B．数据归档软件

C．连接一个可选的存储　　D．直连存储

3．哪种应用更适合采用大缓存块？（　　）

A．视频流媒体　　B．数据库

C．文件系统　　D．数据仓库

4．主机访问存储的主要模式包括（　　）（多选）。

A．NAS　　B．SAN　　C．DAS　　D．NFS

5．常见数据访问的级别有（　　）（多选）。

A．文件级（file level）　　B．异构级（NFS level）

C．通用级（UFS level）　　D．块级（block level）

6．哪类存储系统有自己的文件系统？（　　）

A．DAS　　B．NAS　　C．SAN　　D．IP-SAN

7．NAS 使用（　　）作为其网络传输协议。

A．iSCSI　　B．SCSI　　C．TCP/IP　　D．IPX

8．NAS 对于（　　）类型的数据传输性能最好。

A．大块数据

B．文件

C．小块消息

D．连续数据块

9．相对 DAS 而言，以下不是 NAS 的特点的选项是（　　）。

A．NAS 是从网络服务器中分离出来的专用存储服务器

B．NAS 系统的应用层程序机器运行进程是与数据存储单元分离的

C．NAS 系统与 DAS 系统相同，都没有自己的文件系统

D．NAS 的设计便于系统同时满足多种文件系统的文件服务需求

10．对 NAS 设备的描述，哪个是正确的？（　　）

A．需要特殊的线缆连接到以太网中　　B．连接到以太网中使用标准线缆

C．客户端使用块设备数据　　D．用于应用共享

11．NAS 的常用连接协议包括（　　）（多选）。

A．NFS　　B．CIFS　　C．TCP　　D．IP

12．以下哪些不是 NAS 的优点（　　）（多选）。

A．扩展性比 SAN 好　　B．使用简便

C．针对文件共享进行优化　　D．针对块数据传输进行优化

二、思考题

1．试着比较 NAS 和 SAN 的不同特点和应用场合。

2．怎样把学到的 NAS 和 SAN 的知识应用到日常生活中？举例说明。

第4章

集群存储技术

学习目标

- 掌握集群和高可用性的概念；
- 理解集群存储的概念；
- 理解集群存储技术原理；
- 掌握常用集群搭建方法；
- 掌握 GlusterFS 的配置方法。

任务引导

随着 IT 信息系统的不断发展，数据存储在企业中的应用越来越广泛，如何提高 IT 系统的高可用性成为建设稳健的 IT 系统的首要任务之一。像阿里巴巴、腾讯、百度、网易这样的知名企业，其用户访问量都是数亿级别的，系统一旦发生故障，将影响海量用户。因此，数据存储对网络、服务器、存储设备的高可用性要求越来越高，IT 系统的高可用建设应包括网络设备高可用性、服务器设备高可用性、存储设备高可用性。

相关知识

4.1 高可用性和集群技术

4.1.1 高可用性

可用性（availability）是 IT 系统的关键要素之一，如果可用性无法保证，那么 IT 系统的其他几个特性如保密性、完整性等都将变得毫无意义，所以可用性是在 IT 系统进行建设时首先要解决的问题。

仅考虑可用性的实现，我们可以通过部署冗余设备、减少单点故障来实施，随着技术的发展，人们早已不满足于可用性的保障，从而提出高可用性的要求，追求业务的可持续性，减少因意外事故导致的业务中断。

高可用性（High Availability，HA）指的是通过尽量缩短因日常维护操作（计划）和突发的系统崩溃（非计划）所导致的停机时间，以提高系统和应用的可用性。高可用性系统是目前企业防止核心计算机系统因故障停机的最有效手段。

评价一个系统是否是一个高可用性系统，关键是看这个系统的持续工作时间，持续工作时间越长，系统越接近高可用性系统。计算机系统的可用性是通过系统的可靠性（reliability）和可维护性（maintainability）来度量的。工程上通常用平均无故障时间（MTTF）来度量系统的可靠性，用平均维修时间（MTTR）来度量系统的可维护性。于是可用性被定义为：MTTF/（MTTF+MTTR）×100%。例如，一个系统的可用性达到6个9，即99.9999%，这表示该系统在连续运行1年的时间里最多可能出现的业务中断时间为$10^{-6}\times365\times24\times60=0.5256$min，大约31.5s；5个9表示系统在连续运行1年的时间里最多可能出现的业务中断时间是5.256min（见表4-1）。

表4-1　高可用性度量

可用性分类	可用水平	每年停机时间
容错可用性	99.9999	< 1min
极高可用性	99.999	5min
具有故障自动恢复能力的可用性	99.99	53min
高可用性	99.9	8.8h
商品可用性	99	43.8h

高可用性系统的评价目标是：能够提供不间断的服务，系统不会因硬件故障而宕机，也不会因软件升级等原因而长时间宕机，能够提供灵活的资源控制和管理功能，给用户提供可方便管理的工具。

提高IT系统（包括网络、主机、存储）的可用性，可以采取增加冗余设备来实现；提高主机的可用性，可以通过建设高可用集群来实现；提高存储的可用性，可以使用数据备份和集群存储来实现。

4.1.2　热备技术

热备技术是通过增加冗余设备来解决系统崩溃、单点失效的问题，从而提高系统的可用性。热备技术是实现设备高可用性的最基本的方法，也是最早出现和使用的方法，目前热备技术也仍然是小型系统实现高可用性的首选方案。

所谓单点失效，就是指关键网络节点、关键主机设备、服务器等因硬件和软件故障或人员操作不当而导致设备宕机，直接影响整个IT系统的运行。单点失效是系统不可用的主要原因之一，通过对关键部件的冗余设计，当一个部件（主要部件）发生故障时，由另一个部件（备用部件）继续提供服务，可以很好地保障系统持续运行。

网络设备、服务器、存储设备等都可以通过热备技术达到高可用性的要求。热备技术主要有双机热备、多机热备、双机互备等，它们是集群技术的基础，有些专家也将其归入集群技术中。

1．双机热备

双机热备就是其中一台主机为主服务器（Active Server），另一台主机为备份服务器（Standy Server），如图4-1所示（图中是以服务器设备冗余为例进行介绍的，其实网络设备、存储设备也可以使用类似的方法添加冗余设备，达到提高系统可用性的目的），在系统正常的情况下，主服务器为应用系统提供支持，备份服务器监视主服务器的运行情况。当主服务器出现异常，不能支持应用系统运行时，备份服务器主动接管（Take-over）工作机的工作，继续支持应用系统的运行，从而保证信息系统能够不间断运行。此时，原来的备份服务器就成了主服务器。当原来的主服务器经过修复并恢复正常后，系统管理员可以通过管理命令或经由以人工或自动的方式将备份服务器的工作切换回主服务器；也可以激活监视程序，监视备份服务器的运行情况。在正常情况下，主服务器也会监视备份服务器的状态，当备份服务器因某种原因出现异常时，工作服务器会发出告警，提醒系统管理员解决故障，以确保主/备服务器切换的可靠性。

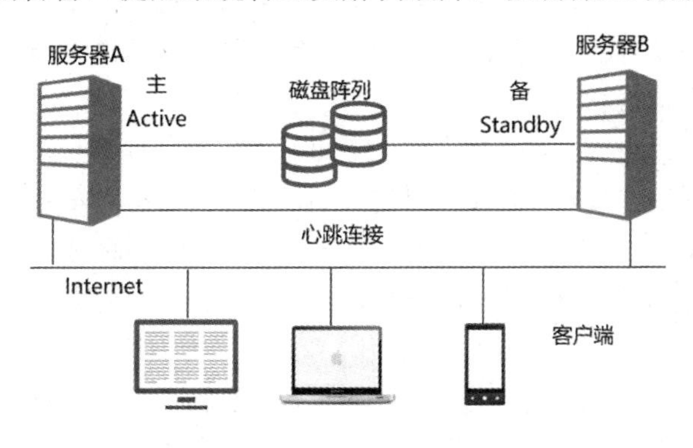

图 4-1　双机热备示意图

这种模式提供很好的可用性，并且对性能的影响最小。如果备份服务器的配置水平不比主服务器的差，这种接管不会带来任何性能上的影响。热备份模式实现最简单，对应用软件限制最少。备用服务器空闲可以使主服务器切换过来后立即获得所需要的资源，从而缩短服务器切换时间。多机热备就是将设备由两台扩展到多台，只要有一台设备正常工作，就能保证系统业务不中断。

2．双机互备

双机互备也称双活模式（Dual-Active），在正常情况下，两台服务器均对外提供服务，并互相监视对方的运行情况。当一台服务器出现异常时，另一台服务器主动接管异常机的工作，从而保证服务的不间断运行和高可用性，但在正常运行状态下的服务器的负载会有所增加。除了自动的故障接管，系统还会通知管理员采取措施尽快将异常机修复，以缩短正常机负载持续的时间，当异常机经过维修恢复正常后，系统管理员可以通过管理命令将正常机所接管的应用服务切换回修复的服务器。双机互备示意图如图 4-2 所示。

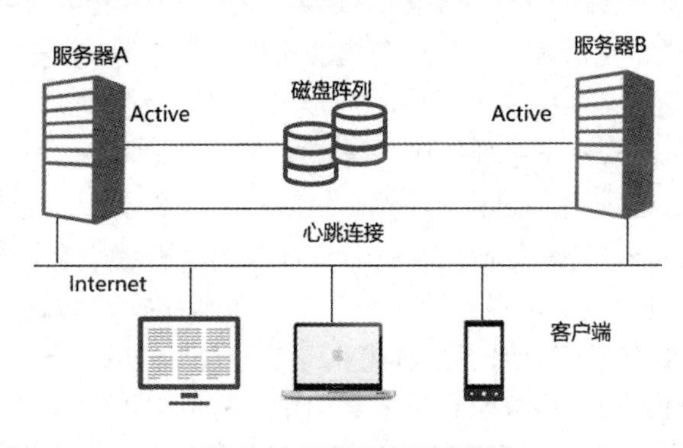

图 4-2　双机互备示意图

这种模式能保证只要有一个节点在线，便可提供可以接收的性能，最大限度地利用硬件资源。

4.1.3 集群技术

主服务器提高可用性除了使用双机热备、双机互备，还可以组建高可用性集群。集群（Cluster）可以笼统地定义为一种由互连的全部计算机组成的并行或分布式系统，可作为整体、统一的计算资源来使用。当一台服务器发生故障时，它所运行的应用将由其他服务器自动接管，这就实现了负载均衡和互为备份。一个理想的集群中，用户从来不会注意到集群系统底层的节点（node），在用户看来，集群是一个而非多个系统，集群系统的管理员可以随时根据需要增加或删改集群系统的节点。

集群并不是一个全新的概念，其实早在 20 世纪 70 年代计算机厂商和研究机构就开始了对集群系统的研究和开发。集群主要用于科学计算，所以这些系统并不为大家所熟知。直到 Linux 集群的出现，集群的概念才广为传播。集群系统主要分为高性能集群（High Performance Cluster，HPC）、高可用性集群（High Availability Cluster，HAC）、负载均衡集群（Loading Balance Cluster，LBC）。

高性能集群通过将多台机器连接起来的同时处理复杂的计算问题。模拟大气运动进行天气预报、预测龙卷风的出现、模拟核爆等情况都需要大量的数据处理。传统的处理方法是使用超级计算机来完成计算工作，但是超级计算机的价格比较昂贵，而且可用性和可扩展性不够强，因此高性能集群成了高性能计算领域瞩目的焦点。

高可用性集群的主要功能就是提供不间断的服务，其重点不是性能，而是高可用性。从关键性事务/任务的角度来看，高可用性集群是一组可作为单一系统管理的独立服务器配置，它可以共享公共名字空间，并被设计成可容忍组件失效和支持用户透明地增加或减少组件。有许多应用程序都必须二十四小时不停运转，如所有 Web 服务器、工业控制器、ATM、远程通信转接器、医学与军事监测仪及股票处理机等。对这些应用程序而言，暂时的停机都会导致数据的丢失和灾难性的后果。

负载均衡集群的功能是为高负载服务器集群进行负载均衡和资源调度，一般分为前端负载调度和后端服务两个部分。前端负载调度负责把客户端的请求按照不同的策略分配给后端服务节点，而后端服务节点是真正提供应用程序服务的部分。与高可用性集群不同的是，在负载均衡集群中，所有后端节点都处于活动动态，它们都对外提供服务，分摊系统的工作负载。负载均衡集群和高可用性集群的工作重点不同，实现方式也不同。高可用性集群实现高可用性，一般负载不高，主要防止单点故障；负载均衡集群实现负载均衡，一般负载非常高，单一服务器无法承受巨大的负载压力。

Microsoft 在 Windows Server 系列操作系统中集成了集群服务（Microsoft Cluster System，MSCS），支持 MS SQL Server、Oracle、Sybase、Informix 等数据库，支持 Notes、Web 服务器、FTP 服务器、MS Exchange、SAP 等应用软件。该产品的主要特点有以下几个方面。

（1）应用级的高性能切换。可以实现系统级的服务器切换，而且提供强大的应用级服务器切换，具体表现在可以对任意应用进行检测并可以分为不同的资源组切换到不同的服务器。

（2）易管理性、易使用性。MSCS 系统安装简单，易于维护，占用系统资源极少，不增加网络负荷，且不打扰任何具体应用系统的任何操作及图形界面，操作简单方便。

（3）多种配置实现。可以实现双机直接连接，也可以实现基于 SAN 的全冗余结构。

4.2 集群存储技术

4.2.1 集群存储的概念

存储和大数据的背景下，数据呈爆炸式增长。根据研究显示，2020 年数字宇宙达到了 44ZB，其中 80%以上为非结构化数据。摆在企业用户面前的难题是如何去应对这些无法预计的数据存储需求，由于过去传统的存储架构基本上是为块级存储而设计的，很难适应当前存储的变化和新的需求。因此以文件存储为主的集群存储应运而生，并迅速发展起来。

集群存储是利用集群技术管理存储资源的一种方法，将多台存储设备中的存储空间聚合成一个能够给应用服务器提供统一访问接口和管理界面的存储池。应用服务器可以通过访问接口透明地访问并利用所有存储设备上的资源，可以充分发挥存储设备的性能和磁盘利用率。数据将会按照一定的规则从多台存储设备上存储和读取，以获得更高的并发访问性能。与高性能集群注重计算能力、高可用性集群注重可用性、负载均衡集群注重负载能力不同，集群存储着眼于存储资源的整合与管理。

集群存储主要通过存储虚拟化技术实现存储资源的池化和管理，通过冗余技术实现存储的高性能和高可用性。冗余技术包括副本技术、纠删码技术、主备或全活高可用性技术。这里简单介绍一下副本技术和纠删码技术。

副本（Replication）是对原始数据的完全复制，副本技术通过对系统中的文件复制不同形式的副本来增加文件冗余，提高文件的可用性、读取性，并均衡负载。多份副本分散在不同的网络节点和地理位置，不但可以避免由于局部网络断开或机器故障等因素引起的数据丢失或不可获取，而且可以通过网络对多个副本进行并行读取，从而提高大文件读取效率，提高可用性，实现网络负载均衡，提升系统 I/O 性能；还可以通过合理地选择存储节点放置副本，并与适当的路由协议配合，可以实现数据的就近访问，减少访问延迟，提高系统性能。副本数量越多，消耗的存储资源越多，并增加管理复杂度。

纠删码（Erasure Code）是一种数据保护方法，它将数据分割成片段，把冗余数据块扩展、编码，并将其存储在不同的位置，比如磁盘、存储节点或其他地理位置。可以参考 RAID 3 或 RAID 5 中用到的校验码来理解纠删码的概念，假设存储的文件分为 k 个数据块存放，使用 k 个数据块编码计算出 m 个冗余数据块，将 $n=k+m$ 个数据块分散存放在存储池中。读取时，只需读取这 n 个数据块中的 k 个，就可以重建原始文件。

纠删码能提供很高的容错性和很低的空间复杂度，但编码方式较复杂，需要大量计算。当前实际应用中，大部分集群存储系统主要使用副本技术保证可用性，采用纠删码技术提高可用性的系统有 HDFS-RAID、AZURE、QFS、ISILON 等。

集群存储具有如下特点。

1．开放式架构（高扩展性）

集群存储的三个构成元素：后端存储网络、NAS（管理）集群、前端访问网络，都可以方便更新和扩展而不用改变集群存储的架构，对于数据增长趋势较难预测的用户，可以先购买一部分存储，当有需求的时候，随时添加，不会影响现有存储的使用。

2．集群管理

对集群存储的操作都经由 NAS 集群统一调度和分发，分散到各个存储节点上完成。各节点之间没有主次、功能上的区别，所有存储节点的功能完全一致。

3．统一命名空间

在集群存储中，统一命名空间强调的是同一个文件系统下的统一命名空间，支持 PB 级别的存储空间，可以防止访问热点带来的性能降低。

4．负载均衡

集群存储通过高可用性集群管理，能够实现前端和后端的负载均衡。前端访问集群存储的操作，通过几种负载均衡策略，将访问分散到集群存储的各个存储节点上。后端访问数据的操作通过开放式的架构和后端网络，会对分布在所有节点上的数据进行存放和读取。

此外，集群式管理带来的易管理性和高性能的优点，也是集群存储的重要特点。

4.2.2 Scale Up 与 Scale Out

Scale Up 和 Scale Out 是常见的两种系统性能扩展方式。Scale Out（也就是 Scale horizontally）横向扩展、向外扩展，Scale Up（也就是 Scale vertically）纵向扩展、向上扩展，这些概念可以用在存储中，也可以用在数据库、网络和主机中。

许多存储系统最初的系统构成很简单，但当需要进行系统扩展时就会变得复杂。升级存储系统最常见的原因是需要更多的容量，以支持更多的用户、文件、应用程序或连接的服务器等。但是通常存储系统的升级不只是需要容量，系统还对其他存储资源如带宽和计算能力等有额外需求。如果没有足够的 I/O 带宽，将出现用户或服务器的访问瓶颈；没有足够的计算能力，常用的存储软件如快照、复制和卷管理等服务都将受到限制。

Scale Up 是利用现有的存储系统，通过不断增加存储容量来满足数据增长的需求。Scale Up 示意图如图 4-3 所示。

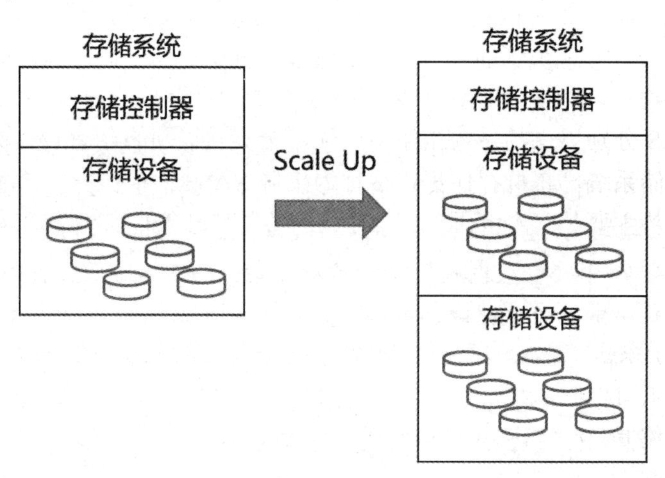

图 4-3　Scale Up 示意图

这种方式只增加了容量，带宽和计算能力并没有相应的增加。所以，整个存储系统很快就会达到性能瓶颈，需要继续扩展。这个时候有两种方法：一是采用更强性能的存储引擎，但价格昂贵；二是额外购买独立的存储系统，但会增加管理复杂度。传统存储的主要挑战就是 Scale Up 存在性能处理的天花板。

Scale Out 横向扩展架构的升级通常以节点为单位，每个节点往往包含容量、处理能力和 I/O 带宽。一个节点被添加到存储系统，系统中的三种资源将同时升级。Scale Out 示意图如图 4-4 所示。

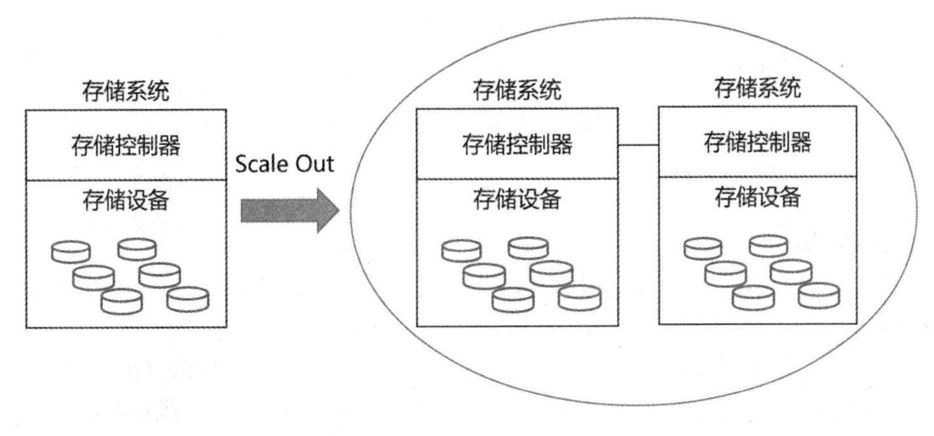

图 4-4 Scale Out 示意图

从图 4-4 中可见，容量增长和性能扩展（即增加额外的控制器）是同时进行的。而且，Scale Out 架构的存储系统在扩展之后，从用户的视角来看仍然是一个单一的系统，这一点与我们将多个相互独立的存储系统简单叠加在一个机柜中的做法是完全不同的。所以 Scale Out 方式使存储系统升级工作大大简化，用户能够真正实现按需购买，降低总拥有成本（Total Cost of Ownership，TCO）。

集群存储就是用 Scale Out 方式扩展存储系统资源，实现存储空间和处理性能的整体提升。

4.2.3 集群 NAS

从系统架构上看，集群存储是基于传统 SAN 和 NAS 又有别于二者的一种新的存储架构。传统的 SAN 与 NAS 分别提供的是数据块与文件两个不同级别的存储架构，而集群存储是主要面向文件级别的存储系统。集群存储也常被称为集群 NAS。

集群存储的优势主要体现在高并行或分区 I/O 的整体性能，特别是对工作流、密集型及大型文件的访问，通过采用更低成本的服务器来降低整体成本。

从整体架构来看，集群 NAS 由存储子系统、NAS 集群（机头）、客户端与网络组成，如图 4-5 所示。存储子系统可以采用存储区域网络 SAN，直接连接存储 DAS 或面向对象存储设备 OSD 的存储架构；NAS 集群（机头）是 NFS/CIS 网关，为客户端提供标准文件级的 NAS 服务；客户端与网络是用户及传输系统。根据所采用的后端存储子系统的不同，可以把集群 NAS 分为三种技术架构，即 SAN 共享存储架构、集群文件系统架构和 pNFS/NFSv4.1 架构。下面结合图 4-5 分别介绍这三种技术架构。

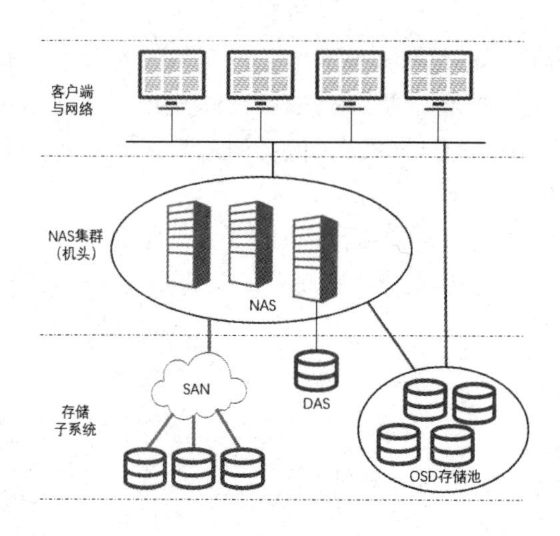

图 4-5 集群 NAS 架构

1. SAN 共享存储架构

SAN 共享存储架构的后端存储子系统采用 SAN（多为 FC SAN），所有 NAS 集群节点通过光纤连接到 SAN，共享所有存储设备，前端网络采用以太网。

由于采用了高性能的 SAN 存储网络，这种集群 NAS 架构可以提供稳定的高带宽和 IOPS 性能，而且可以通过增加存储盘阵或 NAS 集群节点实现存储容量或性能的单独扩展。客户端可以直接连接具体的 NAS 集群节点，并采用集群管理软件来实现高可用性；也可以采用 DNS 或 LVS（Linux Virtual Server，进行 IP 负载均衡和调度）实现负载均衡和高可用性，客户端使用虚拟 IP 进行连接。SAN 存储网络和并行文件系统成本都比较高，导致 SAN 共享存储架构的集群 NAS 成本较高，还有部署管理复杂、扩展规模有限等缺点。

2. 集群文件系统架构

集群文件系统架构后端存储采用 DAS，每个存储服务器直连各自的存储系统，通常为一组 SATA 磁盘，然后由集群文件系统统一管理物理分布的存储空间，从而形成一个单一命名空间的文件系统。集群文件系统本质上是将 RAID、Volume、File System 的功能三者合一了。目前的主流集群文件系统一般都需要专用元数据服务或分布式的元数据服务集群，提供元数据控制和统一名字空间，也有无元数据服务架构的 Gluster FS。NAS 集群上安装集群文件系统客户端，实现对全局存储空间的访问，并运行 NFS/CIFS 服务对外提供 NAS 服务。与 SAN 架构不同，集群文件系统可能会与 NAS 服务共享 TCP/IP 网络，相互之间产生性能影响，导致 I/O 性能不稳定。

在这种架构下，集群 NAS 的扩展通过增加存储节点来实现，往往同时扩展存储空间和提高性能，很多系统可以达到接近线性的扩展。客户端访问集群 NAS 的方式与第一种架构方式相同，负载均衡和可用性也可以采用类似的方式。由于服务器和存储介质都可以采用通用标准的廉价设备，其在成本上有很大优势，规模也很大。当然，如果大量采用廉价设备，发生故障的概率将会提升，这时需要采用高可用性集群技术来提升可用性，如高可用性机制或副本技术等，附带的是系统性能和存储利用率降低。另外，由于服务器节点比较多，这种架构不太适合产品化，可能更加适合开源存储解决方案。用这种架构的集群 NAS 典型案例包括 EMC ISILON、Gluster FS 等。

3. pNFS/NFSv4.1 架构

pNFS/NFSv4.1 架构实际是并行 NAS，它的后端存储采用面对对象存储设备 OSD，支持

FC/NFS/OSD 多种数据访问协议，客户端读写数据时直接与 OSD 设备交互，而不像 SAN 共享存储架构和集群文件系统架构需要通过 NAS 集群来进行数据中转。这里的 NAS 集群仅作为元数据服务，I/O 数据则由 OSD 处理，实现了元数据与数据的分离。这种架构更像原生的并行文件系统，不但系统架构更加简单，而且性能得到了极大提升，扩展性非常好。

这种架构与前面两种架构有本质的区别，pNFS 采用元数据集群解决了传统 NAS 的单点故障和性能瓶颈问题，元数据与数据的分离则解决了性能和扩展性的问题，这才是真正的集群 NAS。

4.2.4 开源解决方案

集群 NAS 存储产品或解决方案，大多已经商业实现并有成熟产品，但其成本比较昂贵。集群 NAS 的核心是底层的并行文件系统、集群文件系统或 pNFS 协议，开源软件在集群 NAS 方面也有很好的支持和实现。

1. Redhat GFS

GFS（Global File System，全局文件系统），是 Linux 操作系统上唯一针对企业应用的 64 位集群文件系统，它支持 x86、AMD64/EM64T 和 Itanium 等处理器平台。它还是 Linux 系统中扩展能力最强的企业集群文件系统，支持多达 300 个节点。Redhat GFS 一般基于 SAN 共享存储架构，同时也支持 DAS 连接方式。

由于多个集群节点同时访问/读写同一分区/数据，就必须通过一个或多个管理服务器来保证数据的一致性。在 GFS 中，管理服务器称为 DLM（Distributed Lock Manager），通过 DLM 可以与每个集群节点建立心跳通信，以确保数据完整性和节点健康性，一旦发现某个节点通信有问题，它会把该节点从集群中隔离出来，直到该节点重新恢复正常，才能再加入集群节点。考虑到 DLM 服务器的高可用性，GFS 可以设置多个 DLM 的备份，一旦主 DLM 发生故障，备份的 DLM 就可以作为主 DLM 来管理整个 GFS。所以从节点到 DLM，都可以实现高可用性的功能，这就不存在单点故障的问题，并可以确保 GFS 最高程度的高可用性。GFS 文件系统支持三种锁管理器：DLM、GULM、nolock。

（1）GULM 锁管理器。

GULM 是 GFS6.1 以前的锁管理器，它必须要设置一个锁管理服务器，是 Client/Server 的一种锁管理方式，显而易见，所有锁请求必须要与锁管理服务器通信。当节点增大到一定数量的时候，可能会出现磁盘交换，降低了整个 GFS 系统的性能。

（2）DLM 锁管理器。

DLM 是默认最优的锁管理器，它避免了 GULM 锁管理方式中必须提供 GULM 锁管理服务器的缺点，不再需要设定锁管理服务器，而是采用对等的锁管理方式，避免了单个节点失败需要整体恢复的性能瓶颈。DLM 的请求是本地的，不需要网络请求，节点配置立即生效，使用分层机制，DLM 实现多个锁空间并行锁模式。

（3）nolock 锁管理器。

nolock 实际并不是一个集群管理锁机制，它只能用于单个节点的 GFS 系统，一般用来测试和实验。

2. GlusterFS

GlusterFS 是横向扩展（Scale Out）存储解决方案 Gluster 的核心，它是一个开源的分布式文件系统，具有强大的横向扩展能力，通过扩展能够支持数 PB 的存储容量，处理数千客户端。GlusterFS 支持运行在任何标准 IP 网络上标准应用程序的标准客户端，用户可以在全局统一的命名空间中使用 NFS/CIFS 等标准协议来访问应用数据，可以摆脱原有的独立、高成本的封闭存储系统，利用普通廉价的存储设备来部署可集中管理、横向扩展、虚拟化的存储池，存储容量可扩展至 TB/PB 级。

Gluster FS 的主要特征有：扩展性和高性能、高可用性、全局统一命名空间、弹性哈希算法、弹性卷管理。

Gluster FS 有如下显著特点。

（1）完全软件实现（Software Only）。

GlusterFS 认为存储是软件问题，不能局限于使用特定的硬件配置来解决。GlusterFS 是开放的全软件实现，完全独立于硬件和操作系统，广泛支持工业标准的存储、网络和计算机设备，而不与定制化的专用硬件设备捆绑。

（2）完整的存储操作系统栈（Complete Storage Operating System Stack）。

GlusterFS 不但提供了一个分布式文件系统，而且还提供了许多其他重要的分布式功能，比如分布式内存管理、I/O 调度、软 RAID 和自我修复等。GlusterFS 汲取了微内核架构的经验教训，借鉴了 GNU/Hurd 操作系统的设计思想，在用户空间实现了完整的存储操作系统栈。

（3）用户空间实现（User Space）。

与传统的文件系统不同，GlusterFS 在用户空间实现，这使得其安装和升级特别简便。另外，极大降低了普通用户基于源码修改 GlusterFS 的门槛，仅需要通用的 C 程序设计技能，而不需要特别的内核编程经验。

（4）模块化堆栈式架构（Modular Stackable Architecture）。

GlusterFS 采用模块化、堆栈式的架构，可通过灵活的配置支持高度定制化的应用环境，比如大文件存储、海量小文件存储、云存储、多传输协议应用等。每个功能以模块形式实现，然后进行简单的组合，即可实现复杂的功能。

（5）原始数据格式存储（Data Stored in Native Formats）。

GlusterFS 以原始数据格式（如 EXT3、EXT4、XFS、ZFS）存储数据，并实现多种数据自动修复机制。因此，系统极具弹性，即使在离线状态，文件也可以通过其他标准工具进行访问。如果用户需要从 GlusterFS 中迁移数据，则不需要进行任何修改仍然可以完全使用这些数据。

（6）无元数据服务设计（No Metadata with the Elastic Hash Algorithm）。

对 Scale Out 存储系统而言，最大的挑战之一就是记录数据逻辑与物理位置的映像关系，即数据元数据，可能还包括诸如属性和访问权限等信息。传统分布式存储系统使用集中式或分布式元数据服务来维护元数据，集中式元数据服务会导致单点故障和性能瓶颈问题，而分布式元数据服务存在性能负载和元数据同步一致性的问题。特别是对于海量小文件存储的应用，元数据服务存在的问题是个非常大的挑战。

GlusterFS 采用独特的无元数据服务的设计，使用算法来定位文件，元数据和数据没有分离而是一起存储。集群中的所有存储系统服务器都可以对文件数据分片进行智能定位，仅根据文件名和路径并运用算法即可，而不需要查询索引或其他服务器。这使数据访问完全并行化，从而实现真正的线性性能扩展。无元数据服务器极大提高了 GlusterFS 的性能、可靠性和稳定性。

任务实施

4.3 任务 1 搭建 MSCS 群集环境

本项目使用 Windows Server 系列操作系统搭建群集服务，如果条件允许，建议使用 Windows Server 2008/2012 或更高版本，提高系统性能和安全性。编者使用虚拟机搭建环境，在单台主机上运行了三个 Windows Server 系统、一个 Free NAS 系统，由于 CPU、内存等资源有限，故使用的是 Windows Server 2003 Enterprise 系统。整体搭建的架构，其搭建流程基本相同，不同的版本只是界面不同，请读者参考下面的实训步骤，举一反三，搭建更高版本的群集环境。

（注：群集和集群的英文单词都是“Cluster”，这两种中文名称意思也基本相同。由于在 Windows Server 系列的中文版操作系统中使用的是“群集”，所以在本节 MSCS 搭建中统一使用“群集”，其他章节还使用“集群”。）

实训任务

搭建 MSCS 群集环境。

实训目的

1．掌握 MSCS 群集环境搭建和配置方法；
2．掌握 Windows Server 2003 配置域、部署群集的方法；
3．理解群集的概念和应用。

实训步骤

1．群集系统规划

对将要部署的 Windows 群集系统进行网络规划，设计网络拓扑如图 4-6 所示。环境配置需求：一台域控制器、两台群集节点、一台 NAS 存储阵列。其中，域控制器和群集节点都分别部署 Windows Server 2003 操作系统，NAS 存储阵列使用 Free NAS 挂载磁盘模拟存储环境。

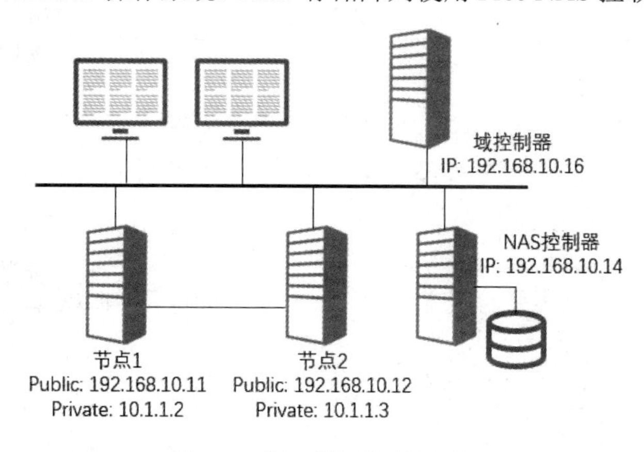

图 4-6 群集系统的网络拓扑

各个节点的 IP 地址规划如表 4-2 所示，每个群集节点安装两块网卡，分别接入两个网段。一块网卡用于连接到公用网络，另一块网卡则用于连接到仅由群集节点组成的专用网络。

表 4-2　网卡配置信息

节　点	网　卡	网卡命名	IP 地址	备　注
节点 1	公网网卡	Public	192.168.10.11	静态 IP，连接公共网络提供服务
	心跳网卡	Private	10.1.1.2	静态 IP，内部网络提供心跳功能
	群集网卡		192.168.10.18	群集内所有节点对外的虚拟网卡
节点 2	公网网卡	Public	192.168.10.12	静态 IP，连接公共网络提供服务
	心跳网卡	Private	10.1.1.3	静态 IP，内部网络提供心跳功能
	群集网卡		192.168.10.18	群集内所有节点对外的虚拟网卡
域控制器	公网网卡		192.168.10.16	域控制器同时作为 DNS 服务器
NAS 控制器	公网网卡		192.168.10.14	

Windows 群集配置要求群集内所有节点都登录同一个域，并由域控制器建立群集管理账户，对节点进行统一管理。群集内主机名、域名、用户名、密码和群集名规划，如表 4-3 所示。磁盘规划如表 4-4 所示。

表 4-3　主机名、域名等规划

	主机名	域　名	用户名	密　码	群集名
节点 1	NODEA	NODE1.HA.COM	Administrator	testa123	CLUSTER
节点 2	NODEB	NODE2.HA.COM	Administrator	testb123	CLUSTER
域控制器	ha	ha.com	Administrator	clu123!@#	
群集账户			cluster	clu123!@#	
备注	出于安全考虑，真实环境部署时，所有密码都应满足复杂性要求并秘密保存				

表 4-4　磁盘规划

服务器	磁盘 1	磁盘 2	备　注
各节点	C 盘，系统盘		根据实际需求可以动态调整
NAS 磁盘阵列	仲裁盘 Q，标签为 Quroum	数据共享盘 R，标签为 Work	磁盘为主分区且为活动状态

2. 群集环境部署

为顺利安装活动目录和群集软件，需要在节点机上进行的必要工作包括网络设置和磁盘设置及主机名设置等，当前的设备连接状态是节点 1、节点 2 与磁盘阵列连接。

（1）配置节点网络属性及 IP 地址。

在对两个节点网络设置前首先要关闭两个节点的防火墙，然后分别将节点 1 和节点 2 的两个网卡重命名，将连接外网的网卡名称修改为“public”，将连接内网的网卡名修改为“private”，如图 4-7 所示。

图 4-7 修改节点网卡名称

对两个节点的 private 网卡设置“属性”，双击“Internet 协议版本 4（TCP/IPv4）”，选择“高级”选项，弹出“高级 TCP/IP 设置”对话框，打开“DNS”选项卡，取消选中“附加主 DNS 后缀的父后缀”复选框，打开“WINS”选项卡，选择“禁用 TCP/IP 上的 NetBIOS”单选按钮，如图 4-8 所示。设置心跳网卡这两项的主要原因是组建节点间的心跳网络，为了消除可能的通信问题，必须从网络适配器删除所有不必要的网络流量以防止干扰心跳网络的正常运行。

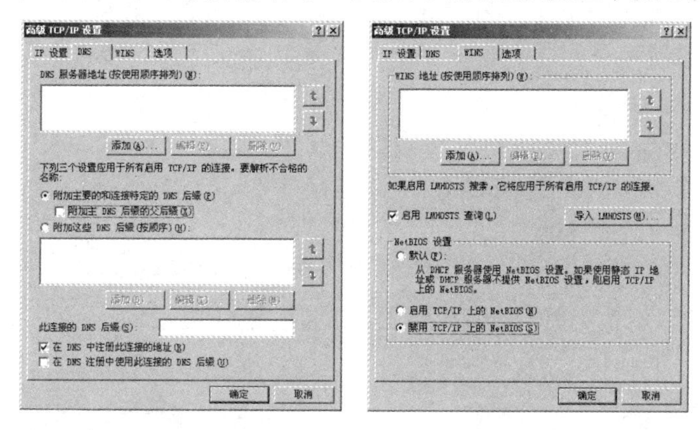

图 4-8 两个节点心跳网卡的参数设置

将两个节点的“private”网络 IP 地址分别按规划进行设置，如图 4-9 所示。

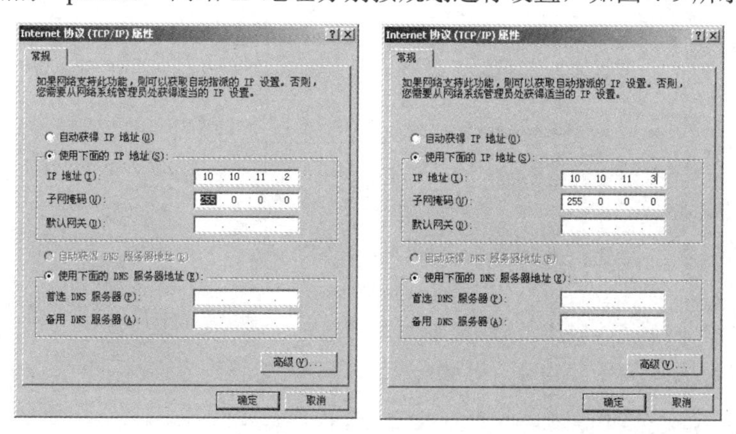

图 4-9 群集两节点的心跳网卡的 IP 设置

两个节点的公共网卡按照规划的 IP 地址进行设置，两个节点的 DNS 服务器均指向域控制器的 IP 地址，如图 4-10 所示。

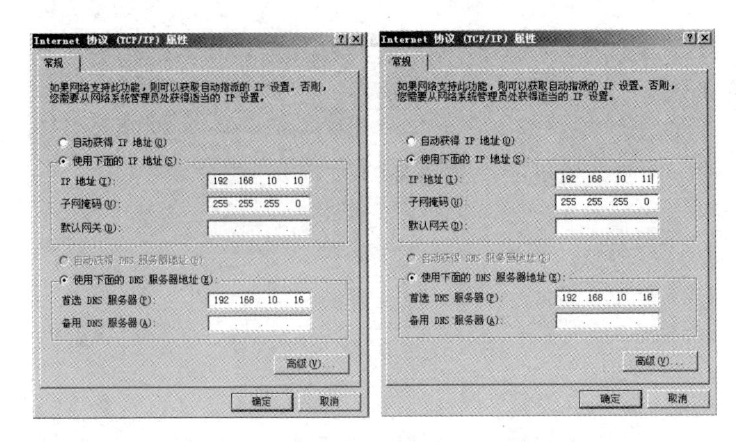

图 4-10　两节点的公共网卡 IP 设置

（2）设置共享磁盘。

在配置节点的共享磁盘时，一定要注意避免破坏群集磁盘，在完成群集服务配置之前，所开启的节点数不要超过一个。关闭节点 1 和节点 2，开启共享存储设备，然后开启节点 1。

在磁盘阵列上设置两个独立的用户数据卷，一个大小为 1GB 的作为群集内节点的仲裁盘 Q，另一个大小为 1GB 的（可根据实际需求设定容量）作为群集内节点的共享盘 R。在节点 1 上执行 Microsoft iSCSI Initiator 程序，输入要连接的磁盘阵列 IP 地址 192.168.10.14，登录磁盘阵列设备（Free NAS 组建 IP-SAN 及 Windows 系统连接 IP-SAN 的操作参看第 3 章）。iSCSI 发起程序连接成功后，依次单击“控制面板”→“管理工具”→“计算机管理”→“磁盘管理”，可以看到连接到磁盘阵列的两个磁盘，将这两个磁盘设置为基本磁盘且格式化为 NTFS 文件系统，其中一个盘符设置为 Q 盘，另外一个盘符设置为 R 盘，这两个盘都应设置为活动状态，如图 4-11 和图 4-12 所示。

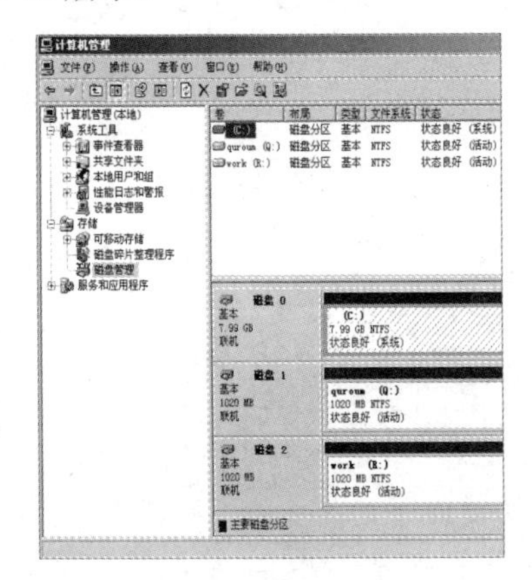

图 4-11　Q/R 盘格式化后的状态

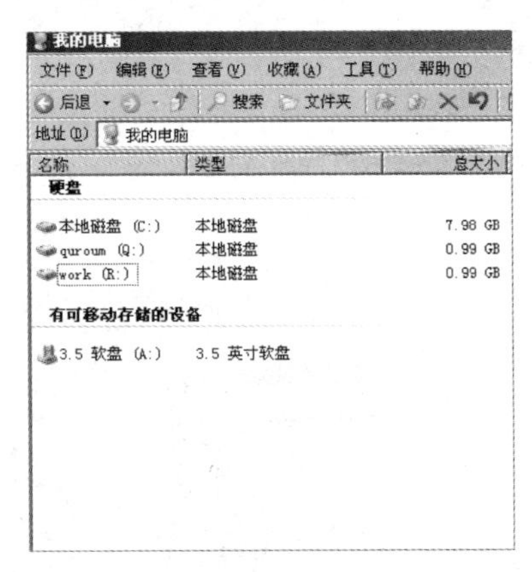

图 4-12　Q/R 盘的状态

节点 1 配置完成，关闭节点 1，开始配置节点 2。配置过程基本相同，找到磁盘阵列中已经被节点 1 格式化完成的两个磁盘，将这两个磁盘的盘符同节点 1 一样分别设置成 Q 盘和 R 盘，且处于活动状态。注意节点 1 和节点 2 的 Q 盘所指向的磁盘阵列为同一个卷，同理，节点 1 和节点 2 的 R 盘指向的磁盘阵列为同一个卷。在配置磁盘共享环境时需要注意，由于磁盘阵列是由两个节点共享使用的，因此同一时间只有一个节点能够访问该磁盘阵列，在配置共享磁盘时一定要确保同一时间只能有一个节点连接到阵列进行设置，并且所有节点的共享磁盘的磁盘卷标和盘符应一致。

3. 创建域服务器

打开要设置为域控制器的操作系统，将该计算器名改为“da”，将 IP 地址设置为之前规划好的内容，将 DNS 服务器设置为本机，如图 4-13 所示。

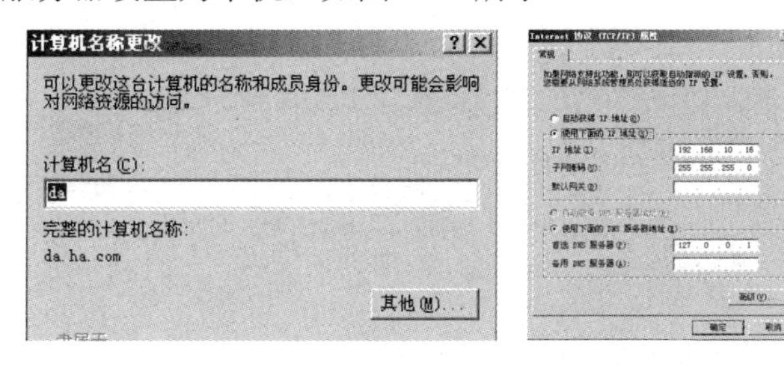

图 4-13　修改计算机名和 IP 地址

在域控制器桌面，从左下角打开“开始”按钮，在弹出的对话框中选择“管理工具”→“管理您的服务器”，弹出如图 4-14 所示的对话框，单击“添加或删除角色”按钮，如图 4-14 所示。

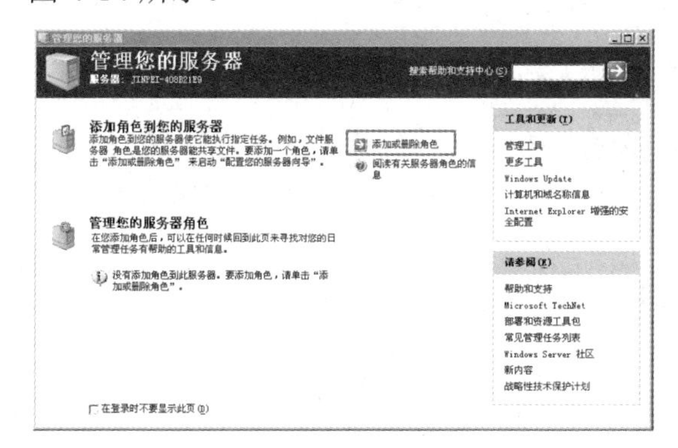

图 4-14　添加或删除角色

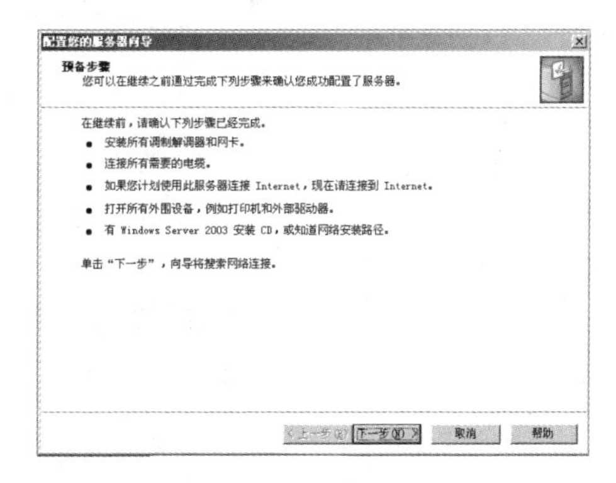

图 4-15　配置服务器向导

在弹出的“预备步骤”对话框中单击“下一步”按钮，如图 4-15 所示，等待对操作系统环境的检测，系统检测完成后会弹出“配置选项”对话框，在该对话框中选择“自定义配置”单选按钮，单击“下一步”按钮，如图 4-16 所示。

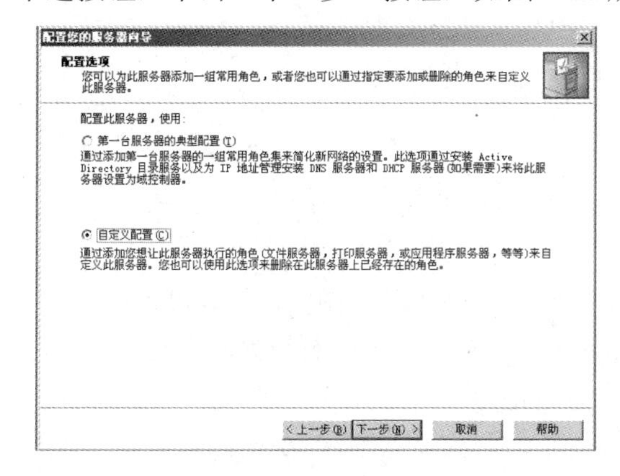

图 4-16　服务器配置选项

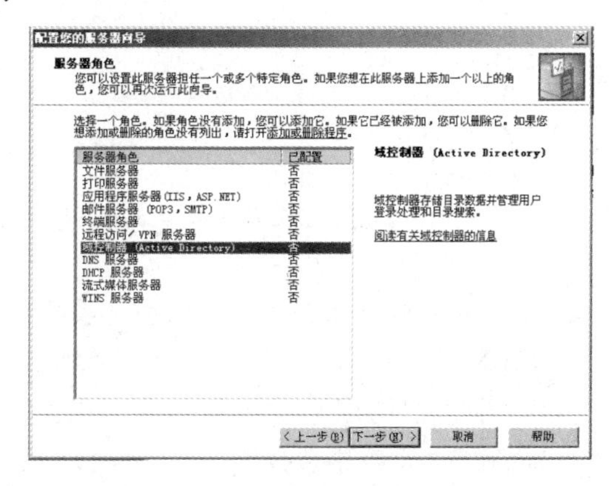

图 4-17　选择 Windows 域控制器

在弹出的“服务器角色”对话框中选择“域控制器（Active Directory）”，单击“下一步”按钮，弹出“选择总结”对话框，系统提示“运行 Active Directory 安装向导来将此服务器设置为域服务器”，单击“下一步”按钮，进行域服务器的安装设置。

在 Active Directory 安装向导的引导下，打开“域控制器类型”对话框，如图 4-18 所示。选择“新域的域控制器”单选按钮，单击“下一步”按钮。

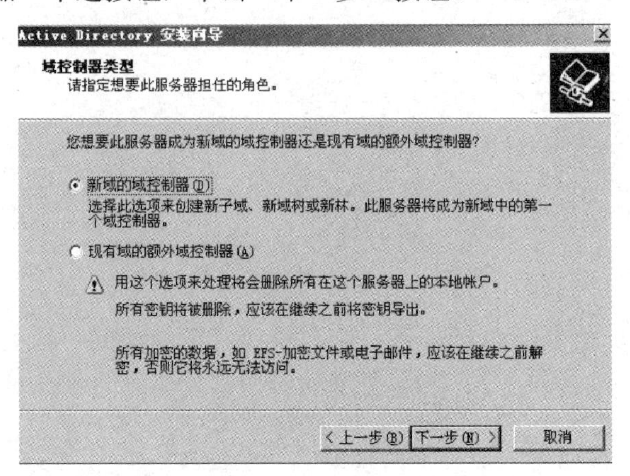

图 4-18　Windows 域控制器类型

在弹出的“新的域名”对话框中输入规划好的域名 ha.com，然后单击“下一步”按钮，在弹出的“NetBIOS 域名”对话框中，使用系统建议的域 NetBIOS 名“HA”，单击“下一步”按钮，如图 4-19 所示。

Active Directory 安装向导
NetBIOS 域名
请指定新域的 NetBIOS 名称。
这个名称是早期 Windows 版本的用户用来识别新域的。单击“下一步”接受显示的名称，或输入新名称。
域 NetBIOS 名(D): HA
< 上一步(B)　下一步(N) >　取消

图 4-19　Windows 域控制器创建

在接下来的几个步骤选择默认配置，单击“下一步”按钮，直到出现“DNS 注册诊断”对话框。

在“DNS 注册诊断”对话框中，系统会提示 DNS 诊断失败，这是由于该操作系统还没有安装 DNS 服务器。选择“在这台计算机上安装并配置 DNS 服务器，并将这台 DNS 服务器设为这台计算机的首先 DNS 服务器”单选按钮，如图 4-20 所示。单击“下一步”按钮，在弹出的“权限”对话框中选择“只与 Windows 2000 或 Windows Server 2003 操作系统兼容的权限”单选按钮，然后单击“下一步”按钮，如图 4-21 所示。

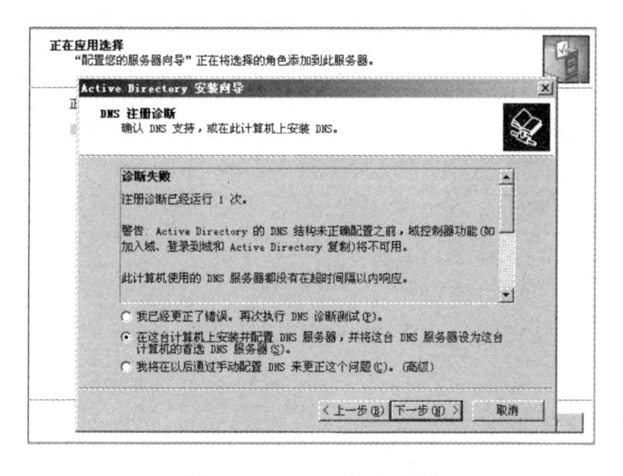

图 4-20 DNS 注册诊断

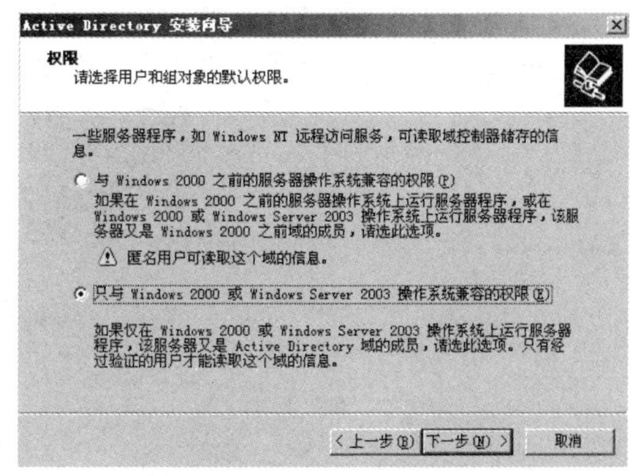

图 4-21 设置权限

在弹出的“目录服务还原模式的管理员密码”对话框中创建还原模式密码，用于还原恢复域控制器上的 Sysvol 目录和 Active Directory 目录服务，如图 4-22 所示。设置完成后单击“下一步”按钮，系统会弹出“摘要”对话框，检查摘要内容与所建的域控制器参数是否一致，没问题后单击“下一步”按钮，系统会安装 DNS 服务器。

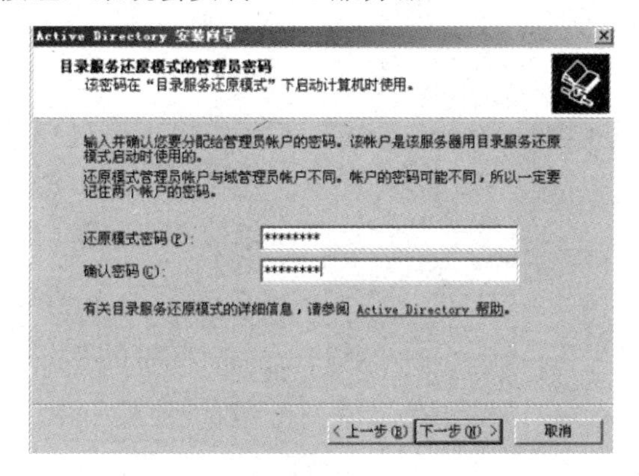

图 4-22 目录服务还原模式的管理员密码

DNS 服务器安装完成后，弹出“正在完成 Active Directory 安装向导”对话框，单击“完成”按钮，如图 4-23 所示，在弹出的“重启选项”对话框中选择“立即重新启动”，完成域服务器的安装。

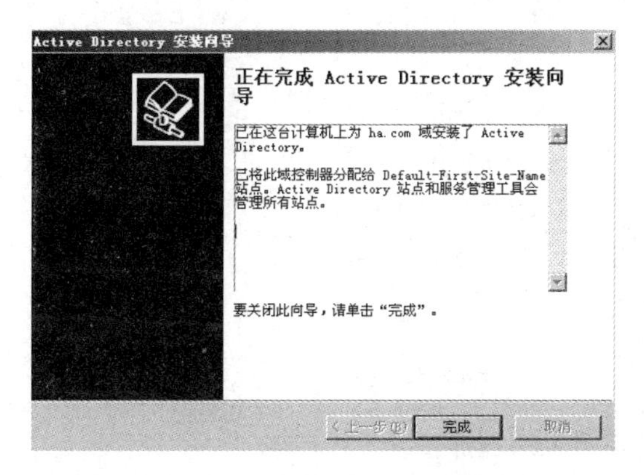

图 4-23 域控制器安装向导完成

系统重启后，在登录界面单击“选项”按钮，选择“登录到 HA”选项，输入用户名和密码，登录操作系统，登录成功后会看到该服务器已经成为域控制器，如图 4-24 所示。

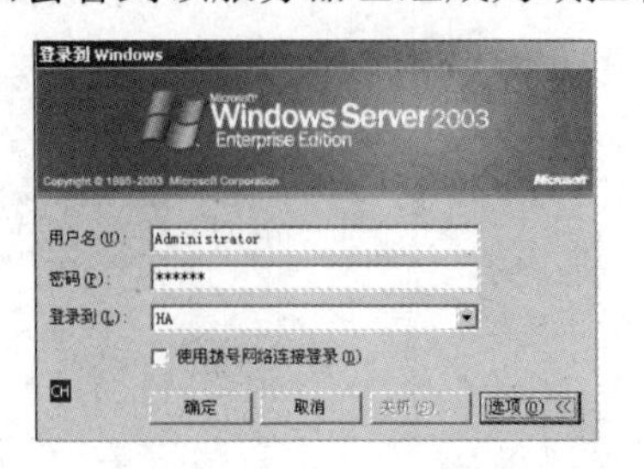

图 4-24　登录到域控制器

4．将群集节点加入 HA.COM 域

启动节点 1，登录系统后修改节点 1 的计算机名为“nodea”，并将其加入 ha.com 域。在加入域过程中要求输入域的用户名和密码，输入域控制器的登录名和密码，验证成功后会加入域环境，如图 4-25 所示。

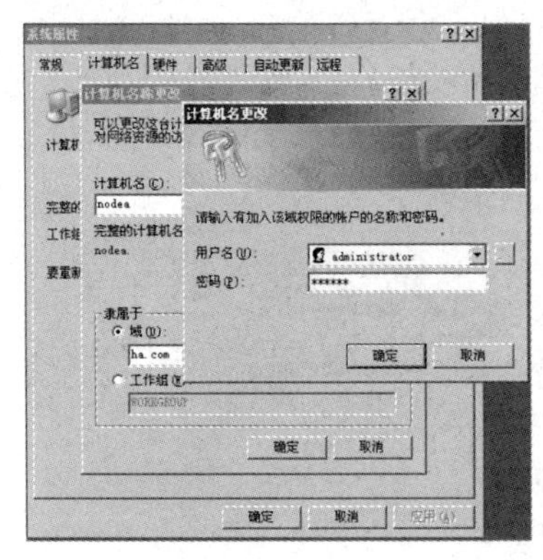

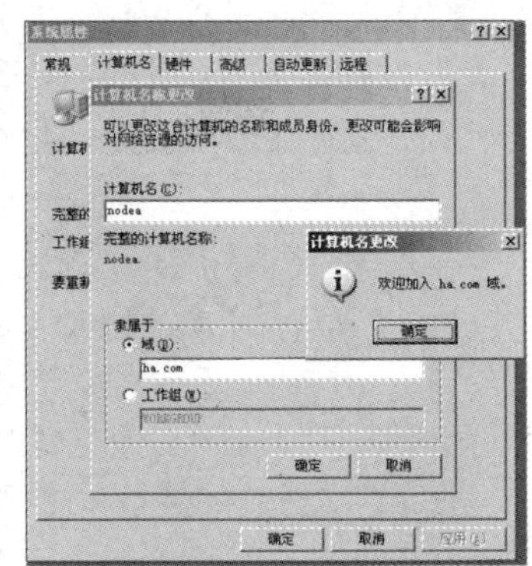

图 4-25　群集节点 1 加入域

启动节点 2，登录系统后修改节点 2 的计算机名为“nodeb”，并将其加入 ha.com 域。在加入域过程中要求输入域的用户名和密码，输入域控制器的登录名和密码，验证成功后会加入域，如图 4-26 所示。

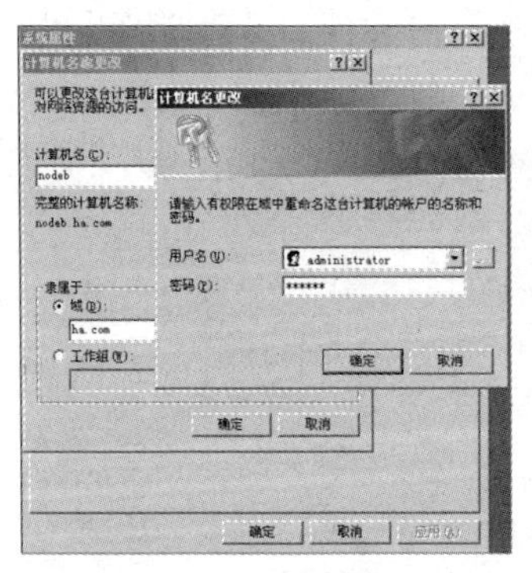

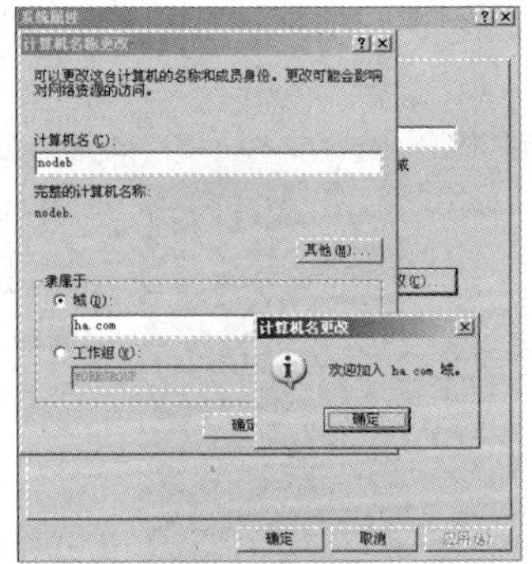

图 4-26　群集节点 2 加入域

5．建立用于启动群集服务的域账户

登录域控制器 DA，依次单击“管理工具”→“Activate Directory 用户和计算机”，展开“ha.com”

域，右击“Users”，在弹出的快捷菜单中选择“新建”→“用户”选项，添加用于启动群集服务的账户，如图 4-27 所示。

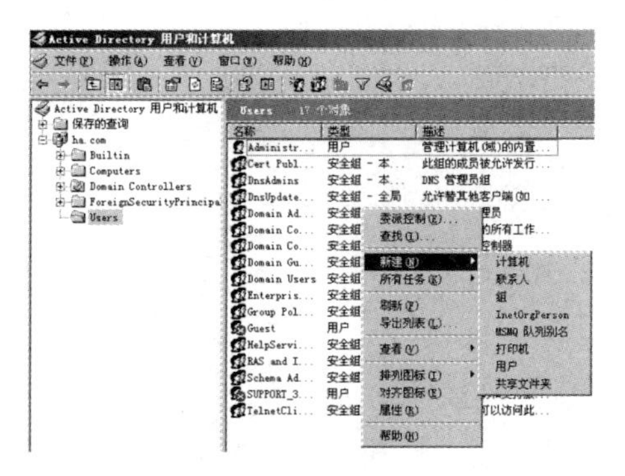

图 4-27　创建域账户

在“新建对象-用户”对话框中，输入规划好的用于启动群集服务的域账户，单击下“下一步”按钮，在弹出的对话框中输入要设置的密码，单击“下一步”按钮完成用户的创建，如图 4-28 所示。

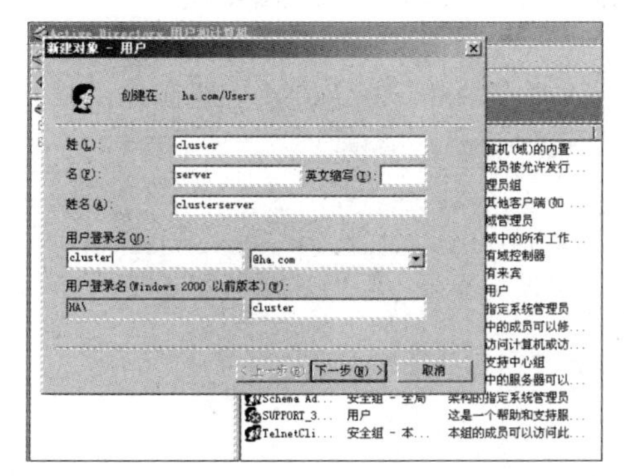

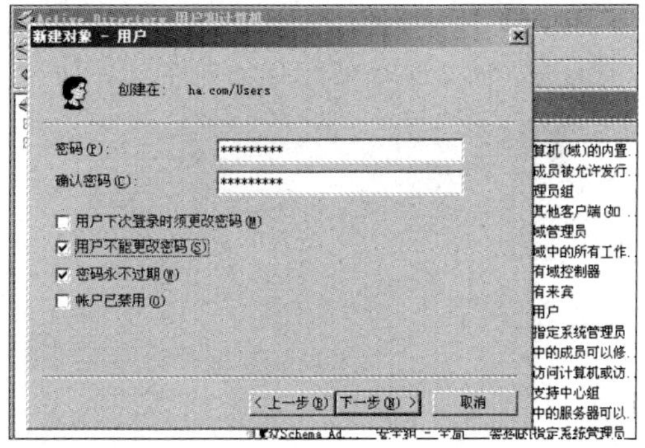

图 4-28　域账户创建

6．创建群集服务

关闭节点 2，开启共享设备，在节点 1 上安装配置群集服务。依次单击“管理工具”→“群集管理器”命令，在弹出的“群集管理器”对话框中选择“创建新群集”，单击“确定”按钮，如图 4-29 所示。

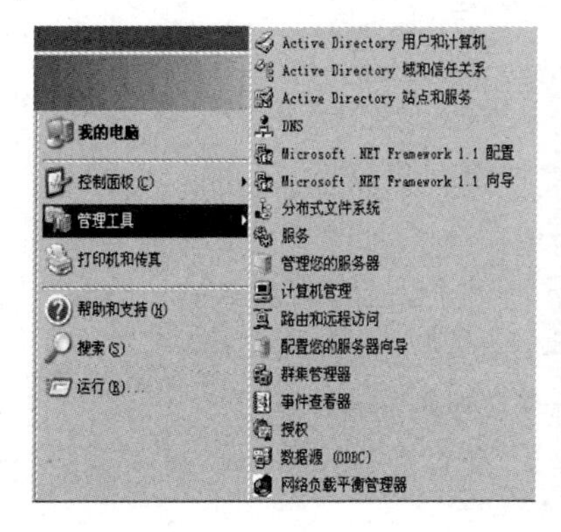

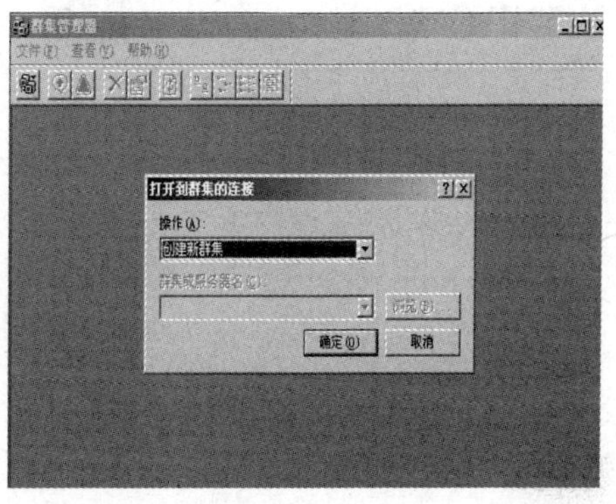

图 4-29　启动“群集管理器”

在弹出的“欢迎使用新建服务器群集向导”对话框中单击“下一步”按钮，弹出“群集名称和域”对话框，设置“域”为“ha.com”，“群集名”为“cluster”，如图 4-30 所示。

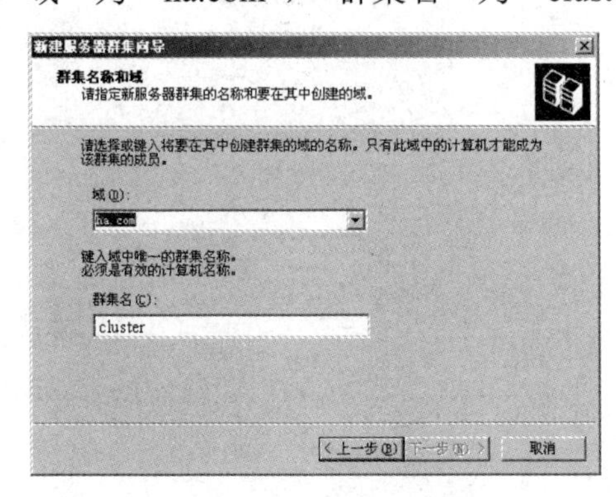

图 4-30　设置域和群集名

在弹出的“请选择计算机”对话框中输入计算机名“nodea”，单击“下一步”按钮，系统开始分析配置 cluster 群集。如果所搭建的群集环境符合要求，系统会提示通过，如图 4-31 所示。

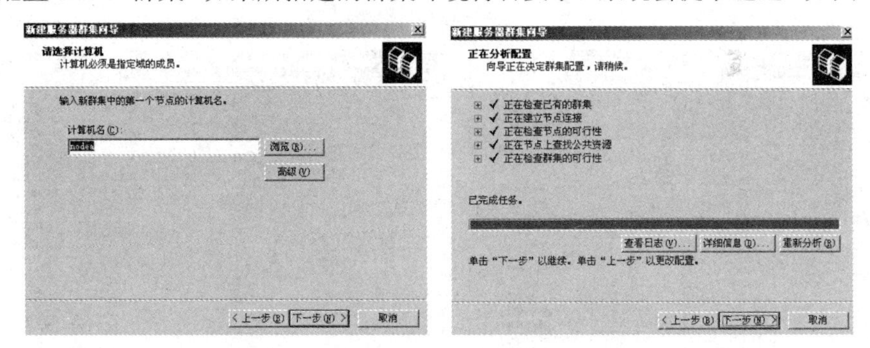

图 4-31　选择节点开始配置 cluster 群集

在弹出的“IP 地址”对话框中，输入群集对外的 IP 地址 192.168.10.18，单击“下一步”按钮，在弹出的“群集服务账户”对话框中输入创建好的群集服务账户，如图 4-32 所示，通过验证后系统会弹出“建议的群集配置”对话框，检查配置的内容和之前规划的是否一致，没有问题后单击“下一步”按钮完成节点 1 的群集创建，如图 4-33 所示。

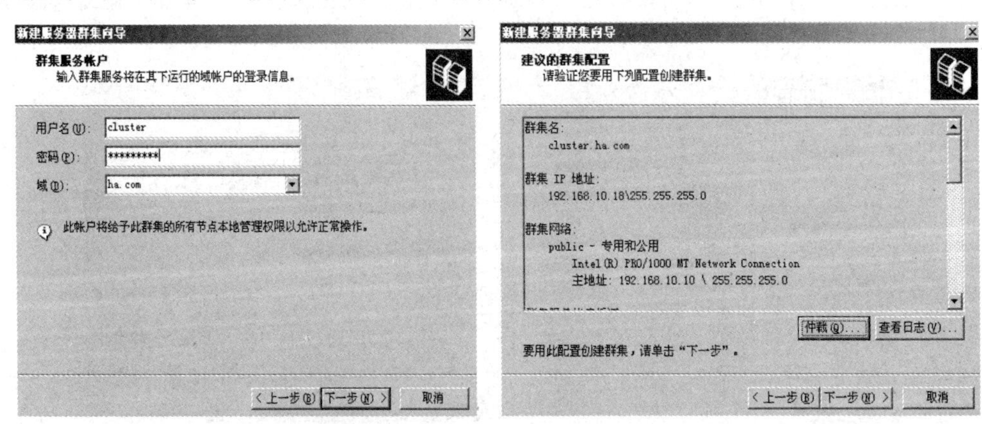

图 4-32　群集服务账户　　　　图 4-33　群集配置

群集 cluster 创建完成如图 4-34 所示。在群集管理器上可以看到目前 cluster 群集有一个节点“NODEA”，如图 4-35 所示。

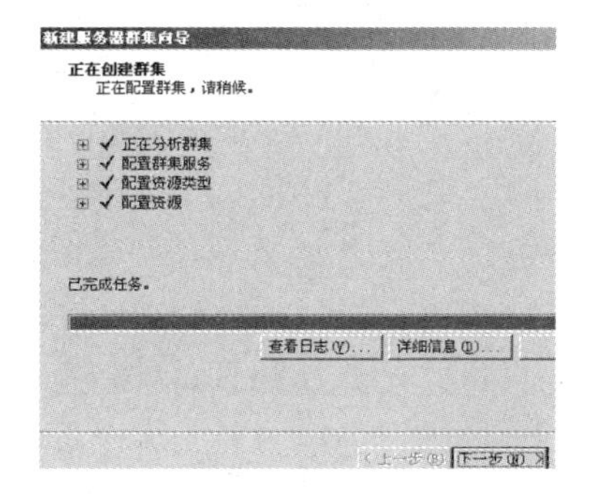

图 4-34　群集 cluster 创建完成

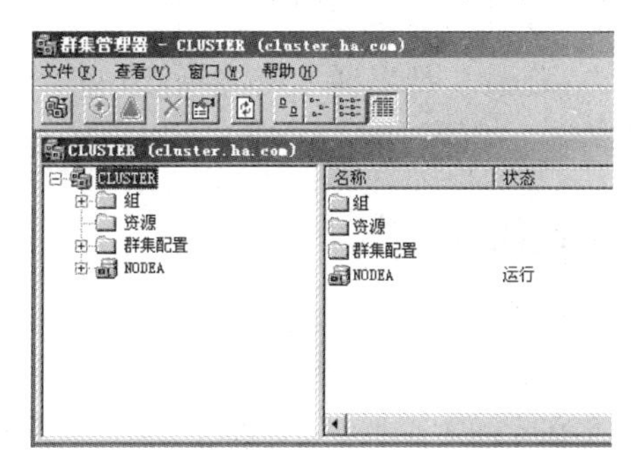

图 4-35　在群集管理器上查看节点

将节点 2 加入群集。在节点 1 的群集管理器上依次单击“文件”→“新建”→“节点”命令，如图 4-36 所示。系统弹出“新建节点”对话框，单击“下一步”按钮添加新的群集节点，开启添加节点向导。

在弹出的“请选择计算机”对话框中的“计算机名”文本框中输入“nodeb”，单击“添加”按钮，将节点 nodeb 添加到群集中，如图 4-37 所示。后续过程和创建群集时的基本相同，注意信息填写正确。

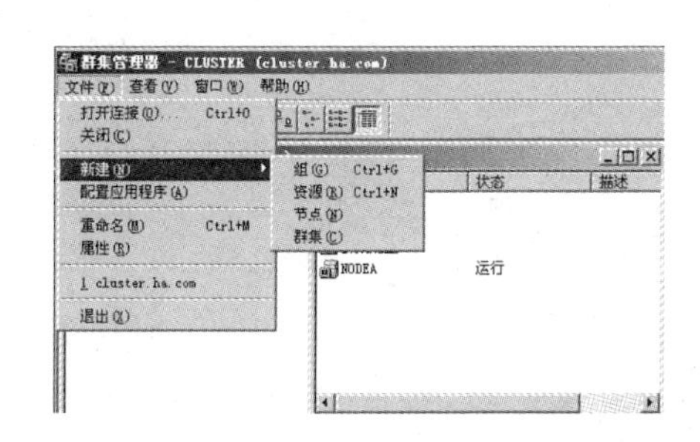

图 4-36　新建节点

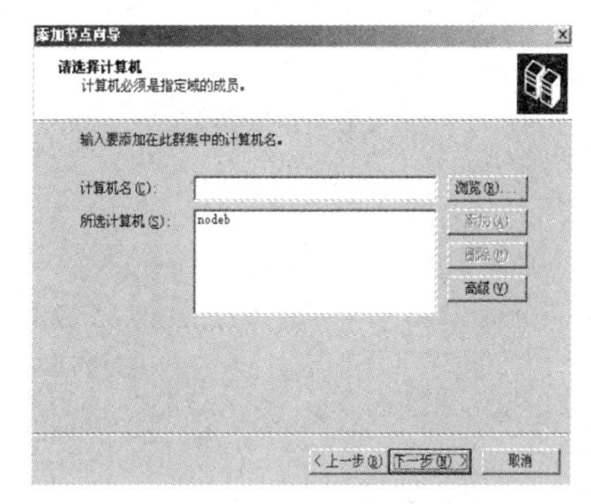

图 4-37　选择计算机

节点 2 加入群集后，系统的群集管理器会显示当前群集拥有 2 个节点，分别是 NODEA 和 NODEB，如图 4-38 所示。选择群集管理器中节点 NODEB 上的“活动资源”选项，可以看到节点 NODEB 的所有资源处于联机状态。到此，系统的群集服务已经配置完成。

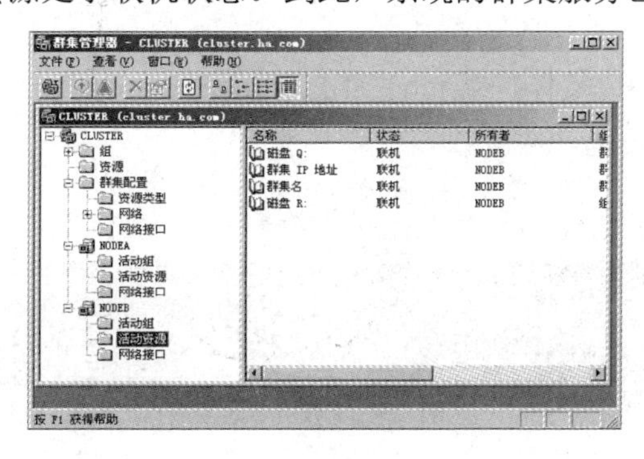

图 4-38　查看新增加节点的状态

4.4 任务 2 使用 GlusterFS 创建集群 NAS

GluseterFS 是集群 NAS 的开源解决方案，同时也是分布式文件系统集群的管理方案，其操作简单，功能强大，深受广大用户喜爱。

实训任务

使用 GlusterFS 创建集群 NAS。

实训目的

1. 掌握 GlusterFS 的配置和使用方法；
2. 掌握集群存储文件系统的系统结构和配置方法；
3. 理解集群的概念和应用。

实训步骤

1. 环境准备

简化安装三台 CentOS 7.2 64 位操作系统虚拟机。配置完成三个节点网卡后，service network restart 重启网络服务。

```
vi /etc/sysconfig/network-scripts/ifcfg-eno16777736
IPADDR=192.168.100.60
GATEWAY=192.168.100.2
PREFIX=24
DNS1=114.114.114.114
```

分别修改三个节点主机名，如图 4-39 所示。

```
echo "gluster_node1" > /etc/hostname
echo "gluster_node2" > /etc/hostname
echo "gluster_node3" > /etc/hostname
```

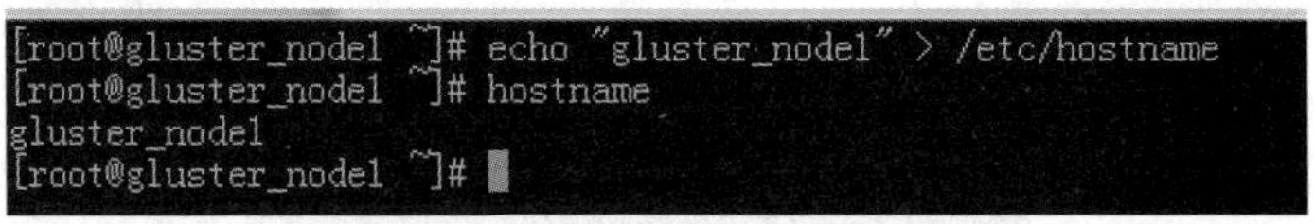

```
[root@gluster_node1 ~]# echo "gluster_node1" > /etc/hostname
[root@gluster_node1 ~]# hostname
gluster_node1
[root@gluster_node1 ~]#
```

图 4-39 修改节点名

在三个节点上修改 hosts 文件并互 ping 测试是否能通，如图 4-40 所示。

```
192.168.100.60 gluster_node1
192.168.100.61 gluster_node2
192.168.100.62 gluster_node3
```

```
192.168.100.60 gluster_node1
192.168.100.61 gluster_node2
192.168.100.62 gluster_node3
127.0.0.1   localhost localhost.localdomain localhost4 localhost4.localdomain4
::1         localhost localhost.localdomain localhost6 localhost6.localdomain6
```

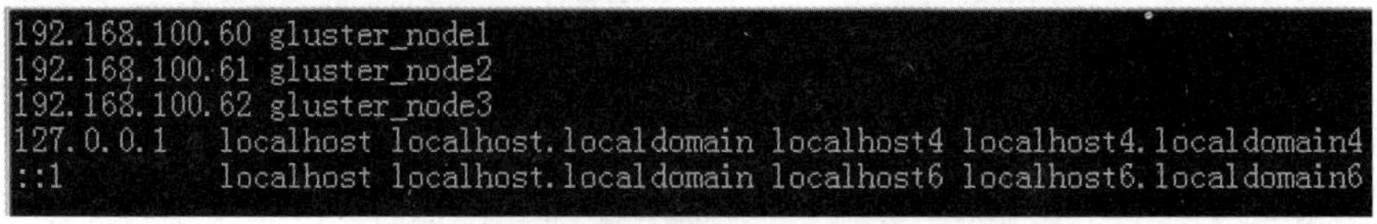

图 4-40 修改 hosts 文件

2．安装配置

安装 flex bison。

```
yum install flex bison
```

安装 GlusterFS 源如图 4-41 所示。

```
yum install centos-release-gluster
```

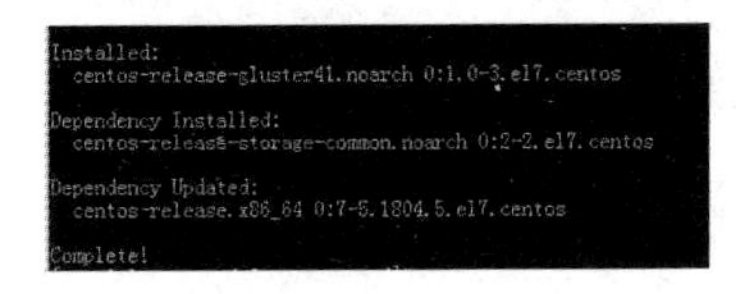

图 4-41　安装 GlusterFS 源

在各个节点关闭防火墙，设置 selinux 为 disabled 模式。

```
#service firewalld stop
#chkconfig firewalld off
#sed -i 's/SELINUX=enforcing/SELINUX=disabled/g' /etc/selinux/config
#setenforce 0
```

安装 GlusterFS。

```
yum install -y glusterfs glusterfs-server glusterfs-fuse glusterfs-rdma
```

在 gluster_node1 上配置分别开启 gluster 服务并设置服务自启动。

```
service glusterd start && service glusterfsd start
systemctl enable glusterd && systemctl enable glusterfsd
```

将节点加入集群，如图 4-42 所示。

```
gluster peer probe 192.168.100.60
gluster peer probe 192.168.100.61
gluster peer probe 192.168.100.62
```

```
[root@gluster_node1 ~]# gluster peer probe 192.168.100.60
peer probe: success. Probe on localhost not needed
[root@gluster_node1 ~]# gluster peer probe 192.168.100.61
peer probe: success.
[root@gluster_node1 ~]# gluster peer probe 192.168.100.62
peer probe: success.
[root@gluster_node1 ~]#
```

图 4-42　节点加入集群

查看集群状态如图 4-43 所示。

```
gluster peer status
```

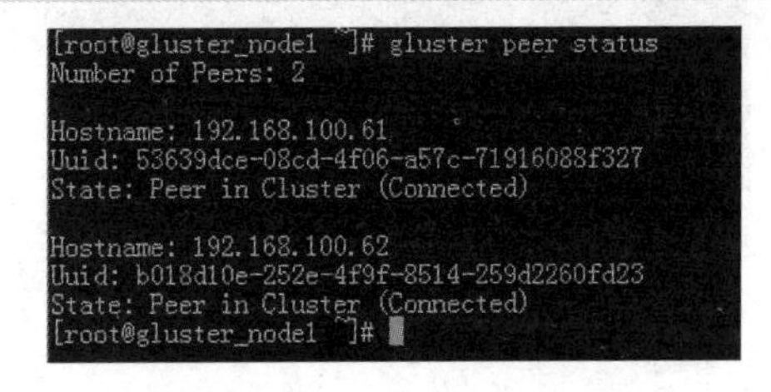

图 4-43　查看集群状态

在三个节点上分别创建数据存储目录。

```
mkdir -p /opt/gluster/data
```

系统测试，创建一个卷并进行 mount 测试，假设在 192.168.100.60 上测试，如图 4-44 所示。

```
gluster volume create testvol 192.168.100.60:/opt/gluster/data/ 192.168.100.61:
/opt/gluster/data/ 192.168.100.62:/opt/gluster/data/ force
```

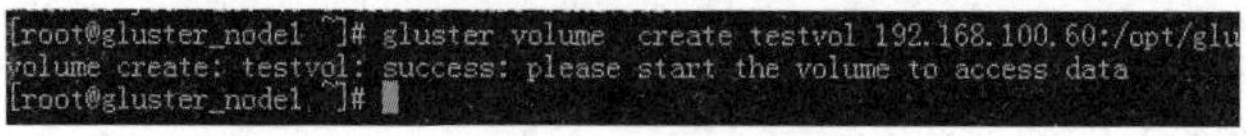

```
[root@gluster_node1 ~]# gluster volume  create testvol 192.168.100.60:/opt/glu
volume create: testvol: success: please start the volume to access data
[root@gluster_node1 ~]#
```

图 4-44　系统测试

3. 启动并查看状态

启动卷并查看状态如图 4-45 和图 4-46 所示。

```
gluster volume start testvol
```

```
[root@gluster_node1 ~]# gluster volume start testvol
volume start: testvol: success
[root@gluster_node1 ~]#
```

图 4-45　启动卷

```
gluster volume status testvol
```

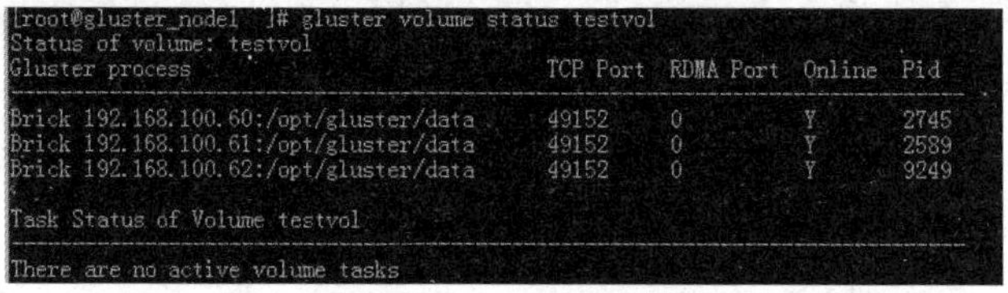

```
[root@gluster_node1 ~]# gluster volume status testvol
Status of volume: testvol
Gluster process                             TCP Port  RDMA Port  Online  Pid
------------------------------------------------------------------------------
Brick 192.168.100.60:/opt/gluster/data      49152     0          Y       2745
Brick 192.168.100.61:/opt/gluster/data      49152     0          Y       2589
Brick 192.168.100.62:/opt/gluster/data      49152     0          Y       9249

Task Status of Volume testvol
------------------------------------------------------------------------------
There are no active volume tasks
```

图 4-46　查看状态

挂载文件系统并查看如图 4-47 所示。

```
mount -t glusterfs 192.168.100.60:/testvol /mnt/
df -h
gluster volume info
```

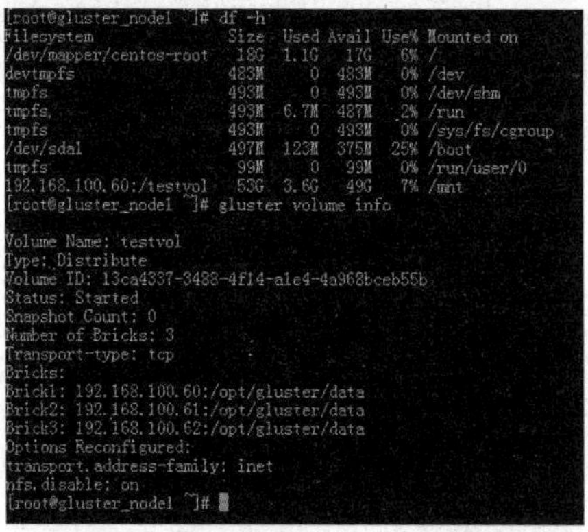

```
[root@gluster_node1 ~]# df -h
Filesystem               Size  Used Avail Use% Mounted on
/dev/mapper/centos-root   18G  1.1G   17G   6% /
devtmpfs                 483M     0  483M   0% /dev
tmpfs                    493M     0  493M   0% /dev/shm
tmpfs                    493M  6.7M  487M   2% /run
tmpfs                    493M     0  493M   0% /sys/fs/cgroup
/dev/sda1                497M  123M  375M  25% /boot
tmpfs                     99M     0   99M   0% /run/user/0
192.168.100.60:/testvol   53G  3.6G   49G   7% /mnt
[root@gluster_node1 ~]# gluster volume info

Volume Name: testvol
Type: Distribute
Volume ID: 13ca4337-3488-4f14-a1e4-4a968bceb55b
Status: Started
Snapshot Count: 0
Number of Bricks: 3
Transport-type: tcp
Bricks:
Brick1: 192.168.100.60:/opt/gluster/data
Brick2: 192.168.100.61:/opt/gluster/data
Brick3: 192.168.100.62:/opt/gluster/data
Options Reconfigured:
transport.address-family: inet
nfs.disable: on
[root@gluster_node1 ~]#
```

图 4-47　挂载文件系统并查看

4. 安装配置高可用集群 NAS

（1）IP 配置如下。

Single IP：192.168.100.60（后面由 LVS 使用，对外提供单一 IP 访问）

Public IP：192.168.100.61（用于外部访问，或者提供给 LVS 进行负载均衡）

Private IP：192.168.100.62（用于内部访问、heartbeat 及集群内部通信）

（2）挂载集群文件系统。

这里使用 GlusterFS 集群文件系统为所有节点提供共享存储空间，并为 CTDB 卷提供 lock 和 status 等共享存储空间。CTDB 卷建议采用 gluster replica volume，NAS 卷可以根据实际需求选择 distribute、stripe、replica 及复合卷。在 192.168.100.60 上创建两个卷。在三个节点分别创建目录。

```
mkdir -p /opt/gluster/nas
```

（3）在节点 gluster_node1 创建 replica、ctdb、nas。

```
gluster volume create replica 192.168.100.60:/opt/gluster/nas/ force
gluster volume create ctdb 192.168.100.60:/opt/gluster/ctdb/ force
gluster volume create nas 192.168.100.60:/opt/gluster/lock force
```

分别启动并查看状态。

```
gluster volume start replica
gluster volume start  ctdb
gluster volume start  nas
```

当看到提示 success 时，就表示创建好了。

（4）在三个节点同时 mount 以上创建的 nas 和 ctdb 卷并查看，如图 4-48 和图 4-49 所示。

```
mkdir /opt/gluster/replica
mkdir /opt/gluster/nasdata
mount -t glusterfs 192.168.100.60:/nas /opt/gluster/nasdata/ （集群 NAS 使用）
mount -t glusterfs 192.168.100.60:/ctdb /opt/gluster/replica/ （CTDB 使用）
df -h
gluster volume status
```

```
[root@gluster_node1 ~]# df -h
Filesystem               Size  Used Avail Use% Mounted on
/dev/mapper/centos-root   18G  1.1G   17G   6% /
devtmpfs                 483M     0  483M   0% /dev
tmpfs                    493M     0  493M   0% /dev/shm
tmpfs                    493M  6.7M  487M   2% /run
tmpfs                    493M     0  493M   0% /sys/fs/cgroup
/dev/sda1                497M  123M  375M  25% /boot
tmpfs                     99M     0   99M   0% /run/user/0
192.168.100.60:/testvol   53G  3.6G   49G   7% /mnt
192.168.100.60:/ctdb      18G  1.3G   17G   7% /opt/gluster/replica
192.168.100.60:/nas       18G  1.3G   17G   7% /opt/gluster/nasdata
[root@gluster_node1 ~]#
```

图 4-48 查看文件情形

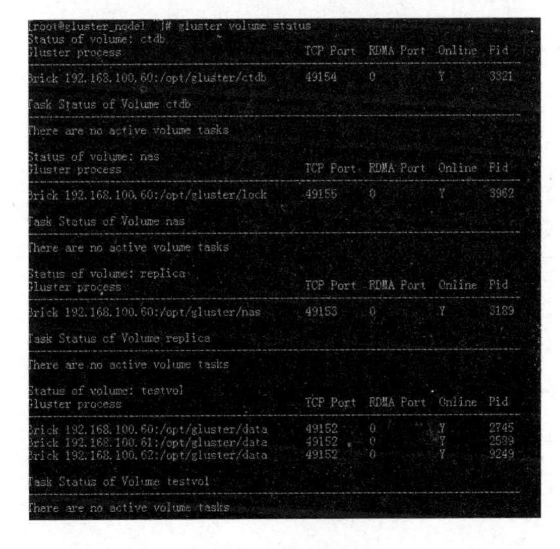

```
[root@gluster_node1 ~]# gluster volume status
Status of volume: ctdb
Gluster process                              TCP Port  RDMA Port  Online  Pid
------------------------------------------------------------------------------
Brick 192.168.100.60:/opt/gluster/ctdb       49154     0          Y       3321

Task Status of Volume ctdb
------------------------------------------------------------------------------
There are no active volume tasks

Status of volume: nas
Gluster process                              TCP Port  RDMA Port  Online  Pid
------------------------------------------------------------------------------
Brick 192.168.100.60:/opt/gluster/lock       49155     0          Y       3962

Task Status of Volume nas
------------------------------------------------------------------------------
There are no active volume tasks

Status of volume: replica
Gluster process                              TCP Port  RDMA Port  Online  Pid
------------------------------------------------------------------------------
Brick 192.168.100.60:/opt/gluster/nas        49153     0          Y       3189

Task Status of Volume replica
------------------------------------------------------------------------------
There are no active volume tasks

Status of volume: testvol
Gluster process                              TCP Port  RDMA Port  Online  Pid
------------------------------------------------------------------------------
Brick 192.168.100.60:/opt/gluster/data       49152     0          Y       2745
Brick 192.168.100.61:/opt/gluster/data       49152     0          Y       2589
Brick 192.168.100.62:/opt/gluster/data       49152     0          Y       9249

Task Status of Volume testvol
------------------------------------------------------------------------------
There are no active volume tasks
```

图 4-49 查看状态

综合训练

一、选择题

1．高可用性的实现方法主要有（　　）。

A．双机热备　　B．双机互备

C．数据备份　　D．集群技术

2．集群主要有哪几类？（　　）

A．高可用集群　　B．负载均衡集群

C．高性能集群　　D．存储集群

3．高可用集群实现高可用性的方法主要有（　　）。

A．副本技术　　B．纠删码技术

C．双机热备　　D．双活技术

4．下列有关集群存储的说法错误的是（　　）。

A．集群存储就是使用集群技术管理存储资源

B．集群存储是在传统 NAS、SAN 的基础上，整合管理服务器，发挥更好的性能

C．集群存储就是 NAS 存储

D．集群 NAS 是目前实现集群存储的主要方法

5．目前集群 NAS 的存储子系统主要有（　　）。

A．SAN　　B．DAS

C．OSD　　D．RAID

二、简答题

1．解释高可用性、集群、集群存储的概念。

2．GlusterFS 是集群 NAS 的一个开源解决方案，也是典型的分布式文件存储系统，试说明 GlusterFS 与 Free NAS 在应用上的区别。

第5章 数据灾备技术

学习目标

- ➢ 掌握数据备份与灾难恢复的概念；
- ➢ 理解数据备份的重要性；
- ➢ 理解数据容灾的概念和层次；
- ➢ 掌握备份软件的使用方法；
- ➢ 掌握数据备份的策略和方法。

任务引导

自古以来，信息存储都承载着传播消息和传承文明的使命。今天，信息成为企业最重要的财富，随着信息化进程的不断深入，企业的业务流程运转越来越高度依赖于数据，数据已经成为支撑企业运作的重要基石，存储数据的丢失将直接影响企业的生存。

2001 年 9 月 11 日，美国世贸中心双子大厦遭受了严重恐怖打击。灾难发生前，约有 350 家企业在世贸大厦中工作。事故发生一年后，重返世贸大厦的企业变成了 150 家，约有 200 家企业由于重要信息系统的破坏及关键数据的丢失而永远关闭、消失。其中一家公司称，要恢复到灾难前的公司状态需要 50 年的时间。

据 IDC 的统计数字表明，在 2000 年以前的 10 年间发生过灾难的美国公司中，约有 55%的公司当时倒闭。剩下 45%的公司中，因为数据丢失，有 29%的公司也在两年之内倒闭，生存下来的公司仅占 16%。国际调查机构 Gartner Group 的数据表明，因经历大型灾难而导致系统停运的公司中，有 2/5 再也没有恢复运营，剩下的公司中也有 1/3 在两年内破产。

可见在信息化时代，企业的成功依赖于数据，企业的毁灭也可能源于数据，越来越多的企业认识到数据灾备的重要性。数据灾备通常从两个方面着手：一方面是提高数据的生存性，保证数据不会被“一毁全毁”，由此衍生出冷备、热备、异地备份、容灾等备份方式；另一方面是提高业务可持续能力，保证灾难发生后在最短时间内恢复到灾难前的最近时间点。

5.1 数据灾备概述

5.1.1 系统面临的灾难威胁

《重要信息系统灾难恢复指南》中对灾难（Disaster）这样定义：由于人为或自然的原因，造成信息系统运行严重故障或瘫痪，使信息系统支持的业务功能停顿或服务水平不可接受、达到特定的时间的突发性事件，通常导致信息系统需要切换到备用场地运行，其实灾难的成因不止人为和自然两方面，进一步分析各种可能导致灾难发生的原因，可以将灾难概括为以下几种。

自然灾难：包括火灾、水灾、地震、雷击、火山爆发、台风袭击等突发自然灾害造成的业务系统的灾难。一般而言，不同地区自然灾害的发生都有一定的统计概率，所以自然灾害一旦爆发，造成影响的范围是带有区域性的。

人为灾难：包括IT系统管理人员的误操作、来自网络的恶意攻击、计算机病毒发作造成的数据灾难等。2017年，勒索病毒席卷全球150多个国家和地区，其影响领域包括政府部门、医疗服务、公共交通、邮政、通信和汽车制造业，造成的数据和经济损失触目惊心。采用后发制人策略的计算机病毒防御系统难以保证数据的绝对安全，有必要建立数据的备份机制。

设备异常：包括IT设备硬件故障、软件故障等。

社会灾难：包括电力中断、网络中断、恐怖袭击、战争破坏等灾难。社会灾难属于人为灾难的一种特例。国内外都存在着各种不安定因素，必须引起足够的重视。一些没有采取任何容灾措施的企业，由于核心业务数据遭到破坏而最终破产，而一些采用了容灾措施的企业得以生存，并很快恢复业务。

5.1.2 数据灾备的目的

最初，数据灾备的目的只是提高数据的“生存性”，即在灾难发生导致数据毁坏后，关键性业务数据仍保有备份可用恢复系统，但是对灾后数据恢复的速度和时效性未做具体要求。

在“9·11”事件中，租有世贸大厦25层的金融界巨头摩根士丹利公司在事发几个小时后，就宣布全球营业部可以在第二天照常工作。因为该公司建立了数据备份和异地容灾系统，它们保护了公司的重要数据，在关键时刻挽救了摩根士丹利。华尔街的金融机构重新对灾难恢复的步骤做了评估，认识到灾后数据恢复只是技术手段之一，它们开始强调业务连续性（Business Continuity），灾备的内涵得以扩展。

现在，如何维持业务的连续运作已经成为企业运营风险评估中至关重要的一环。事实证明，只有对数据备份制定完备、持续且可执行的灾备计划，特别是业务连续计划，才能提供万无一失的数据安全保护。

数据灾备的实质是确保永不停顿的业务运营。灾备计划包括一系列应急计划：业务持续计划（Business Continuity Plan，BCP）、业务恢复计划（Business Recovery Plan，ERP）、运行连续性计划（Continuity of Operations Plan，COOP）、事件响应计划（Incident Response Plan，

IRP）、场所紧急计划（Occupant Emergency Plan，OEP）、危机通信计划（Crisis Communication Plan，CCP）、灾难恢复计划（Disaster Recovery Plan，DRP）等。

业务持续计划：其目的是让一个组织及其信息系统在灾难事件发生时仍可以继续运作，业务持续计划可以是人工的，也可以是系统自动执行的。

业务恢复计划：其目的是让信息系统在灾难发生后可以迅速恢复，与业务持续计划相比，业务恢复计划缺乏确保关键处理的连续性的规程。

运行连续性计划：要保证机构备用站点的关键功能的实现，且保证在主站点恢复前保持稳定运行至少30天。

事件响应计划：建立了处理针对机构的IT系统攻击的规程。这些规程用来协助安全人员对有害的计算机事件进行识别、消减并进行恢复，这些事件的例子包括：对系统或数据的非法访问、拒绝服务攻击，或者对硬件、软件、数据的非法更改（如病毒、蠕虫或木马等），事件响应计划也称应急响应计划。

场所紧急计划：是指在可能对人员的安全健康、环境或财产构成威胁的事件发生时，为设施中的人员提供反应规程。

危机通信计划：是指机构应该在灾难之前做好其内部和外部通信规程的准备工作。

灾难恢复计划：是指用于紧急事件后（只用于重大的、灾难性的、造成长时间无法对正常设施进行访问的事件），在备用站点恢复目标系统、应用或计算机设施运行的IT计划。

5.2 数据备份与灾难恢复

5.2.1 基本概念

数据备份是指为防止系统出现操作失误或系统故障导致数据丢失，而将全部或部分数据集合从应用主机的硬盘或阵列复制到其他存储介质的过程，其目的是在发生破坏之后，能够恢复原来的数据。

灾难恢复是将信息系统从灾难造成的故障或瘫痪状态恢复到可正常运行状态，并将其支持的业务功能从灾难造成的不正常状态恢复到可接收状态，而设计的活动和流程。因此，数据备份的目的是进行灾难恢复，这里有两方面的含义：一方面是指备份数据的恢复，另一个方面是指业务功能的恢复。

备份数据恢复的根本目的是数据恢复，在数据遭受破坏或其他特定情况下能够快速、正确、方便地恢复数据，才是备份系统的真正价值所在。

按照备份介质存放的地理位置，可以将数据备份分为本地备份和异地备份。本地备份是将备份文件放在本地的存储介质中，或者直接放在与源数据相同的存储介质中；异地备份则是容灾的基础，将本地重要数据通过网络实时传送到异地备份介质中。

备份还可以分为热备和冷备，热备指的是备份介质带电运行，需要时可以快速连接使用；冷备是指将备份介质掉电保存，使用时需接入电，有时也称“离线备份”。通常热备数据是访问频次较高的数据，使用的存储介质一般为磁盘、阵列等，而冷备数据通常访问频次很低，多使用磁带库等低成本、大容量设备。热备又分为本机热备和网络备份，网络备份一般使用局域网或备份网络将数据备份在其他存储介质中。

在云计算环境下的企业新一轮信息化进程中，新一代的业务处理系统大多采用数据集中存放、集中处理的集中模式替代原有的多分区多中心、数据分散式存储和处理的方式，这种新模式对于加强企业账务监管、数据共享、开发新业务和降低计算中心运营成本都有很大的好处。然而这种大集中模式对系统稳定性提出了更高的要求，数据一旦中心发生灾难，受到影响的将是各地区的分支机构和几乎所有业务，这必将对企业造成巨大的经济损失、客户流失、声誉受损，甚至有可能引起社会的不安定。为了保障生产、销售、开发的正常运行，企业用户应当采取先进、有效的措施，对数据进行备份，防患于未然。

5.2.2 数据备份系统组成

数据备份一般采取自动化备份方式，即无人值守方式。一方面是为了减少人力成本，另一方面是降低人员操作不当造成的损失，同时也防止因人员疏忽而导致备份不及时、不规律。

数据备份可以是单机系统的，即所有工作都由一个服务器完成，备份介质也是由一个服务器直接连接并管理。但在更多情况下，一个数据备份系统由以下几个部分组成。

1．备份客户端

系统内需要进行数据备份的任何计算机都可以称为备份客户端。备份客户端通常是指应用服务器、数据库服务器或文件服务器。备份客户端也用来表示能从在线存储器上读取数据并将数据传送到备份服务器的软件组件。

2．备份服务器

将数据复制到各类介质并保存历史备份信息的计算机系统称为备份服务器。备份服务器通常分成主备份服务器和介质服务器。

3．备份存储单元

备份存储单元包括数据磁带、磁盘、光盘或磁盘阵列。通常由介质服务器控制和管理。备份是主备份服务器、备份客户端和介质服务器三方协作的过程。

4．备份管理软件

备份硬件是完成备份任务的基础，而备份软件则关系到是否能够将备份硬件的优良特性完全发挥出来。必须采用可靠的硬件产品与具有在线备份功能的自动备份软件（在使用磁带库的时代，要求磁带库能够自动加载）来进行按策略、按计划、按时备份。备份管理软件同时也是进行数据恢复的管理软件。

5.2.3 数据备份系统架构

备份工作是系统的一个“额外负担”，备份系统的选择和优化工作至关重要。根据数据备份系统各部分的连接方式，数据备份架构可以分为如下四种：基于主机（Host-Base）、基于局域网（LAN-Base）、基于 SAN 的 LAN-Free 和 Server-Free 等。下面分别对这几种架构进行介绍。

1．Host-Base

Host-Base 是十分简单的一种备份系统结构，也称基于 DAS（DAS-Base）的结构。Host-Base 将备份数据保存在服务器直连的磁带机、硬盘、磁盘阵列等介质上，如图 5-1 所示。DAS 设备的服务对象只是直接连接它的服务器，不会为网络主机提供备份服务。

Host-Base 结构的备份系统是十分简单的数据备份方案，适用于小型企业用户进行简单的文档备份。它的优点是维护简单、数据传输速度快。它的缺点是可管理的存储设备少，不利于备份系统的共享，不适合现在大型的数据备份要求，而且不能提供实时的备份需求。

2．LAN-Base

LAN-Base是小型办公环境经常使用的备份结构。在该系统中数据的传输以局域网为基础，预先配置一台服务器作为备份管理服务器，它负责整个系统的备份操作，将磁带库、磁盘阵列等存储设备连接在服务器上，当需要备份数据时，备份对象把数据通过网络经服务器传输到存储设备中实现备份。显然，这种备份结构可以为网络中的所有服务器提供备份服务，而不仅仅是管理它的服务器。有时可以使用 NAS 机头代替备份服务器，如图 5-2 所示。LAN-Base 备份方式其实就是 NAS 的一种具体应用。

在 LAN-Base 结构下，备份服务器可以直接接入主局域网内，也可以放在专用的备份局域网内。LAN-Base 备份结构的优点是投资经济、磁带库共享、集中备份管理。它的缺点是对网络传输压力大，当备份数据量大或备份频率高时，局域网的性能下降快，不适合重载荷的网络应用环境。

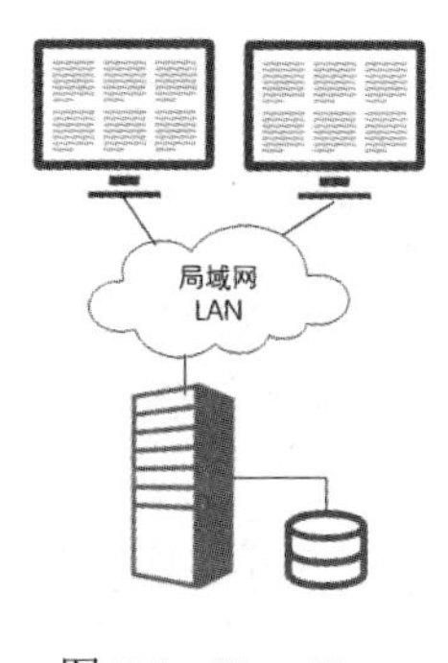

图 5-1 Host-Base

图 5-2 LAN-Base

3．LAN-Free

LAN-Free 和 Server-Free 结构的备份系统都是建立在 SAN 基础上的解决方案。

如图 5-3 所示的 LAN-Free 结构，用户将磁盘阵列或磁带库等存储设备和备份设备连接到 SAN 中，各服务器把需要备份的数据从存储设备发送到共享备份设备上，不必再经过局域网链路。由于服务器到共享存储设备的大量数据传输是通过 SAN 网络进行的，局域网只承担各服务器之间的通信任务，而无须承担数据传输的任务。

LAN-Free 可以基于 FC SAN，也可以基于 IP-SAN，使用这种结构可以实现数据备份的统一管理。LAN-Free 备份结构的优点是备份速度快、网络传输压力小、磁带库资源共享。它的缺点是少量文件恢复操作烦琐、服务器压力大、技术实施复杂、投资较高。

4．Server-Free

Server-Free 结构是在 LAN-Free 结构上改进的，在解放局域网的基础上，进一步解放了服务器，可称之为“无服务器（Server-Less）”备份技术。其实备份服务器还是需要的，只是减少了大量数据缓存的工作。Server-Free 可使数据能够在 SAN 结构中的两个存储设备之间直接传输，通常在磁盘阵列和备份介质（如磁带库等）之间传输，如图 5-4 所示，这种方案的主要优点是不需要在服务器中缓存数据，显著减少对服务器 CPU 的占用，提高操作系统的工作效率，帮助企业完成更多的工作。

Server-Free 备份结构的优点是数据备份和恢复时间短，网络传输压力小，便于统一管理和备份资源共享。它的缺点是需要特定的备份应用软件进行管理，厂商的类型兼容性问题需要统一，并且实施起来与 LAN-Free 一样复杂，成本也较高，其适用于大中型企业进行海量数据备份管理。

上述四种主流网络数据安全备份系统结构各有优缺点，用户需根据自己的实际需求和投资预算仔细斟酌，选择适合自己的备份方案。

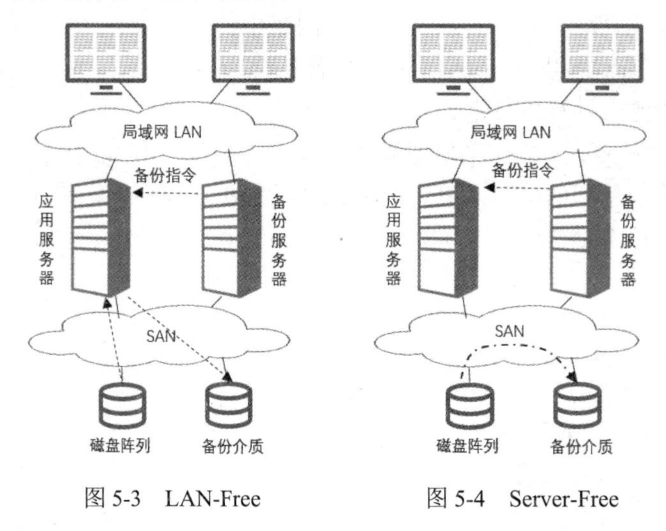

图 5-3　LAN-Free　　　　图 5-4　Server-Free

5.2.4　数据备份方式

数据备份主要有三种类型：完全备份（Full Backup）、增量备份（Incremental Backups）和差异备份（Differential Backup）。

1. 完全备份

完全备份是将需要备份的所有数据、系统和文件完整备份到备份存储介质中。备份系统不会检查自上次备份后，档案有没有被改动过，它只是机械性地将每个档案读出、写入。备份全部选中的文件及文件夹，并不依赖文件的存盘属性来确定备份哪些文件。

每个档案都要写到备份装置上会浪费大量存储空间。例如，完整的备份文件要占据 50GB 的存储空间，而每天发生改变的文件只有几十 MB，每次备份却要将 50GB 的内容进行完全备份，显然太浪费时间和空间，且没有必要。因此不会每次备份都使用完全备份。

2. 增量备份

增量备份是备份自上一次备份（包含完全备份、差异备份、增量备份）之后有变化的数据，每次备份只需备份与前一次相比增加或被修改的文件。这就意味着，第一次增量备份的对象是进行完全备份后所产生的增加和修改的文件；第二次增量备份的对象是进行第一次增量备份后所产生的增加和修改的文件，以此类推。这种备份方式最显著的优点就是没有重复的备份数据，因此备份的数据量不大，备份所需的时间很短。但增量备份的数据恢复是比较麻烦的，必须具有上一次完全备份和所有增量备份文件，并且它们必须沿着从完全备份到依次增量备份的时间顺序逐个恢复，极大地延长了数据恢复所需时间。

要避免复原一个又一个的递增数据，提升数据恢复的效率，把增量备份的方法稍微改变一下，就变成了差异备份。

3．差异备份

差异备份是指在一次完全备份后到进行差异备份的这段时间内，对那些增加或修改文件的备份。在进行恢复时，我们只需对第一次完全备份和最后一次差异备份进行恢复。差异备份在避免了另外两种备份策略缺陷的同时，又具备了它们各自的优点。首先，它具有增量备份需要时间短、节省磁盘空间的优势；其次，它又具有完全备份恢复所需磁带少、恢复时间短的特点。

差异备份的大小会随着时间不断增加（假设在完全备份期间，每天修改的档案都不一样）。以备份空间与速度来说，差异备份介于增量备份与完全备份之间，但无论复原一个档案或整个系统，其速度通常比完全备份、增量备份快。

基于这些特点，差异备份是值得考虑的方案，增量备份与差异备份技术在部分中高端的网络附加存储设备的附带软件中已内置。

5.2.5 数据备份策略

数据备份策略是指根据备份需求确定备份内容、备份时间及备份方式。

选择合适的备份频率（如经常备份、有规律备份、进行结构上的修改应及时备份等），尽量采用定时器、批处理等由计算机自动完成的方式，以减少备份过程中的手动干预，防止操作人员的漏操作或误操作。

在制定备份策略时，备份窗口也是需要考虑的重要内容。备份窗口是指在一个工作周期内留给备份系统进行备份的时间长度，直接关系到备份方式的选用。根据数据的重要性可选择一种或几种备份交叉的形式制定备份策略。

若数据量比较小或数据实时性不强或是只读的，备份的介质可采用磁盘或光盘。在备份策略上可每天进行一次数据库增量备份，每周进行一次完全备份。备份时间尽量选择在晚上，等服务器比较空闲的时间段进行，备份数据要妥善保管。

就一般策略来说，当对数据的实时性要求较强，或者数据的变化较多且数据需要长期保存时，备份介质可采用磁带或磁盘。在备份策略上可选择每天两次，甚至每小时一次的数据完全备份或事务日志备份。为了把灾难损失降到最低，备份数据应保存一个月以上。另外，每当存储数据的数据库结构发生变化或进行批量数据处理前，应进行一次数据库的完全备份，且这个备份数据要长期保存。数据备份也可以考虑光盘备份。

图 5-5 所示的是选择“完全备份+增量备份”的方式制定的备份策略，备份周期为一周，每次备份时间选择在晚上 23:30 到第二天的 0:30 之间。这种备份策略比较适合每天数据增量都比较多的情形，如果对恢复时间要求不高，可以将备份周期适当延长，以减少完全备份的频率。

图 5-6 所示的是选择“完全备份+差异备份”的方式制定的备份策略，备份周期为一周，备份时间同样选择在晚上 23:30 到第二天的 0:30 之间。这种备份策略比较适合每天数据增量都较少的情形，如果对恢复时间要求不高，也可以将备份周期延长，减少完全备份的次数。

除了上述两种备份策略，还可以选用按需备份。按需备份是指根据需要，在特定的时间进行一次完全备份（也可能是增量备份或差异备份），满足偶然突发性的需要。

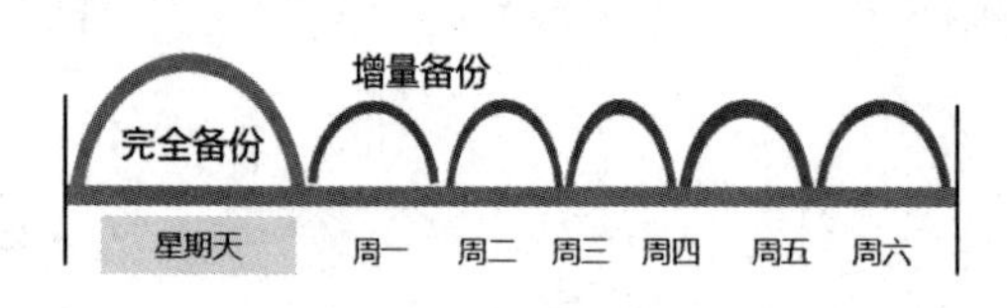

图 5-5 完全备份+增量备份

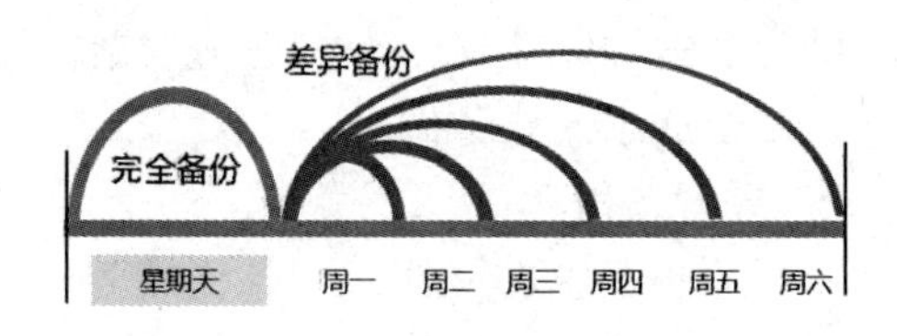

图 5-6 完全备份+差异备份

5.3 容灾技术

5.3.1 容灾的概念

容灾是指在相隔较远的异地，建立两套或多套功能相同的 IT 系统，它们之间可以进行健康状态监视和功能切换，当一处系统因意外（如火灾、地震等）停止工作时，整个应用系统可以切换到另一处，使得该系统功能可以继续正常工作。

备份是容灾的基础，容灾不只是备份，还要保证业务的连续性。容灾技术是系统高可用性技术的一个组成部分，容灾系统更加强调处理外界环境对系统的影响，特别是灾难性事件对整个 IT 节点的影响，提供节点级别的系统恢复功能。

根据容灾系统对灾难的抵抗程度，可分为数据容灾和应用容灾。数据容灾是指建立一个异地的数据系统，该系统对本地系统关键应用数据实时复制。当出现灾难时，可由异地系统迅速接替本地系统从而保证业务的连续性。应用容灾比数据容灾层次更高，即在异地建立一个完整的、与本地数据系统相当的备份应用系统（可以同本地应用系统互为备份，也可与本地应用系统共同工作）。在灾难出现后，远程应用系统迅速接管或承担本地应用系统的业务运行。

5.3.2 容灾方案级别

设计一个容灾备份系统，需要考虑多方面的因素，如备份/恢复数据量大小、应用数据中心和备援数据中心之间的距离和数据传输方式、灾难发生时所要求的恢复速度、备援中心的管理及投入资金等。灾难恢复解决方案可根据上述因素所达到的程度分为 7 级，即从低到高有 7 种不同层次的灾难恢复解决方案。可以根据企业数据的重要性及需要恢复的速度和程度来设计选择并实现灾难恢复计划，如表 5-1 所示。

《信息安全技术 信息系统灾难恢复规范》（GB/T 20988—2007）将灾难恢复能力划分为 6 个等级，并具体列明了每级的要素和要求，基本对应于表 5-1 中第 1 层到第 6 层的等级划分。这 6 个等级分别为：第 1 级基本支持；第 2 级备用场地支持；第 3 级电子传输和部分设备支持；第 4 级电子传输及完整设备支持；第 5 级实时数据传输及完整设备支持；第 6 级数据零丢失和远程集群支持。

表5-1 灾难恢复层次划分

层 级	名 称	主要特点
第0层	没有异地备份数据（No off-site Data）	没有任何异地备份或应急计划。数据仅在本地进行备份恢复，没有数据送往异地。一旦本地发生灾难，数据备份和设备可能一同被毁，无法进行恢复
第1层	有数据备份（PTAM方式），没有热备系统（Data Backup with No Site）	能够备份所需要的信息并将它存储在异地。PTAM（Pickup Truck Access Method）指将本地备份的数据用交通工具送到异地。这种方案相对来说成本较低，但难于管理
第2层	PTAM 卡车运送访问方式+热备份中心（PTAM + Hot Center）	在第1层基础上再加上热备份中心，拥有足够的硬件和网络设备去支持关键应用。相比于第1层，明显降低了灾难恢复时间
第3层	电子链接（Electronic Vaulting）	在第2层的基础上用电子链路取代了卡车进行数据传送的进一步灾难恢复。由于热备份中心要保持持续运行，虽然增加了成本，但提高了灾难恢复速度
第4层	活动状态的备份中心（Active Secondary Center）	指两个中心同时处于活动状态并同时互相备份，在这种情况下，工作负载可能在两个中心之间分享。在灾难发生时，关键应用的恢复也可降低到小时级或分钟级。通常采用快照技术复制数据，实现双中心互为备份
第5层	两个活动的数据中心，确保数据一致性（Two-Site Two-Phase Commit）	提供了更好的数据完整性和一致性。也就是说，需要两个中心的数据都被同时更新。在灾难发生时，仅传送中的数据丢失，恢复时间降低到分钟级
第6层	0数据丢失（Zero Data Loss），自动系统故障切换	实现0数据丢失，被认为是灾难恢复的最高级别，在本地和远程的所有数据被更新的同时，利用了双重在线存储和完全网络切换能力，当发生灾难时，能够提供跨站点动态负载平衡和自动系统故障切换功能

5.3.3 容灾技术指标

容灾的两个最重要的技术指标是RTO和RPO。

RTO（Recovery Time Objective，恢复时间目标）：指灾难发生后，将信息系统从灾难造成的故障或瘫痪状态恢复到可正常运行状态，并将其支持的业务功能从灾难造成的不正常状态恢复到可接收状态所需的时间，其中包括备份数据恢复到可用状态所需的时间、数据处理系统切换时间、备用网络切换时间等。该指标用以衡量容灾方案的业务恢复能力，是企业可容许服务中断的时间长度。比如灾难发生后半天内便需要恢复，RTO值就是12。

RPO（Recovery Point Objective，恢复点目标）：灾难发生后，系统和数据必须恢复到的时间点要求，是指业务系统所允许的灾难过程中的最大数据丢失量（以时间来度量），这是一个与数据备份系统所选用的技术有密切关系的指标，用以衡量灾难恢复方案的数据冗余备份能力。

两者的值要充分考虑到备份数据的重要程度和业务中断时间的允许范围。目前很多公司的容灾备份方案都可以实现RPO=0，RTO接近于0，即保证数据0丢失，业务停顿时间可缩短至60秒内。

RTO/RPO性能要求与灾难恢复能力等级是有直接关系的，具体如表5-2所示。

表 5-2　RTO/RPO 与灾难恢复等级的关系

灾难恢复能力等级	RTO	RPO
1	2 天以上	1 天至 7 天
2	24 小时以上	1 天至 7 天
3	12 小时以上	数小时至 1 天
4	数小时至 2 天	数小时至 1 天
5	数分钟至 2 天	0 至 30 分钟
6	数分钟	0

5.3.4　容灾关键技术

容灾备份系统通常基于 SAN 或 NAS 实现，容灾关键技术主要有远程镜像技术、快照技术、互联技术、重复数据删除技术等。

1．远程镜像技术

镜像是在两个或多个磁盘或磁盘子系统中产生同一个数据的镜像视图信息的存储过程，其中一个叫主镜像系统，另一个叫从镜像系统。按主从镜像系统所处的位置可分为本地镜像和远程镜像。远程镜像又叫远程复制，是容灾备份的核心技术，同时也是保持远程数据同步和实现灾难恢复的基础。远程镜像技术又可分为同步远程镜像和异步远程镜像。

同步远程镜像，即数据同步写入主磁盘和镜像磁盘。因此镜像磁盘保留了主磁盘精确的、完整的数据副本，保证了数据实时高可用性。同步远程镜像使复制总能与本地机要求复制的内容相匹配。当主站点出现故障时，用户的应用程序切换到备份的替代站点后，远程镜像副本可以保证业务继续执行而没有数据的丢失。但它往返传播造成延时较长，只限于在相对较近的距离上应用。

异步远程镜像是通过专用的缓存资源，把数据分别写入主磁盘和镜像磁盘。因此，镜像磁盘保存了主磁盘近乎实时的副本。和同步远程镜像类似，异步远程镜像也能够将物理磁盘发生故障所引起的停机时间降到最少，从而为存储网络提供高可用性。异步镜像保证在更新远程存储视图前完成向本地存储系统的基本操作，而由本地存储系统提供给请求镜像主机的 I/O 操作完成确认信息。远程的数据复制是以后台同步的方式进行的，这使本地系统性能受到的影响很小，传输距离长（可达 1000 千米以上），对网络带宽要求小。

2．快照技术

快照（Snapshot）是某个数据集在某一特定时刻的镜像，也称即时复制，它是这个数据集的一个完整可用的副本。SNIA 对快照的定义是：关于指定数据集合的一个完全可用复制，该复制包括相应数据在某个时间点（复制开始的时间点）的映像。快照可以是其所表示的数据的一个副本，也可以是数据的一个复制品。根据系统的不同，快照的源数据集可以是文件、LUNs、文件系统或由系统支持的任何其他类型的容器。

快照具有很广泛的应用，例如，作为备份的源、数据挖掘的源、保存应用程序状态的检查点，甚至就是作为单纯的数据复制的一种手段等。

快照技术分为两类：物理复制和逻辑复制，物理复制就是对原始数据的完全复制；逻辑复制就是只针对发生过改变的数据进行复制。虽然两种复制技术都能够将数据恢复到某一个时间点，但是其也各有优缺点。物理复制的优点是管理简单，直接将所有数据进行复制，其缺点是需要和目标数据一样大的空间才能将其完全复制下来。逻辑复制的优点就是节省空间，其缺点是只保存了发生改变的数据，如果目标数据发生损坏，快照就无法恢复数据。

目前有两大类存储快照，一种是写时复制（copy-on-write）快照，另一种是分割镜像快照（split mirror）。

写时复制快照可以在每次输入新数据或已有数据被更新时生成对存储数据改动的快照。这样做可以在发生硬盘写错误、文件损坏或程序故障时迅速恢复数据。如果需要对网络或存储媒介上的所有数据进行完全存档或复制，以前的所有快照都必须可供使用。写时复制快照是表现数据外观特征的“照片”。这种方式通常也被“元数据”复制，即所有数据并没有被真正复制到另一个位置，只是指示数据实际所处位置的指针被复制。

分割镜像快照引用镜像硬盘组上的所有数据。每次应用运行时，都生成整个卷的快照，而不只是新数据或更新的数据。这种快照使离线访问数据成为可能，并且简化了恢复、复制或存档一块硬盘上的所有数据的过程。但是，这是个较慢的过程，而且每个快照需要占用更多的存储空间。分割镜像快照也称原样复制，由于它是某一 LUN 或文件系统上的数据的物理复制，有的管理员称之为克隆、映像等。

3．互联技术

早期的主数据中心和备援数据中心之间的数据备份，主要是基于 SAN 的远程复制（镜像），即通过光纤通道把两个 SAN 连接起来，进行远程镜像（复制）。当灾难发生时，由备援数据中心替代主数据中心保证系统工作的连续性。这种远程容灾备份方式存在一些缺陷，例如，实现成本高、设备的互操作性差、跨越的地理距离短（10 千米）等，这些因素阻碍了它的进一步推广和应用。

目前，出现了多种基于 IP 的 SAN 的远程数据容灾备份技术。它们利用基于 IP-SAN 的互联协议，将主数据中心 SAN 中的信息通过现有的 TCP/IP 网络，远程复制到备援中心 SAN 中。当备援中心 SAN 存储的数据量过大时，可利用快照技术将其备份到磁带库或光盘库中。这种基于 IP 的 SAN 的远程容灾备份技术，可以跨越 LAN、MAN 和 WAN，其成本低、可扩展性好，具有广阔的发展前景。基于 IP 的互联协议包括：FCIP、IFCP、Infiniband、iSCSI 等。

4．重复数据删除技术

备份设备中总是充斥着大量的冗余数据。为了解决这个问题，节省更多空间，重复数据删除技术（也叫数据消重）便成了人们关注的焦点。重复的数据块或文件/对象用指示符（指针）取代。高度冗余的数据集（如备份数据）从数据重复删除技术的获益极大；用户可以实现 10∶1 至 50∶1 的缩减比。

按照技术实现的不同，主要有对象/文件级重复数据删除和数据块级重复数据删除。

（1）对象/文件级重复数据删除：只要文件有任何修改，整个文件就被认为是一个新的文件，因而会被存储。只有在文件没有任何修改的情况下，该文件才被认为是冗余文件，从而无须再次存储，但是会创建一个指针从冗余文件指向备份文件，并且保留指针和元数据。需要恢复文件的时候，可以通过唯一文件及相应的指针或元数据来实现。这种重复数据删除级别效率较低。

（2）数据块级重复数据删除：按照切分数据块方法的不同，可以分为定长块、变长块和滑动块的重复数据删除技术。变长块的数据块长度是变动的；定长块的数据块长度是固定的；

滑动块结合了定长块和变长块的优点，处理插入和删除问题非常高效。

按照执行重复数据删除操作的角色不同，重复数据删除可分为两种：源端重复数据删除和目标端重复数据删除。

（1）源端重复数据删除：在客户端即数据的源头进行重复数据的识别，并将重复数据删除以后的数据通过网络传输并存储到磁盘上进行备份。

（2）目标端重复数据删除：将数据从客户端发送到目标存储设备上，然后在目标存储设备上进行重复数据删除。

使用重复数据删除功能的优点如下。

（1）减少空间消耗：重复数据删除之后，数据量可以减少几十倍，在很大程度上降低了磁盘空间的负担。

（2）提高备份速度：重复数据删除极大地减少了所需备份的数据量，缩短了备份窗口。

（3）降低网络负载：对源端重复数据删除而言，由于所要传输的数据量大为减少，网络带宽压力减轻。

（4）加快数据恢复：由于重复数据删除以后的数据量少了很多，数据长期存于磁盘可成为现实。由于数据是在磁盘中而不是在磁带中，所以读取数据的速度会大大加快。

（5）改进数据保护：在不使用重复数据删除的情况下，很多时候因为备份窗口的限制只能进行每周完整备份和每日增量备份。使用重复数据删除以后，企业能够采取更积极的备份策略，如每日完全备份。

5.3.5 容灾解决方案

容灾所承载的是用户最关键的核心业务，其重要性毋庸置疑，因此容灾是一个系统工程。企业在制定容灾解决方案、建立容灾系统时，可以分六个阶段实施。

阶段一：项目启动。包括认识容灾、制定容灾的目标和范围、确定实施的组织架构、明确各个组织机构的职责等。

阶段二：需求分析。主要进行风险分析、业务影响分析及成本分析等，并确定容灾指标。

阶段三：设计容灾方案。根据上一阶段需求分析的结果，确定灾难恢复等级及容灾技术，并制定容灾方案。

阶段四：容灾方案实施。包括灾备中心建设、容灾策略实施等。

阶段五：开发灾难恢复预案。

阶段六：运行维护。包括建立日常工作管理制度、应急演练及培训等，根据具体的结果对灾难恢复系统提出改进需求。

容灾的解决方案为“两地三中心”的典型存储架构，如图 5-7 所示。三个数据中心分别为生产中心、同城灾备中心和异地灾备中心，生产阵列和同城灾备阵列之间通过光缆多路复用进行高速数据传输，使用同步复制技术实现第 6 级灾难恢复级别实现 0 数据丢失；同城灾备阵列和异地灾备阵列之间使用 IP 网络穿过广域网进行数据传输，使用异步复制技术实现第 5 级灾难恢复级别，保证数据同步和完整性。三个数据中心的存储网络均使用 FC SAN，保证存储设备和服务器之间的高速数据传输，并降低局域网 LAN 的传输负担。

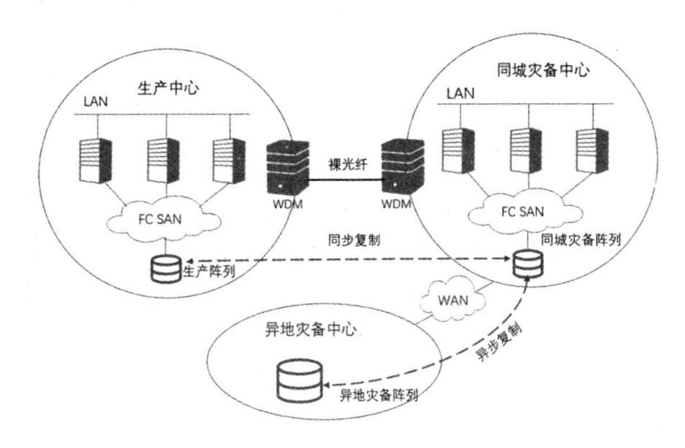

图 5-7 “两地三中心”典型存储架构示意图

事实上“两地三中心”的存储架构已经属于传统容灾范畴，创建三个存储集群，采用同步复制或异步复制，对网络资源和存储资源消耗都很大，而且不灵活，业务耦合紧，数据同步过程常常遇到问题，用户体验差。

在云计算时代，理想的解决方案是建设跨地域的分布式存储集群。用“一个”跨地域存储集群，代替传统意义上的“三个”存储集群。一个集群中的数据同步、复制、更新、故障处理等均可以在集群内部自动解决，用户只需要知道如何使用，其余的事情就可以自动完成。采用这样的存储系统，会显著提高生产效率，降低成本。

5.4 数据备份软件

5.4.1 NetBackup

NetBackup 是 Veritas 公司的一款产品，该产品功能强大，是一流的企业数据备份和恢复解决方案，支持企业 IT 确保边缘、核心和云环境中数据的完整性和可用性，目前管理的数据量高达 100EB。

NetBackup 也是 Veritas 公司提供的多云数据服务平台（EDSP）的核心技术，能够跨物理、虚拟、混合环境、容器化应用程序和多云环境实现关键业务数据的快速恢复。NetBackup 可扩展为覆盖任意规模的工作负载，为基于虚拟和云部署提供突破性功能，这是传统备份方法无法比拟的。从勒索软件攻击到计划外停机，NetBackup 帮助企业防范意外事故发生，确保运营安全。

NetBackup 作为企业级备份管理软件，不提供试用，所以不适合进行实验教学，而 Backup Exec 可从网上免费下载试用 60 天。Backup Exec 可实现快速、易用、全面、高性价比的保护和恢复，覆盖任意位置的数据，包括本地和云端。

Backup Exec 易于使用，可以实现从单个控制台管理整个数据生态系统，消除了使用多个单点产品的麻烦；只需单击几下即可设置备份作业，并能够轻松跟踪每个备份、复制和恢复作业，易于部署，节省时间和资源。Backup Exec 易于实现云数据保护，提供云端部署模板，易于部署和管理。

5.4.2 NetWorker

NetWorker 最早是 Legato 公司的产品，2003 年 10 月 21 日，EMC 以 13 亿美元收购了 Legato，此举标志着 EMC 正式进入企业级备份软件市场，完善 EMC 在存储系统的版图。2015 年 10 月 12 日，戴尔（Dell）和 EMC 公司宣布签署最终协议，戴尔公司与其创始人、董事会主席和首席执行官麦克尔•戴尔，与 MSD Partner 及银湖资本一起，收购 EMC 公司，交易总额达 670 亿美元，成为科技史上最大并购。

NetWorker 和 NetBackup 在高端市场的争夺一直难分伯仲。与 NetBackup 一样，NetWorker 也适用于大型复杂的网络环境，具有各种先进的备份技术机制，广泛地支持各种开放系统平台。

5.4.3 IBM Tivoli

IBM Tivoli Storage Manager 产品是高端备份软件市场中的有力竞争者。与 NetBackup 和 NetWorker 相比，Tivoli Storage Manager 更多地适用于以 IBM 主机为主的系统平台，但以其强大的网络备份功能绝对可以胜任任何大规模的海量存储系统的备份工作。

5.5 云计算环境下的数据灾备

在云计算出现以前，公司部署容灾系统通常需要独立建设主备双数据中心，并投入大量技术力量进行运维保障，给公司带来高额的经济开销，所以很多小型公司只是进行本地数据备份或将关键数据异地备份，RTO 和 RPO 的指标都难以得到保障。

在云计算环境下，公有云、私有云、混合云灾备方案给公司提供了多样化的选择机会，从仅仅进行数据实时备份可以扩展到实施应用容灾、系统容灾。

1．数据实时云备份

数据实时云备份即将企业的数据实时备份到云平台，通过较低的成本实现数据实时备份保护，数据备份到云端后，可以随时按需要恢复到任意源端或异地的服务器。

2．应用级集中云容灾

数据级灾备是为解决数据安全性问题，但是如果系统发生宕机，服务器就无法继续工作，业务连续性得不到保障，这势必对企业的营收与声誉带来影响。为此，确保企业业务连续的应用级容灾是很多企业的选择。

应用级容灾不仅提供数据的实时同步，还可以针对应用进行监管，当系统异常时，由灾备端的应用服务器接管相应的业务，并对外继续提供服务。在一般情况下，灾备端的应用和生产端一一对应，即一主一备模式。当主服务器异常或宕机时，由云端灾备服务器将实时数据推送到云端备用服务器，备用服务器接管应用并对外提供服务，实现应用级的快速恢复。当原有的主服务器恢复正常后，最新的数据从灾备服务器推送到主服务器上，备用服务器归还给云平台。

3．云到云的容灾（多云系统）

云到云的容灾可以是企业私有云到公有云的，或者不同公有云之间的混合云容灾，可以仅是数据的容灾，也可以是应用级的云间容灾保护。云到云的容灾适用于分支机构分布广泛、容灾级别要求较高的企业，比如一南一北两个云之间的容灾，各分支机构按就近原则访问数据，也可实现对区域级灾难的容灾保护。

目前，云灾备产业链结构趋于稳定，行业解决方案逐渐成熟，各行业数据中心、灾备中心建设逐渐完善，云灾备必将发展成为数据灾备市场的主流。

任务实施

5.6 任务 1 使用 Iperius Backup FREE 备份关键数据

Iperius Backup FREE 是一款轻量级免费备份软件，同时发行了商业版，可提供更多备份功能。其免费版可以将本地文件备份至本地存储设备、NAS 存储设备、外置 USB 硬盘等。其商业版可以备份至磁带库（DAT、LTO 等）、云端（OneDrive、Amazon S3、Azure Storage、Dropbox、谷歌网盘等）、远程 FTP、数据库备份、镜像备份及联网计算机。

Iperius Backup FREE 工作于 Microsoft Windows 系统环境，支持 XP、Windows 7、Server 2008、Server 2012、Windows 8、Windows 10、Server 2016 等。提供自动备份（按照任务计划）、增量复制和 Zip 压缩、备份报告和电子邮件提醒等功能。对于个人应用及小型办公室应用都能胜任。

实训任务

使用 Iperius Backup FREE 备份关键数据。

实训目的

1．掌握 Iperius Backup FREE 备份软件的安装和使用方法；

2．了解市场上其他备份软件的性能与特点。

实训步骤

Iperius Backup FREE 一款轻量级免费备份软件，其汉化也做得很成功，很容易上手。在官方网站下载 Iperius Backup FREE 5.8.0 版，开始安装与配置操作。

1．安装 Iperius Backup FREE

双击下载的安装文件 SetupIperius.exe，弹出的“选择语言”对话框，在“选择安装时使用语言”下拉列表中选择“中文（简体）”选项，单击“确定”按钮，如图 5-8 所示。

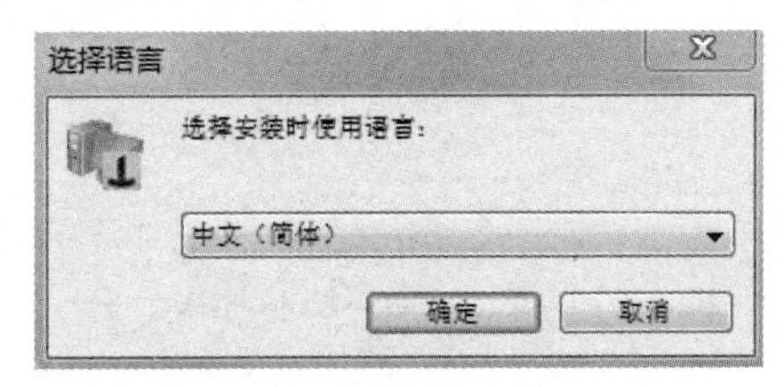

图 5-8 选择安装使用语言

然后便开启了安装向导，根据向导单击“下一步”按钮进行操作即可。在安装过程中，只出现“接受协议”“选择安装路径”等简单选项，就不进行截图说明了。安装完成时，弹出如图 5-9 所示的对话框，单击“结束”按钮，程序自动运行。

图 5-9　安装完成

运行后的界面如图 5-10 所示，在“主页”选项卡下的功能控件有：“创建新备份”“运行备份作业”“一般设置”“查看报告”“打开 FTP 客户端”“在线存储”“帮助”“试用完全版”程序激活。

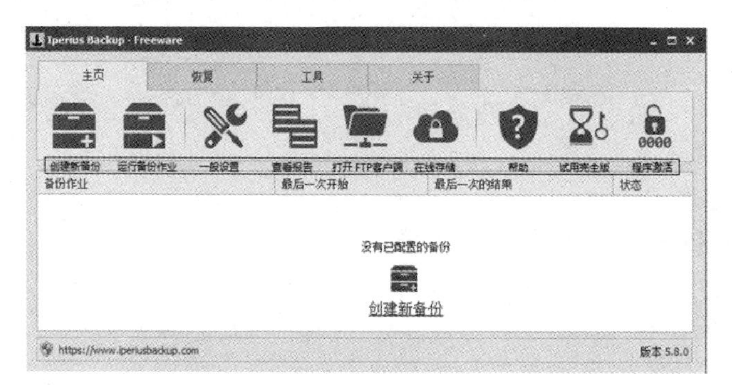

图 5-10　运行界面“主页”选项卡

如图 5-11 所示，在“恢复”选项卡下，有“ESXi/vCenter 虚拟机的还原”“MySQL 数据库的恢复”“从磁带恢复”“从云端恢复”“从 FTP 恢复”等各种恢复方式可以选用。不过在免费版本中，只能使用本地恢复功能。

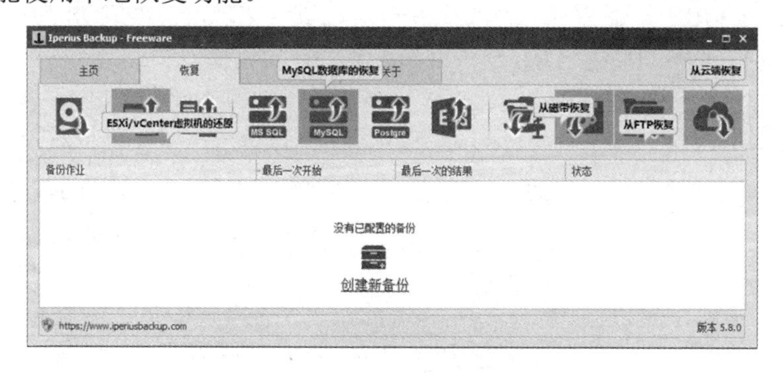

图 5-11　运行界面“恢复”选项卡

安装过程及主要界面介绍到这里，下面开始配置。

2．使用 Iperius Backup FREE 备份关键数据

回到“主页”选项卡，单击“创建新的备份作业”命令，弹出“新建备份作业”对话框，如图 5-12 所示，可以看到有各种备份项目可选，但是高级功能如：添加 Windows 驱动器镜像、添加 FTP、添加 ESXi 备份、添加 Hyper-V 备份、添加各类数据库备份等选项免费版无法使用，企业版才有权限使用。我们只尝试进行本地文件备份。

图 5-12　新建备份作业

单击“添加文件夹”命令，在弹出的对话框中设置需要备份的文件夹路径，这里选择放在 E 盘下的“工作文件夹”，单击“确定”按钮，如图 5-13 所示。

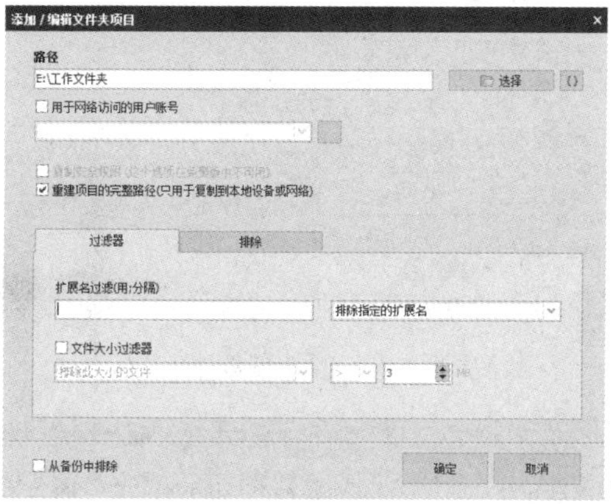

图 5-13　编辑文件夹项目

接下来选择目的地文件夹，如图 5-14 所示。这里选择的目的地文件夹为 H 盘的根目录。H 盘是使用 Free NAS 管理的 IP-SAN，用这种方法间接实现了网络备份。

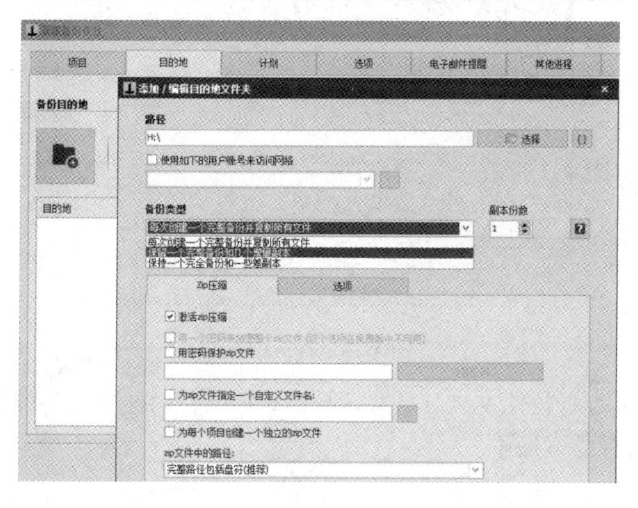

图 5-14　编辑目的地文件夹

在图 5-14 中可以看到，备份类型有“每次创建一个完整备份并复制所有文件”“保留一个完整备份和几个增量副本”“保持一个完全备份和一些差副本”三种类型，副本份数也可设定。另外还可以选择 Zip 压缩，将备份文件进行压缩保持，且可以设置压缩密码保护压缩文件。

下一步操作是设定备份计划，如图 5-15 所示。可以选择备份周期为一周、一个月、几天、几小时、几分钟等，也可以设定每次执行备份的时间。结合前面配置的备份类型，就可以决定整体备份策略。图中选择的是每月的第二个星期日进行一次备份，备份执行时间尚未指定，如果这里不指定时间，将会提示“必须确定一个执行时间”，根据需要规划并设定备份计划。

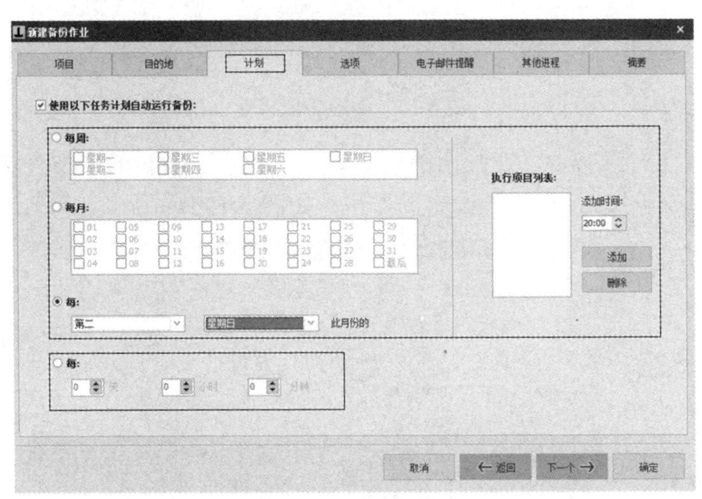

图 5-15　设定备份计划

设定完备份计划，基本操作就完成了，在下一步的“选项”设定及后面的“电子邮件提醒”“其他进程”“摘要”等配置中，选择默认配置即可。单击“确定”按钮完成配置，回到“主页”选项卡。

在“主页”选项卡下，单击“运行备份作业”命令即可开始对刚刚添加的备份文件夹进行备份（按需备份），如图 5-16 所示。

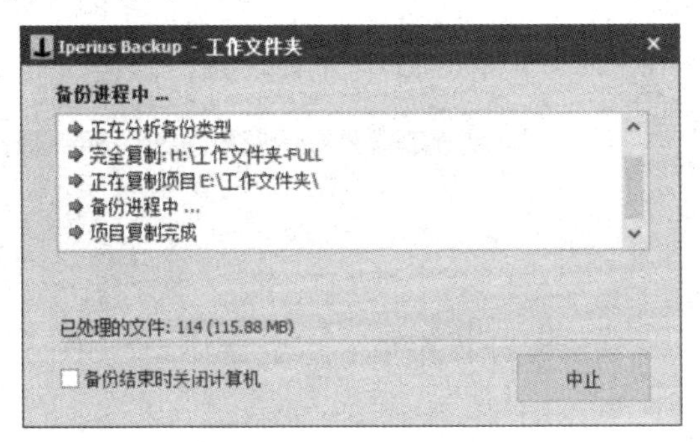

图 5-16　备份过程

Iperius Backup FREE 软件安装后是默认开机运行的，以便执行备份策略。数据恢复过程不进行讲解，读者自行尝试操作。

5.7　任务 2 Backup Exec 的安装与配置

相对 Iperius Backup FREE 而言，Backup Exec 更为专业，耗费的系统资源更多，功能更强大，稳定性更高。本次实训使用 Backup Exec 进行数据备份。

实训任务

Backup Exec 的安装与配置。

实训目的

1．掌握 Backup Exec 的安装、部署和配置方法；
2．掌握数据备份策略的设计与实施。

实训步骤

Backup Exec 可以在其官方网站下载并申请试用，本实例使用的版本为 Backup Exec™ 20.3。

1．安装 Backup Exec

在下载的光盘镜像文件中找到“Browser.exe”文件，双击运行，如图 5-17 所示，在弹出的“选择语言”下拉列表中选择“简体中文”选项，单击“确定”按钮，进入安装界面。

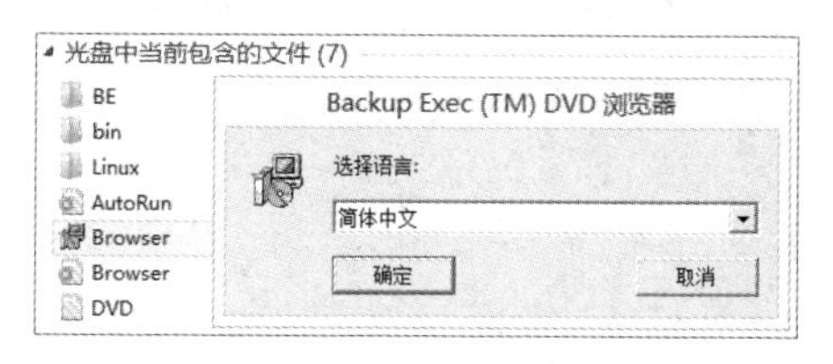

图 5-17　运行 Browser.exe 开始安装

如图 5-18 所示，可以在欢迎界面看到三项内容：“入门”（了解产品相关信息）、“预安装”（进行环境检查）、“安装产品”（安装 Backup Exec 或 Backup Exec Agent）。首先要对系统环境进行检查，只有环境支持才能继续安装。单击“预安装”命令，在后续选项中依次单击“Backup Exec”→“本地环境检查”命令，检测完成将给出环境检查结果，如图 5-19 所示。

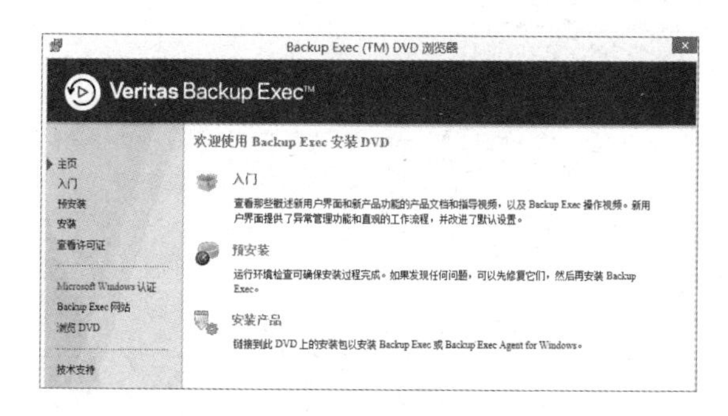

图 5-18　安装程序欢迎界面

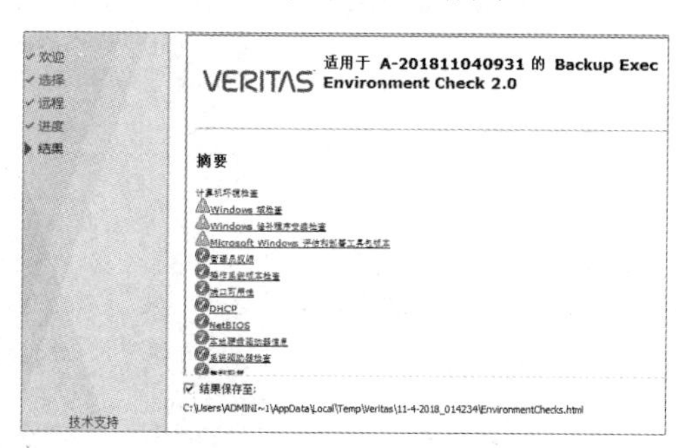

图 5-19　环境检查结果

安装 Backup Exec 的操作系统要求为 Windows Server 2008 sp2 及以上，虽然本机安装的是 Windows Server 2012，但在检查结果中可以看到，系统仍存在三个问题：计算机不是域成员；未安装.NET 4.6 及 KB2919355；Microsoft Windows 评估和部署工具未安装等。首先要解决这三个问题，才能进行后续的安装。将服务器设置为域成员，如果没有预控制器，就将服务器部署一个新域并将其作为域控制器（具体操作略）。安装.NET 4.6 及 KB2919355，可以在网上搜索相关补丁，按要求顺序安装即可，如图 5-20 所示。Microsoft Windows 评估和部署工具可以暂时忽略，不影响安装 Backup Exec。

图 5-20　安装系统补丁

解决完环境问题，开始进行安装。单击“安装”命令，如图 5-21 所示，在安装选项中选择“Backup Exec”，安装服务器。“Backup Exec Agent for Windows”是安装备份代理客户端，一个完整的备份环境是由一台备份服务器和若干台备份客户端及备份介质服务器组成的，本次实训只安装备份服务器并进行配置。

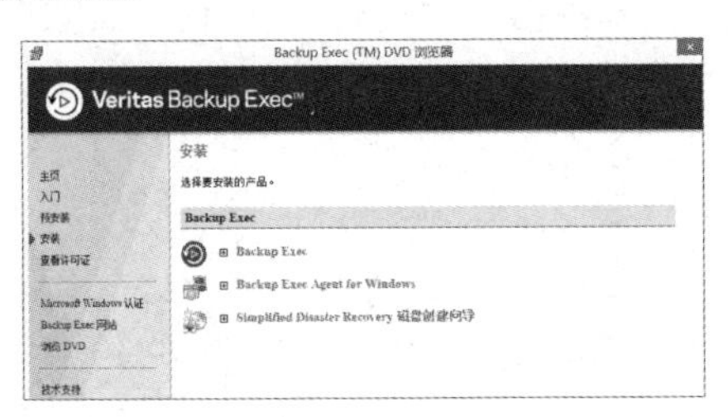

图 5-21　安装选项

在“欢迎”界面，勾选“我同意授权许可协议的各条款”复选框，单击“下一步”按钮，在“安装类型”下拉列表中选择“典型安装”选项，单击“下一步”按钮，弹出环境检查界面，如图 5-22 所示。如果前面没有进行环境检查，在这里将开启检查过程。这里显示的两项警告暂时忽略，对安装过程没有影响。

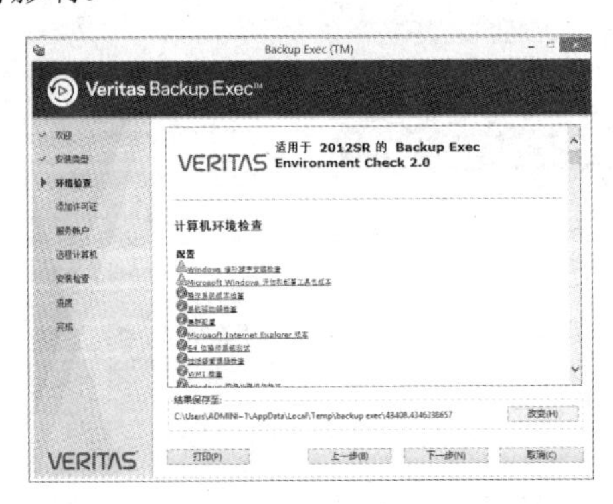

图 5-22　安装向导“环境检查”界面

单击“下一步”按钮，弹出“添加许可证”界面，如图 5-23 所示，如果有许可证，则可以在此处输入授权信息，否则安装的是为期 60 天的试用版本，软件功能有部分限制。单击“下一步”按钮。

图 5-23　“添加许可证”界面

在图 5-24 所示的“服务账户”界面，输入管理员密码，设置软件安装位置，然后单击“下一步”按钮，将会出现提示框，提示账号被赋予“作为服务登录”权限，如图 5-25 所示。

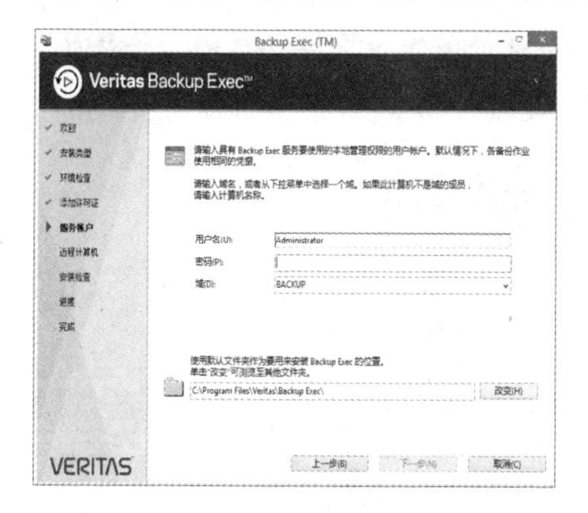

图 5-24　“服务账户“界面

图 5-25　权限赋予提示框

在图 5-26 所示的“远程计算机”设置界面，可以添加单个或多个客户端服务器，如果这里添加了客户端，会以推送方式将 Agent for Windows 安装到远程计算机，使用这种方式可以快速部署 Agent 客户端服务器，请根据部署环境具体情况选用。

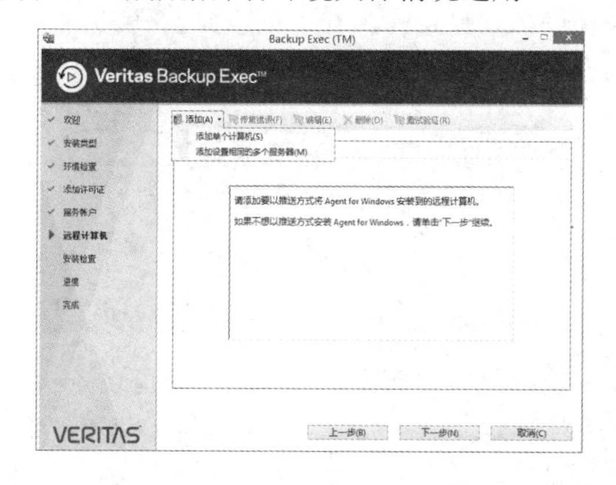

图 5-26　添加远程计算机

设置完成，进入最后的安装检查界面，使用默认选项，单击“安装”命令，开启安装过程，如图 5-27 所示。直到弹出“安装完成”界面，安装过程顺利完成。

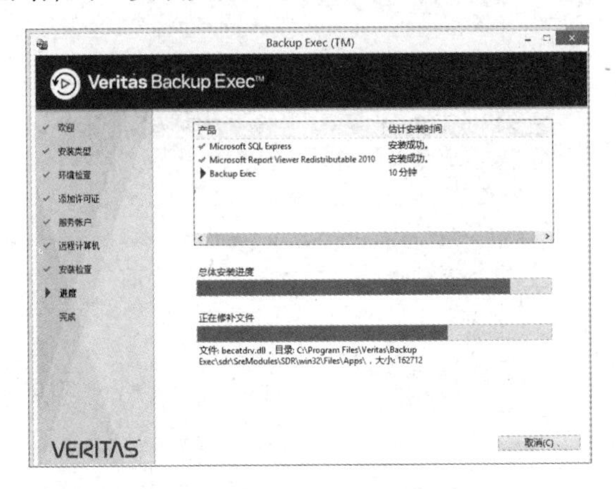

图 5-27　安装过程

2. 配置备份作业

启动 Backup Exec，可以看到图 5-28 所示的界面。该界面中主要有“主页”“备份和还原”“作业监视器”“存储”“报告”“即时云恢复”六个主菜单。单击“备份和还原”主菜单，单击“备份”下拉按钮，在弹出的下拉菜单中选择“备份至磁盘”选项，进行本地备份操作。

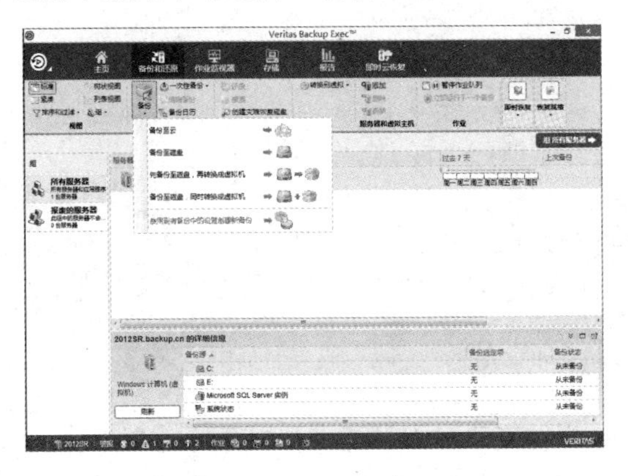

图 5-28　软件主界面

由于之前未配置磁盘存储，软件将弹出提示框，如图 5-29 所示，单击“确定”按钮开始配置磁盘存储设备，如图 5-30 所示。

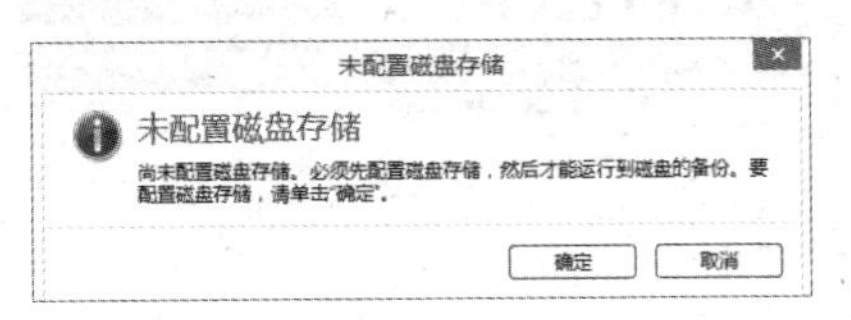

图 5-29　“未配置磁盘存储”提示框

在接下来的对话框中，依次设置“磁盘名称”→“磁盘设备（见图 5-30）”→“并发写操作个数（根据客户端数目进行设定）”，完成配置。磁盘设备可以选择本地磁盘，也可以选择网络共享磁盘。本地磁盘可以是备份服务器直接管理的磁盘或阵列，网络共享磁盘可以是 NAS

设备或网上其他服务器共享的存储介质。这里选择的是本地磁盘，如图 5-30 所示，9.91GB 的磁盘空间在实际应用时是没有意义的（太小），这里只进行演示操作。

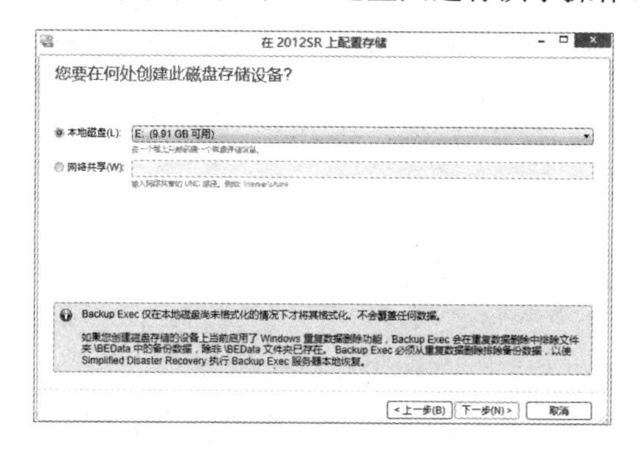

图 5-30　磁盘设备位置

完成磁盘设置，即可进入备份选项设置界面，如图 5-31 所示。在左侧列表框中选定备份源，当前只有备份服务器的资源可选，当加入若干备份客户端时，这里会显示所有客户端的资源。右侧列表框用于设定备份作业方式，可以通过编辑增加备份方式，当前界面显示了两种备份方式：完全备份和增量备份，可以根据需要添加其他备份方式。

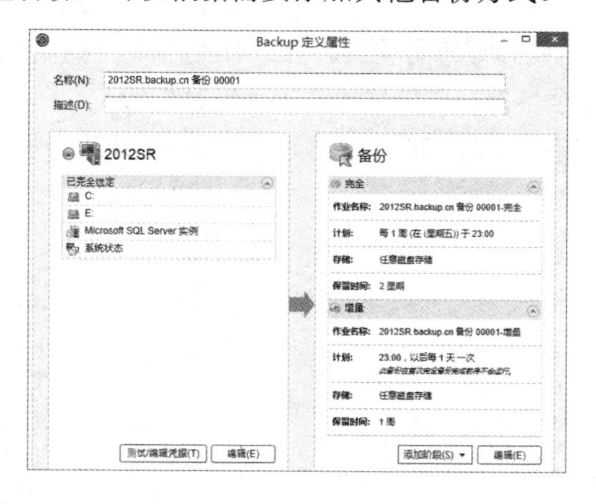

图 5-31　备份选项设置界面

首先设定备份源，单击左侧的“编辑”按钮，出现图 5-32 所示的界面，根据需要选择备份服务器上进行备份的分区、文件夹或系统状态等复选框，如果有备份客户端，还要选中客户端需要进行备份的内容。单击“确定”按钮退出编辑界面。

接着设定备份选项，在图 5-31 所示的界面右侧单击“编辑”按钮，将会出现图 5-33 所示的“备份选项”界面。在此界面可以设定“计划”“存储”“网络”“通知”等内容。

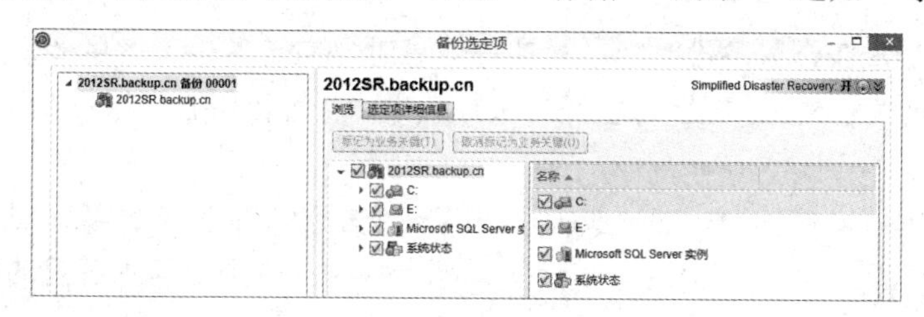

图 5-32　设置备份选定项

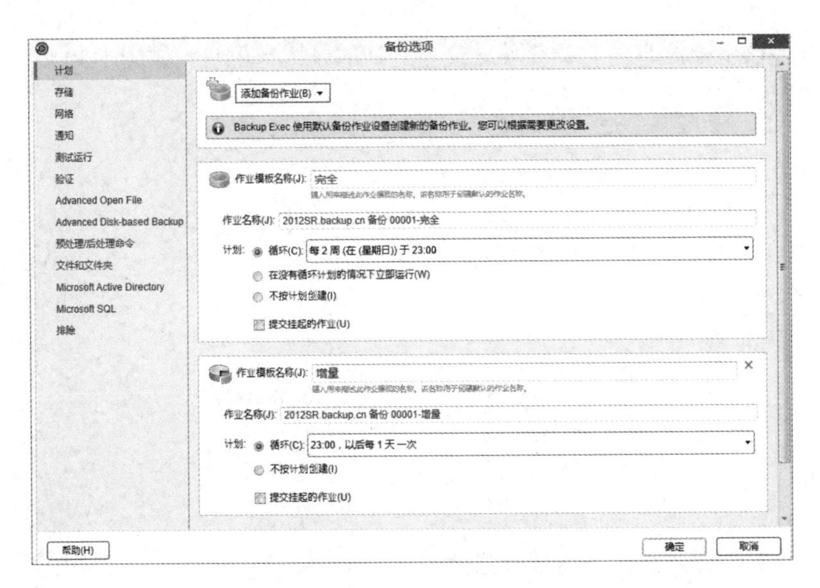

图 5-33　设置备份选项

备份计划的设置其实就是设计备份策略。图 5-33 中已经设置了完全备份和增量备份，其中完全备份以 2 周为一个周期，在一个星期日的 23:00 执行一次完全备份；在每天的 23:00 执行一次增量备份。可以对这些设定进行修改，在“计划”下拉列表中可以根据需要进行设定，如图 5-34 所示，可以将完全备份循环模式更改为“小时”“天”“星期”“月”或“年”等周期，备份作业也可选择具体一周的某天、某时。增量备份同样可以进行类似的更改设定，如图 5-35 所示。

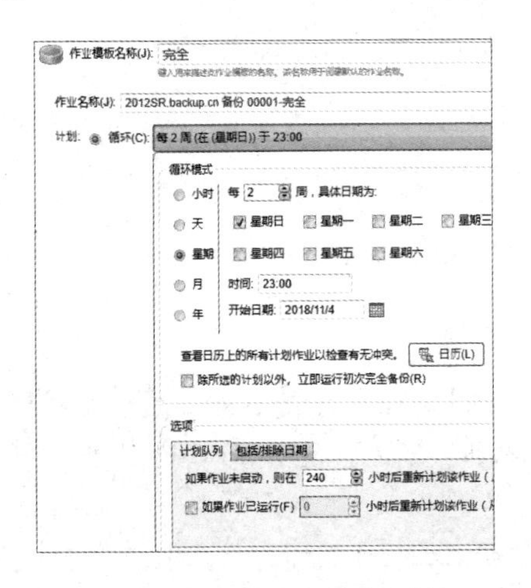

图 5-34　更改完全备份计划

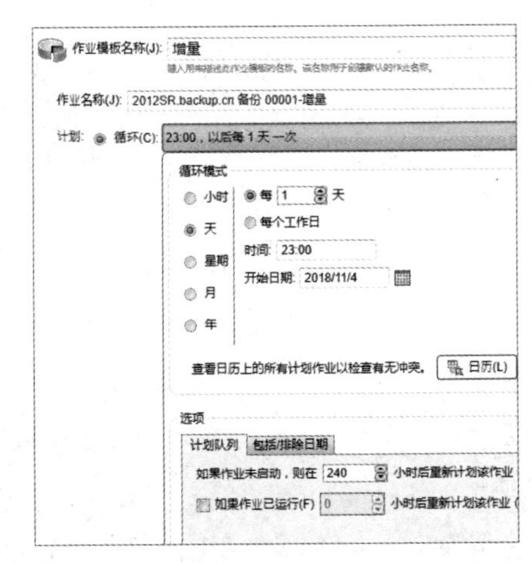

图 5-35　更改增量备份计划

需要注意的是，在设置备份时间、周期等信息时，完全备份、增量备份、差异备份等设置要综合设计、通盘考虑，才能获得较好的执行效果，以实现功能互补、总体构成合理的备份策略。

在“存储”选项设置备份存储介质，可以为完全备份、增量备份等分别选择合理的存储介质，本例中只连接了一块存储介质，在实际环境操作中，一般会有大容量的备份介质可供选用，如图 5-36 所示。

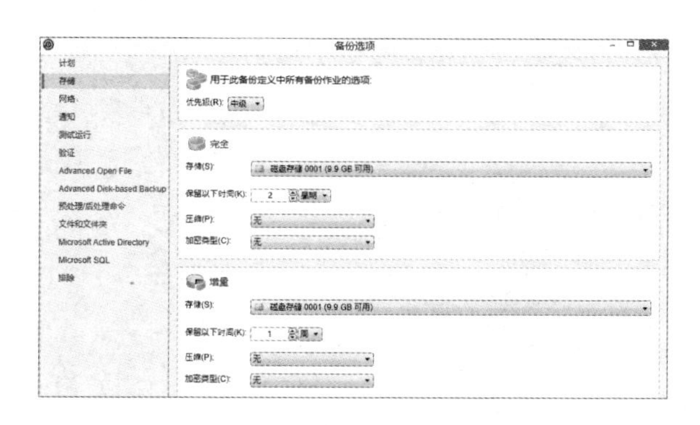

图 5-36　设置“存储”位置

“网络”“通知”“测试运行”“验证”等选项可以根据实际情况进行设置，此处不再详细说明。配置完成后，回到主窗口界面，如图 5-37 所示，可以看到已经建立备份作业。可以手动执行备份工作（按需备份），也可按照备份计划，让系统自动执行备份工作。

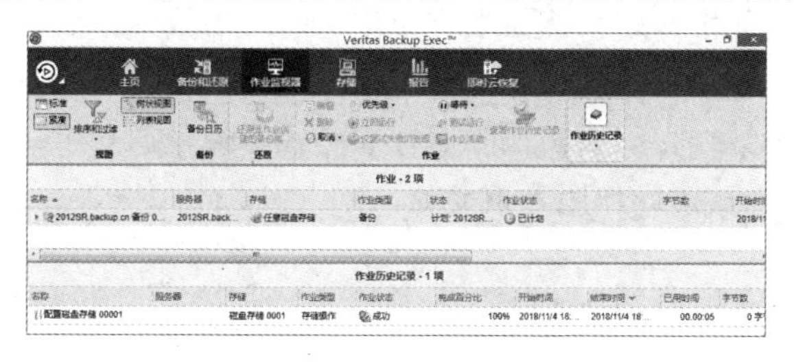

图 5-37　备份作业建立完成

综合训练

一、选择题

1．常用的数据备份方式包括完全备份、增量备份、差异备份。这 3 种数据备份方式在数据恢复速度方面由快到慢的顺序是（　　）。

A．完全备份、增量备份、差异备份　　B．完全备份、差异备份、增量备份
C．增量备份、差异备份、完全备份　　D．差异备份、增量备份、完全备份

2．在对文件进行备份时，要备份的文件在什么状态下会造成数据的失败？（　　）

A．加密　　B．设为共享　　C．打开　　D．关闭

3.若要求某服务器系统年停机时间小于或等于45分钟,则该系统的可用性至少达到(　　)。

A．99.9%　　B．99.99%　　C．99.999%　　D．99.9999%

4．下列叙述不属于完全备份机制特点描述的是（　　）。

A．每次备份的数据量较大　　B．每次备份所需的时间较长
C．不能进行得太频繁　　D．需要的存储空间小

5．下面不属于数据安全备份软件实现的策略是（　　）。

A．完全备份　　B．增量备份　　C．差异备份　　D．手工备份

6．下面对于 LAN-Based 备份结构优点的描述中不正确的是（　　）。

A．投资经济　　B．磁带库共享

C．集中备份管理　　D．网络传输压力小

7．下面描述中属于 Server-Free 优点的是（　　）（多选）。

A．数据备份和恢复时间短

B．不需要特定的备份应用软件进行管理

C．便于统一管理和备份资源共享

D．网络传输压力小

8．数据备份策略要确定（　　）（多选）。

A．备份内容　　B．备份时间　　C．备份地点　　D．备份方式

二、简答题

1．简述数据恢复的指标性要求。

2．本章介绍的各种备份系统架构与上一章学习的网络数据存储方式有什么联系？侧重点有什么不同？

3．数据备份软件和数据存储设备在独立存储时代保障数据安全起到了非常重要的作用，在云计算环境下又该怎样发挥其作用？试简述。

第 6 章

分布式存储

学习目标

- 理解分布式存储的概念和分类；
- 掌握块存储、文件存储、对象存储的概念；
- 理解统一存储的概念；
- 掌握块存储、对象存储集群的搭建方法。

任务引导

以 SAN 和 NAS 产品应用为主的传统存储，一直以来在存储行业中占据着重要地位，其主要厂商有 EMC、HDS、NetApp 等。在云计算发展的推动下，分布式存储迅猛发展，逐步称雄存储市场。

分布式存储实践大多来自互联网企业的云计算中心，而传统阵列存储主要应用在行业/企业级的数据中心。左应用类型方面，互联网以门户网站、IM、搜索、游戏、邮箱应用为主，其特点是：种类相对不多，但单一应用的规模巨大，可以达到千万甚至数以亿计；在企业级用户方面，其应用以 OLAP、OLTP、OA、ERP、CRM 等为主，应用种类丰富，但单一应用的规模并不大，有些应用的规模就是几十个人。在企业数据中心进行公有云迁移的过程中，分布式存储将逐渐压缩传统存储的生存空间，发挥更大的作用。

相关知识

6.1 分布式存储概述

分布式存储不是一种存储技术或方法，而是一种存储形式或方式，这个概念是与集中式存储相对而言的。云存储可以是由集中式存储实现的（私有云），也可以是由分布式存储实现的（公有云/混合云），传统的 NAS 和 SAN 在具体构建时一般是集中式的，但也可以扩展成分布式的。下面从集中式和分布式的对比上来介绍分布式存储的概念。

6.1.1 集中式存储系统与分布式存储系统

集中式存储系统是指由一台或多台计算机组成中心管理节点，数据集中存储于这个中心节点，整个系统的所有业务单元也都集中部署在这个中心节点，系统所有功能均由其集中处理。也就是说，在集中式存储系统中，每个终端或客户端仅负责数据的录入和输出，而数据的存储与控制处理完全交由主机来完成。

集中式存储系统最大的特点就是部署结构简单，由于集中式存储系统往往基于底层性能卓越的大型主机，因此无须考虑如何对服务进行多个节点的部署，也就无须考虑多个节点之间的分布式协作问题。

分布式存储系统是大量普通 PC 服务器通过 Internet 互联、应用分布式软件对外作为一个整体提供存储服务。分布式存储系统主要有可扩展、低成本、高性能、易用性等特点。

分布式架构存储的出现带来了新的活力，在每次添加新的节点和服务后，其数据存储容量和性能得到提升。分布式存储是存储架构上的重大创新，在设计上采用 Scale out 架构，针对海量数据需求，集中式存储扩展能力有限，或者说扩展成本过高，出于成本上的考虑，用户开始转向分布式存储。

由于分布式存储系统硬件大都基于 x86 服务器构建，其故障概率会比较高，当磁盘或服务器出现故障时，特别是服务器节点故障会引发大量数据重建，重建过程会对性能带来影响。但对于分布式存储有利的是，集群内所有节点都可以参与数据重建，从而降低数据重建的压力。相比传统存储，采用高冗余度的设计，控制器（机头）故障并不会带来数据的重建，其数据恢复是磁盘级别的。

无论是集中式存储系统还是分布式存储系统，其面临的存储数据都可以分为三大类：非结构化数据、结构化数据、半结构化数据。

非结构化数据：包括所有格式的办公文档、图片、图像、文本、音频、视频文件等。当前互联网上传播量最大的数据类型之一就是非结构化数据。

结构化数据：一般会存储在关系型数据库中，可用二位关系的表结构来对数据进行描述，数据的模式需要预先进行定义。

半结构化数据：介于结构化数据和半结构化数据之间，它一般是自描述的，与结构化数据的最大区别之处在于，半结构化的数据模式和内容混在一起，没有明显的界限和区分。HTML 文档是典型的半结构化数据。

6.1.2 分布式存储分类

根据分布式存储面临的各种需求，目前将其分为四种系统：分布式文件系统、分布式键值系统、分布式表格系统和分布式数据库系统，各类系统处理的数据类型各有不同，如图 6-1 所示。

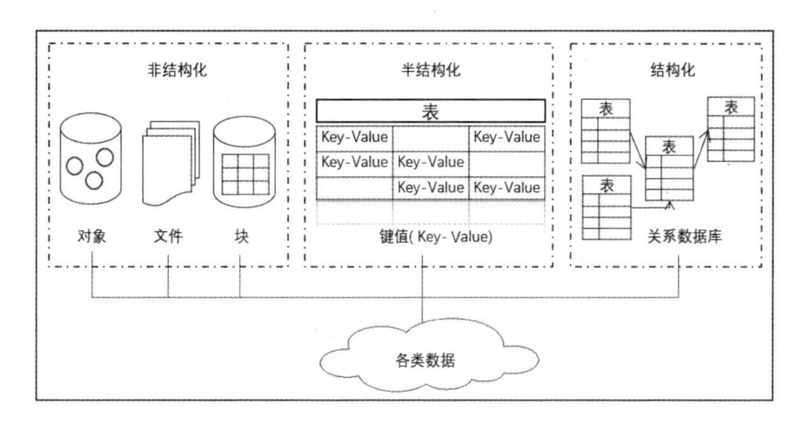

图 6-1 分布式存储系统处理的数据示意图

（1）分布式文件系统。互联网应用需要存储大量的图片、照片、视频等非结构化数据对象，这类数据以对象的形式组织，它们之间没有关联，这样的数据一般为 Blob （Binary Large Object，二进制大对象）数据。分布式文件系统存储三种数据：Blob 对象、定长块及大文件。在系统的实现层面，分布式文件系统内部按照数据块（Chunk）来组织数据，每个数据块的大小相同，每个数据可以包含多个 Blob 对象或定长块，一个大文件也可以拆分成为多个数据块。分布式文件系统将这些数据块分散存储到分布式存储集群中去，处理数据的复制、一致性、负载均衡、容错等分布式系统难题，并将用户对 Blob 对象、定长块及大文件的操作映射成对底层数据块的操作。另外，分布式文件系统也常作为分布式表格系统及分布式数据库系统的底层存储。

（2）分布式键值系统。分布式键值系统用于存储关系简单的半结构化数据，它只提供基于主键的 CRUD（Create/Read/Update/Delete）功能，即根据主键创建、读取、更新或删除键值记录。典型的系统有 Amazon Dynamo 及 Taobao Tair。分布式键值系统是分布式表格系统的一种简化的实现，一般用来对数据进行缓存。一致性哈希是分布式键值系统中常用的数据分布技术。

（3）分布式表格系统。分布式表格系统用于存储关系较为复杂的半结构化数据，与分布式键值系统相比，分布式表格系统不但支持简单的 CRUD 操作，而且支持扫描某个主键范围。典型的系统包括 Google Bigtable、Megastore、Microsoft Azure Table Storage、Amazon DynamoDB 等。

（4）分布式数据库系统。分布式数据库系统是从单机关系的数据库扩展而来的，用于存储结构化数据。分布式数据库采用二维表的形式组织数据，根据 SQL 关系查询语言，支持多表关联、嵌套子查询等复杂操作，并提供数据库事务及并发控制。典型的系统包括 MySQL 数据库分集（MySQL Sharding），Amazon RDS 及 Microsoft SQL Azure。

另外，根据分布式存储的应用场景和存储接口不同，可以将分布式存储分为三种类型：块存储、文件存储、对象存储。

（1）块存储。块存储（硬盘）提供裸存储设备，将存储设备以“块”的方式直接提供给客户，由客户自己操作系统使用的文件系统进行管理，即分布式块存储本身是没有文件系统的，通过客户端直接将最简单明了的命令传递给存储的“块”来执行。

块存储的典型产品有 Sheepdog、AWS 的 EBS、青云的云硬盘和阿里云的盘古系统，还有 Ceph 的 RBD。

（2）文件存储。文件存储（文件系统）通常支持 POSIX 接口，它跟传统的文件系统如 Ext4 是一个类型的，但二者的区别在于分布式存储提供了并行化的能力，如 Ceph 的 CephFS，但是有时候又会把 GFS、HDFS 这种非 POSIX 接口的类文件存储接口归入此类。

文件存储通过“目录+文件名+偏移量”来检索，文件之间有目录层次。

（3）对象存储。对象存储也就是通常意义的键值存储，其接口就是简单的 GET、PUT、DEL 和其他扩展，如七牛、又拍、Swift、S3。对象存储和文件存储结构类似，并不将存储底层的“块”直接拿来用。这些存储“不挑”操作系统或终端，最终执行命令的是存储中的文件系统操控存储，所以其共享性很好。

对象存储采用“唯一对象 ID+偏移量”来检索，对象是扁平存储的，没有层次。

6.1.3 分布式存储的优点

分布式存储往往采用分布式的系统结构，利用多台存储服务器分担存储负荷，利用位置服务器定位存储信息。它不仅提高了系统的可靠性、可用性和存取效率，还易于扩展，将通用硬件引入的不稳定因素降到最低，其优点如下。

1. 高性能

在分布式存储达到一定规模时，其性能会超过传统的 SAN、NAS。大量磁盘和节点，结合适当的数据分布策略，可以达到非常高的聚合带宽。传统的 SAN、NAS 都会有性能瓶颈，一旦达到最大扩展能力，其性能不会改变甚至降低。

分布式存储通过将热点区域内数据映射到高速存储中，来提高系统响应速度。一旦这些区域不再是热点，那么存储系统会将它们移出高速存储。当分布式存储使用规模和频率较低时，性能反而会有所降低。

2. 支持分级存储

由于通过网络进行松耦合链接，分布式存储允许高速存储和低速存储分开部署，或者以任意比例混合。在不可预测的业务环境或敏捷应用的情况下，分级存储的优势可以发挥到最佳。

3. 多副本的一致性

与传统的存储架构使用 RAID 模式来保证数据的可靠性不同，分布式存储采用了多副本备份机制。在存储数据之前，分布式存储对数据进行了分片，分片后的数据按照一定的规则保存在集群节点。为了保证多个数据副本之间的一致性，分布式存储通常采用的是一个副本写入，多个副本读取的强一致性技术，使用镜像、条带、分布式校验等方式满足用户对于可靠性不同的需求。在读取数据失败的时候，系统可以通过其他副本读取数据，重新写入该副本进行恢复，从而保证副本的总数固定；当数据长时间处于不一致的状态时，系统会自动重建数据恢复，同时租户可设定数据恢复的带宽规则，最小化对业务产生的影响。

4. 容灾与备份

分布式存储采用多副本技术、数据条带化放置、多时间点快照和周期增量复制等技术，保证了高可靠性和容灾备份功能。

5．弹性扩展

分布式存储易于弹性扩展和节点扩展，旧数据会自动迁移到新节点，实现负载均衡，避免单点过热的情况出现。水平扩展只需要将新节点和原有集群连接到同一网络，整个过程不会对业务造成影响。新节点加入集群后就会被管理平台接管，用于分配或回收，集群系统的整体容量和性能也随之线性扩展。

6.1.4 CAP 原则

分布式系统一般要遵循 CAP 原则，即分布式系统不可能同时满足一致性（Consistency）、可用性（Availability）和分区容忍性（Partition tolerance），最多只能同时满足其中的两项。

一致性：在分布式系统中的所有数据备份，在同一时刻是否为同样的值。

可用性：在集群中一部分节点故障后，集群整体是否还能响应客户端的读写请求。

分区容忍性：以实际效果而言，分区相当于对通信的时限要求。如果系统不能在时限内达成数据一致性，就意味着发生了分区的情况，必须就当前操作在一致性和可用性之间做出选择。

CAP 原则就是在分布式存储系统中，最多只能实现上面的两点。需要注意的是，分区容忍性必不可少。因此实际上设计分布式系统需要在可用性和一致性之间做权衡。

6.2 分布式文件系统

分布式文件系统（Distributed File System，DFS）是指文件系统管理的物理存储资源不一定直接连接在本地节点上，而是通过计算机网络与节点相连。分布式文件系统的设计基于客户机/服务器模式。在云存储系统中，分布式文件系统是其底层支撑十分关键的技术。常见的分布式文件系统有 GFS、HDFS、Lustre、Ceph、GridFS、mogileFS、TFS、FastDFS、MooseFS 等，这里介绍国内应用较为广泛的开源分布式文件系统 MooseFS、HDFS，以及应用于海量小文件存储的 TFS。

6.2.1 MooseFS

MooseFS（Moose File System）是一种带容错机制的分布式文件系统，它把数据分散存储在多台服务器上，确保一份数据有多个备份副本，而对于用户来讲，只会看到一个源。MooseFS 同大多数文件系统一样，其中包含层级结构（目录树）、存储文件属性（权限、最后访问和修改时间），可以创建特殊的文件（块设备、字符设备、管道、套接字）、符号链接及硬链接。MooseFS 还支持标准的文件系统接口。

1．MooseFS 主要特点

（1）相对比较轻量级，适应中小规模的分布式应用场景。

（2）使用 perl 编写，易用，稳定，对小文件很高效，国内用的人比较多。

（3）支持在线扩容，支持快照功能。

（4）Master Server 支持多机冗余备份，减少了单点故障对系统的影响。

2. MooseFS 架构

MooseFS 架构由四个部分组成，如图 6-2 所示。

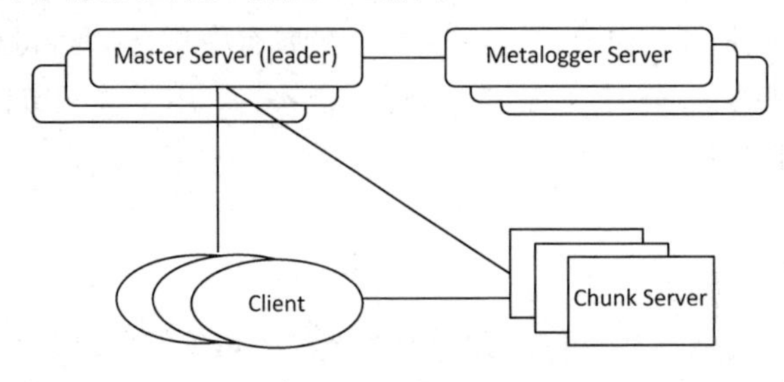

图 6-2　MooseFS 架构示意图

（1）管理服务器（Master Server）：集群中的大脑，是整个系统的唯一管理者。其存储及管理集群成员关系和 Chunk 元数据信息（包括 Chunk 存储、版本、Lease 等），文件元数据包括文件大小、属性及对应的 Chunk 等。

在新的 MooseFS Pro 版本中引入了许多主服务器，它们在多个角色中协同工作。一个角色是 Leader Master。Leader Master 相当于以前唯一的管理服务器 Master Server。另一个角色是 Follower Master，Follower Master 正在做 Metaloggers 以前做的事情：从 Leader Master 下载元数据并保存它。如果 Leader Master 停止工作，Follower Master 马上就准备好承担管理者的角色，系统中可以有多个 Follower Master。

（2）元数据备份服务器（Metalogger Server）：元数据的备份服务器可以有多个，根据元数据文件和 log 实时备份 Master 元数据。当 Master 宕机后，可以直接将 Metalogger Server 提升为 Master。

（3）数据存储服务器（Chunk Server）：用户数据根据算法被分成最大为 64MB 的 Chunk，各个 Chunk Server 负责存储 Chunk，提供 Chunk 读写能力，保证了数据的安全性。

（4）客户端（Client）：Client 是 MooseFS 的使用者，以 FUSE 方式挂载为本地文件系统，实现标准文件系统接口。当 Client 把 MooseFS 文件系统挂载到本机以后，它可以像使用一个普通的磁盘分区一样来使用 MooseFS。

6.2.2 HDFS

HDFS（Hadoop Distributed File System，Hadoop 分布式文件系统）是一种高容错的分布式文件系统，它是被设计成适合运行在通用硬件（commodity hardware）上的分布式文件系统。

1. HDFS 主要特点

HDFS 是 Hadoop 开源项目中的子项目，是基于 Java 编写的，利用 Java 语言的便捷功能，很容易将 HDFS 的大范围部署到服务器中。与其他分布式文件系统相比，HDFS 具有一些鲜明特点。

（1）HDFS 是一个高度容错性的系统，适合部署在廉价的机器上。HDFS 的一个设计前提是：硬件错误是常态而不是异常的。HDFS 可以由成百上千的服务器构成，每个服务器上存储着文件系统的部分数据。构成系统的组件数目是巨大的，任一组件都有可能失效，这意味着总是有一部分 HDFS 的组件是不工作的。因此错误检测和快速、自动恢复是 HDFS 核心的架构目标。

（2）HDFS 关注数据访问的高吞吐量，适应流式数据访问场景。在 HDFS 的设计中更多地考虑到数据批处理，而不是用户交互处理。为了提高数据的吞吐量，HDFS 在一些关键方面对 POSIX 的语义进行了一些修改，减少了 POSIX 标准设置的很多硬性约束。

（3）HDFS 主要支持大文件存储，适应大规模数据集应用。HDFS 上的一个典型文件大小一般都在 G 字节至 T 字节，文件总是按 64MB 大小的数据块进行存储的，不适合小文件存储场景。

（4）HDFS 采用简单的一致性模型，一次写入多次读取。一个文件经过创建、写入和关闭之后就不需要改变。这简化了数据一致性的问题，并且使高吞吐量的数据访问成为可能。HDFS 适合低写入、多次读取的业务，非常适合大数据分析业务。

2．HDFS 架构

HDFS 采用主从（master/slave）架构，由三部分组成，如图 6-3 所示。

（1）名字节点（Namenode）：Namenode 是一个中心服务器，负责管理文件系统的名字空间（namespace）及客户端对文件的访问。Namenode 将文件系统的 Metadata 存储在内存中，Metadata 的信息主要包括文件信息、每个文件对应的文件块信息及每个文件块在 Datanode 中的信息等。Namenode 执行文件系统的名字空间操作，例如，打开、关闭、重命名文件或目录，它也负责确定数据块到具体 Datanodes 节点的映射。

集群中只有一个 Namenode，大大简单化了系统的体系结构。Namenode 是所有 HDFS 元数据的仲裁者和管理者，这样，用户数据永远不会流过 Namenode。

（2）数据节点（Datanodes）：集群中的 Datanodes 一般是一个节点负责管理它所在节点上的存储。从内部看，一个文件被分成一个或多个数据块，这些块存储在一组 Datanodes 上。Datanodes 负责处理文件系统客户端的读写请求。在 Namenode 的统一调度下进行数据块的创建、删除和复制。

（3）客户端（Client），就是指使用分布式文件系统的应用程序。

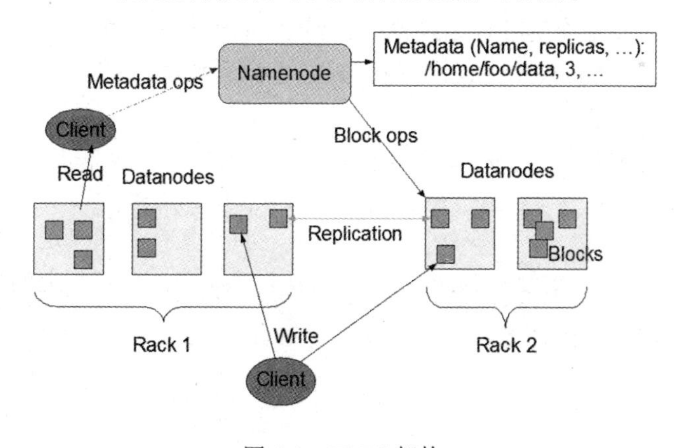

图 6-3　HDFS 架构

6.2.3　TFS

TFS（Taobao File System）是一个高可扩展、高可用、高性能、面向互联网服务的分布式文件系统，其主要针对海量的非结构化数据，它构筑在普通的 Linux 机器集群上，可为外部提供高可靠和高并发的存储访问。

1. TFS 主要特点

TFS 专为淘宝开发，被广泛地应用在淘宝的各项应用中。TFS 主要有以下特点。

（1）TFS 为淘宝提供海量小文件的存储，通常文件大小不超过 1M，非常适合海量小文件存储的场景需求。

（2）TFS 使用扁平化的数据组织结构，可将文件名映射到文件的物理地址，简化了文件的访问流程，在一定程度上为 TFS 提供了良好的读写性能。

（3）TFS 采用了高可用性架构和平滑扩容，保证了整个文件系统的可用性和扩展性。

（4）TFS 支持多种客户端访问，可提供高可靠和高并发的外部存储访问，支持多用户同时访问一个文件。

2. TFS 架构

一个 TFS 集群由两个 Name Server 节点（一主一备）和多个 Data Server 节点组成。这些服务程序都是作为一个用户级的程序运行在普通 Linux 机器上的。

（1）Name Server。

为了容灾，Name Server 采用了高可用性结构，即两台机器互为热备，同时运行，一台为主，另一台为备，主机绑定到对外 vip 提供服务；当主机器宕机后，迅速将 vip 绑定至备份 Name Server，将其切换为主机，对外提供服务。

TFS 的设计初衷是解决淘宝海量图片存储的问题，所以其主要针对小文件存储的特征做了很多优化。TFS 会将大量的小文件（实际数据文件）合并成一个大文件，这个大文件称为块（Block），每个 Block 拥有在集群内唯一的编号（Block ID），Block ID 在 Name Server 创建 Block 的时候分配，Name Server 维护 Block 与 Data Server 的关系。Block 中的实际数据都存储在 Data Server 上。一台 Data Server 服务器一般会有多个独立 Data Server 进程存在，每个进程负责管理一个挂载点，这个挂载点一般是一个独立磁盘上的文件目录，以降低单个磁盘损坏带来的影响。

Name Server 的主要功能是管理维护 Block 和 Data Server 的相关信息，包括 Data Server 加入、退出、心跳信息，Block 和 Data Server 的对应关系建立、解除。

（2）Data Server。

Data Server 的主要功能是负责实际数据的存储和读写。在正常情况下，主 Name Server 负责 Block 的创建、删除、复制、均衡、整理，不负责实际数据的读写，实际数据的读写由 Data Server 完成。

TFS 的 Block 大小可以通过配置项来决定，通常为 64MB。TFS 的设计目标是海量小文件的存储，所以每个块中会存储许多不同的小文件。Data Server 进程会给 Block 中的每个文件分配一个 File ID（该 ID 在每个 Block 中唯一），并将每个文件在 Block 中的信息存放在和 Block 对应的 Index 文件中。

TFS 集群支持平滑扩容。Data Server 与 Name Server 之间使用心跳机制通信，如果系统扩容，只需要将相应数量的新 Data Server 服务器部署到应用程序后启动即可。这些 Data Server 服务器会向 Name Server 进行心跳汇报。Name Server 会根据 Data Server 容量的比率和 Data Server 的负载决定新数据写往哪台 Data Server 服务器。根据写入策略，容量较小、负载较轻的服务器新数据写入的概率会比较高。同时，在集群负载比较轻的时候，Name Server 会对 Data Server 上的 Block 进行均衡，使所有 Data Server 的容量尽早达到均衡。

6.3 分布式块存储

块存储可以看作裸盘，其最明显的特征之一是不能被操作系统直接访问。可以通过划分逻辑卷、做 RAID、LVM（逻辑卷）等方式将它格式化，可以格式化为指定的文件系统（Ext3、Ext4、NTFS、FAT32 等），然后才可以被操作系统访问。传统存储中常见的 DAS、FC-SAN、IP-SAN 都是块存储。

块存储的优点是读写速度快（带宽和 IOPS）；缺点是太过于底层，不利于扩展，不能被共享。文件存储的优点是便于扩展和共享；其缺点是读写速度慢。对象存储兼具 SAN 高速直接访问磁盘特点及 NAS 的分布式共享特点。

块存储要求的访问时延是 10ms 级的，在分布式存储环境下，异地多中心是不现实的，存储要和主机尽量接近，相应的可靠性必然会有所打折，因此分布式块存储强一致性副本不会过多，否则会增加时延。SSD 随着成本降低，在块存储中逐渐成为主流，以便提供更好的 IOPS 和更小的时延。

6.3.1 Sheepdog

Sheepdog（牧羊犬）是由 NTT 的 3 名日本研究员开发的开源项目，其主要用来为虚拟机提供块设备管理。Sheepdog 是一个典型的分布式块存储系统，适用于 QEMU、ISCSI 客户端和 RESTful 服务。它可以为 QEMU 虚拟机提供高可用的块存储功能，也可以适用于支持 iSCSI 协议的虚拟机或操作系统。目前，开源软件如 QEMU、Libvirt 及 Open stack 都很好地集成了对 Sheepdog 的支持。在 Open stack 中，Sheepdog 可以作为 cinder 和 glance 的后端存储。

Sheepdog 采用完全对称的结构，没有元数据服务的中心节点。这种架构带来了线性可扩展性，没有单点故障。对于磁盘和物理节点，Sheepdog 实现了动态管理容量及隐藏硬件错误。对于数据管理，Sheepdog 利用冗余来实现高可用性，并提供自动恢复数据、平衡数据存储的特性。Sheepdog 还具有零配置、高可靠、智能节点管理、容量线性扩展、虚拟机感知（底层支持冷热迁移和快照、克隆等）、支持计算与存储混合架构的特点等。

Sheepdog 总体包括集群管理和存储管理两大部分。集群管理使用前台集群管理工具来管理，存储管理基于本地文件系统来实现。目前支持的本地文件系统包括 Ext4 和 xfs 等。

Sheepdog 由两个程序组成，一个是后台守护进程 Sheep，另一个是前台集群管理工具 Dog。守护进程 Sheep 同时兼备了节点路由和对象存储的功能。

Sheep 进程之间通过节点路由（gateway）的逻辑转发请求，而具体的对象通过对象存储的逻辑保存在各个节点上，这就把所有节点上的存储空间聚合起来，形成一个共享的存储空间。

Dog 主要负责管理整个 Sheep 集群，包括集群管理、VDI 管理等。集群管理主要包括集群的状态获取、集群快照、集群恢复、节点信息、点日志、节点恢复等。VDI 管理包括 VDI 的创建、删除、快照、检查、属性等。

Dog 是一个命令行工具，Dog 启动时会向后台 Sheep 进程发起 TCP 连接，通过连接传输控制指令。当 Sheep 收到控制指令时，如果有需要，会将相应指令扩散到集群中，加上对称式的设计，从而使得 Dog 能够管理整个集群。

6.3.2 阿里云块存储

阿里云块存储是阿里云为云服务器ECS提供的块设备产品，具有高性能和低时延的特点，支持随机读写。阿里云块存储可以作为系统盘或数据盘直接挂载到ECS实例上。用户可以像使用物理硬盘一样格式化并建立文件系统来使用块存储，满足大部分通用业务场景下的数据存储需求。

块存储类型包括基于分布式存储架构的云盘，以及基于物理机本地硬盘的本地盘产品。

（1）云盘。

云盘具有低时延、高性能、持久性、高可靠性等特点，采用分布式三副本机制，为ECS实例提供99.9999999%（9个9）的数据可靠性保证。支持在可用区内自动复制数据，防止意外硬件故障导致的数据不可用，保护云用户的业务免受组件故障的威胁。

云盘又有ESSD云盘、SSD云盘、高效云盘、普通云盘四种类型，它们分别具有不同的随机读写性能、可靠性、价格、服务质量等，形成阶梯化产品，供用户根据需要选用。

（2）本地盘。

本地盘是ECS实例所在物理机上的本地硬盘设备。本地盘能够为ECS实例提供本地存储访问能力，具有低时延、高随机IOPS、高吞吐量和高性价比的优势。本地盘适用于对存储I/O性能、海量存储性价比有极高要求的业务场景。

阿里云提供NVMe SSD本地盘和SATA HDD本地盘两种产品，分别可以达到微秒级和毫秒级的访问时延。但由于本地盘来自单台物理机，所以数据可靠性取决于物理机的可靠性，存在单点故障风险。

6.4 分布式对象存储

对象存储和文件存储的区别不大，只是文件管理方式不同，抛弃了统一命名空间和目录树结构，使得扩展起来桎梏少一些。

独立的互联网存储服务一般都使用对象存储，因为块存储是给计算机用的，对象存储是给浏览器等HTTP客户端用的。独立服务所提供的存储系统的访问都来自互联网，自然是使用对象存储的。典型的分布式对象存储主要有Amazon S3、阿里云OSS（Object Storage Service）、腾讯云COS（Cloud Object Storage）、Ceph、Swift等。

6.4.1 对象存储与文件存储的比较

与文件系统存储相比，以AWS S3和Swift为代表的对象存储有两个显著的特征：REST风格的HTTP接口和扁平的数据组织结构。

1. REST ful的HTTP接口

对大多数文件系统来说，尤其是POSIX兼容的文件系统，提供open、close、read、write和lseek等接口。而对象存储的接口是REST ful的，通常是基于HTTP 协议的RESTful Web API，通过HTTP请求中的PUT和GET等操作进行文件的上传即写入和下载即读取，通过DELETE操作删除文件，通过POST操作更新元数据。

对象存储和文件系统在操作上的本质区别是对象存储不支持随机位置写入操作，即一个文件 PUT 到对象存储中以后，如果要修改这个对象，就将修改后的文件作为一个新的对象重新 PUT 到存储中，覆盖之前的对象或形成一个新的版本。对象存储与使用云盘类似，用户通常的使用场景是将文件上传到云盘进行存储，使用时从云盘下载该文件。如果用户要修改一个文件，不能在云端修改，需要把文件下载下来，修改以后重新上传，替换之前的版本。

实际上几乎所有互联网应用，都是用这种存储方式读写数据的，比如在微信在朋友圈里发照片是上传图像，收取他人照片是下载图像，也可以从朋友圈中删除以前发送的内容；微博也是如此，查看微博 API 可以发现，微博客户端的每一张图片都是通过 REST 风格的 HTTP 请求从服务端获取的，用户发微博也是通过 HTTP 请求将数据包括图片传上去的。在没有对象存储以前，开发者需要自己为客户端提供 HTTP 的数据读写接口，并通过程序代码转换为对文件系统的读写操作。

2．扁平的数据组织结构

对比文件系统，对象存储的第二个特点不是嵌套的文件夹，而是采用扁平的数据组织结构，往往是两层或三层，如 AWS S3、阿里云 OSS 和 OStorage（奥思数据），用户将其存储空间划分为“桶”（Bucket）或“容器”（Container），在每个“容器”中存放对象，对象不能直接存放到租户的根存储空间里，必须放到某个容器下面。容器下面不能再放一层容器，即容器不允许嵌套，这就是“扁平数据组织结构”。和文件夹可以一级一级嵌套不同，它的层次关系是固定的，只有两到三级，而且是扁平的。每一级的每个元素，例如，S3 中的某个容器或某个对象，在系统中都有唯一的标识，用户通过这个标识来访问容器或对象。通过简洁的标识快速访问，而不是通过复杂的目录树来管理更符合现代信息系统设计的需求。

3．对象存储和文件存储的比较

从系统结构层面来看，文件系统拥有树状目录结构，通过目录查找文件，当文件数量很大的时候，这种结构对于系统的开销是非常大的，遍历查找时间也会变长。而对象存储模式是“账户—容器—对象”的扁平架构，易于扩展，性能好。

从数据操作层面来看，文件系统模式对数据的操作主要是打开文件、关闭文件等，包括锁的机制等，其步骤烦琐。而对象存储是通过 RESTful API 操作数据的，更加适合程序自动操作，以及“互联网+”应用。

从共享访问层面来看，文件系统模式需要挂载远程目录、进行文件打开、关闭动作配合读写操作，对于网络的稳定性和可靠性要求较高，而对象存储模式基于 HTTP 实现对象的直接上传与下载，化繁为简，更有利于网络访问。

对象存储和文件存储的比较如表 6-1 所示。

表 6-1 对象存储和文件存储的比较

	文 件 系 统	对 象 存 储	性 能 差 异
结构	目录树的组织结构	扁平化结构	对象存储的容量易于弹性扩展，性能随规模线性提升
操作	文件系统操作	HTTP 协议，API 操作	对象存储更适合程序自动操作，以及 Web 环境下的“互联网+”应用
访问	需要挂载卷、遍历目录，打开、关闭文件，文件加锁等	上传、下载、查询、更新	对象存储化繁为简，无状态，支持大规模并发访问

6.4.2 Amazon S3

Amazon S3（Amazon Simple Storage Service，亚马逊简单存储服务）是 Amazon 公司开发的基于 Internet 的存储服务。Web 应用程序开发人员可以使用它来存储数据信息，包括图片、视频、音乐和文档。目前市面上主流的存储厂商都支持 S3 协议接口，比如华为、新华三、戴尔等。

Amazon S3 提供一个简明的 Web 服务界面，用户可通过它随时在 Web 上的任何位置存储和检索任意大小的数据。S3 提供一个 RESTful API，以编程方式实现与该服务的交互。此服务让所有开发人员都能访问同一个具备高扩展性、可靠性、安全性和快速廉价的基础设施，Amazon 用它来运行其全球的网站网络，为开发人员服务。

Amazon S3 有两个重要的概念：Bucket 和 Object（对象）。Bucket 相当于一个容器，里面存储 Object，每个 Object 都存放在唯一的 Bucket 中。Object 就是用户存储的文件和文件夹。每一个文件或文件夹都是一个 Object。

Amazon S3 的访问通过 Access Key、Secret Key 和 Endpoint 来进行。其中 Endpoint 是访问站点。Amazon S3 通过访问控制列表（ACL）及身份控制进程来控制用户对 Bucket 和 Object 的访问（无论是公共或私人的，还是只读类型的）。在寻址上，S3 将服务 URL 和 Bucket 结合来确定存储对象的位置，从而得到一个与 HTTP 相兼容的 REST 型 URL，为了便于管理，S3 对存储对象都附加了元数据，比如 MD5 数字签名及创建日期。

目前 S3 提供两种等级的存储方式。

（1）标准存储（Standard Storage）：提供 99.999999999%的可靠性和 99.99%的可用性保障，具备 SLA 协议。可以承受两个设备数据同时丢失，标准存储主要用来存储关键数据。

（2）去冗余存储（Reduced Redundancy Storage，RRS）：提供 99.99%的可靠性和可用性保障，具备 SLA 协议。可以承受一个设备数据同时丢失，可以用来存储不那么重要的数据，如图片缓存等。

6.4.3 Swift

OpenStack Object Storage（Swift）是 OpenStack 开源云计算项目的子项目之一，Swift 提供一个类似 Amazon S3 的对象存储。Swift 的目的是使用普通硬件来构建冗余的、可扩展的分布式对象存储集群，存储容量可达 PB 级。

Swift 用于永久类型的静态数据的长期存储，这些数据可以检索、调整，必要时可以进行更新。非常适合存储的数据类型的例子是虚拟机镜像、图片存储、邮件存储和存档备份。

Swift 无须采用 RAID（磁盘冗余阵列），也没有中心单元或主控结点。Swift 通过在软件层面引入一致性哈希技术和数据冗余性，牺牲一定程度的数据一致性来达到高可用性和可伸缩性，支持多租户模式、容器和对象读写操作，适合解决互联网应用场景下的非结构化数据存储问题。

Swift 的主要特点有以下几点。

（1）所有存储对象都有自身的元数据和一个 URL，这些对象在尽可能唯一的区域复制 3 次，而这些区域可被定义为一组驱动器、一个节点、一个机架等。

（2）开发者通过一个 RESTful HTTP API 与对象存储系统相互作用。

（3）对象数据可以放置在集群的任何地方。

（4）在不影响性能的情况下，集群可以通过增加外部节点进行扩展，数据无须迁移。

（5）集群可以实现无宕机新增节点，无宕机更换故障节点和磁盘。

（6）Swift 的数据是最终一致性，这意味着其在海量数据的处理效率上更高，主要面向对数据一致性要求不高，但是对数据处理效率要求比较高的对象存储业务。

6.4.4 Ceph

Ceph 是美国加州大学 Santa Cruz 分校的 Sage Weil 专为博士论文设计的分布式文件系统，其设计目标是卓越的性能、可靠性及可扩展性。Ceph 是目前应用十分广泛的开源分布式存储系统，已得到众多厂商的支持。许多超融合系统的分布式存储都是基于 Ceph 深度定制的。Ceph 目前已经成为 Linux 系统和 OpenStack 的“标配”，用于支持各自的存储系统。

1．Ceph 主要特点

（1）Ceph 可以提供对象存储、块存储和文件系统存储服务，同时支持三种不同类型的存储服务的特性，这在分布式存储系统中是很少见的。

（2）Ceph 是去中心化的分布式解决方案，采用 CRUSH 算法，数据分布均衡，并行度高。

（3）在数据一致性方面，Ceph 实现跨集群强一致性，可以获得传统集中式存储的使用体验。

（4）在对象存储服务方面，Ceph 支持 Swift 和 S3 的 API 接口；在块存储方面，支持精简配置、快照、克隆；在文件系统存储服务方面，支持 Posix 接口，支持快照。Ceph 一般应用于块存储和对象存储场景。

2．Ceph 系统架构

Ceph 存储群集至少需要一个 Ceph 监视器（Ceph Monitor）、Ceph 管理器（Ceph Manager）和 Ceph OSD（Object Storage Daemon，对象守护进程）。运行 Ceph 文件系统客户端时，还需要 Ceph 元数据服务器（Metadata Server，MDSs）。Ceph 概念架构如图 6-4 所示。

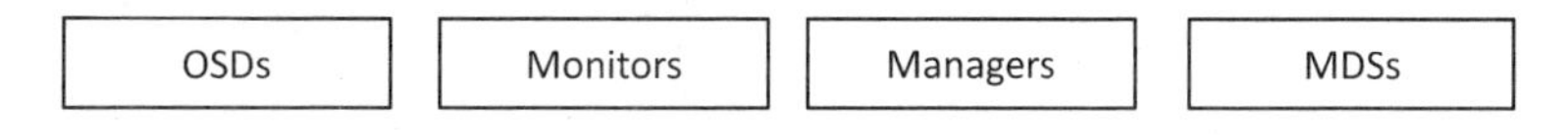

图 6-4 Ceph 概念架构

（1）Ceph 监视器（Ceph Monitor，在配置信息中习惯记为“ceph-mon”，下同）。

Ceph 监视器维护群集状态的映射，包括监视器映射、管理器映射、OSD 映射、MDS 映射和 CRUSH 映射。这些映射是 Ceph 守护进程相互协调所需的关键群集状态。监视器还负责管理守护进程和客户端之间的身份验证。为了保证冗余和高可用性，通常需要至少 3 台监视器。

（2）Ceph 管理器（Ceph Manager，ceph-mgr）。

Ceph 管理器负责跟踪运行时指标和 Ceph 群集的当前状态，包括存储利用率、当前性能指标和系统负载。Ceph 管理器还托管基于 Python 的模块来管理和公开 Ceph 群集信息，包括基于 Web 的 Ceph Dashboard 和 REST API。基于高可用性考虑，通常需要至少 2 台 Ceph 管理器。较早的版本不需要部署 Manager，从 12.0 版本（luminous 版）以后，Ceph 部署必须配置 Managers 节点，管理 Ceph 集群的当前状态，ceph-mgr 是从 Monitor 中分离出的一项功能。

（3）Ceph OSD（Object Storage Daemon，ceph-osd）。

Ceph OSD 存储数据，处理数据复制、恢复、重新平衡，并通过检查其他 Ceph OSD 以检测信号，向 Ceph 监视器和管理器提供一些监视信息。为保证冗余和高可用性，通常需要至少

3 个 Ceph OSD。

（4）Ceph 元数据服务器（Metadata Server，ceph-mds）。

Ceph 元数据服务器代表 Ceph 文件系统存储元数据（Ceph 块设备和 Ceph 对象存储不使用 MDS）。Ceph 元数据服务器允许 POSIX 文件系统用户执行的基本命令（如 ls、find 等），而不会给 Ceph 存储群集带来巨大负担。

Ceph 部署中涉及的其他组件及其概念，如表 6-2 所示。

表 6-2　Ceph 的其他组件及其概念

组件	概 念 介 绍
Object	Ceph 最底层的存储单元是 Object 对象，每个 Object 包含元数据和原始数据
PG	PG 的全称是 Placement Grouops（归置组），是一个逻辑的概念，一个 PG 包含多个 OSD。引入 PG 这一层其实是为了更好地分配数据和定位数据
RADOS	RADOS 的全称是 Reliable Autonomic Distributed Object Store，是 Ceph 集群的精华，用户可实现数据分配、Failover 等集群操作
Libradio	Librados 是 Rados 提供库，因为 RADOS 是协议，很难直接访问，因此上层的 RBD、RGW 和 CephFS 都是通过 Librados 访问的，目前提供 PHP、Ruby、Java、Python、C 和 C++支持
CRUSH	CRUSH 是 Ceph 使用的数据分布算法，类似一致性哈希，让数据分配到预期的地方
RBD	RBD 的全称是 RADOS block device，是 Ceph 以类似于 iSCSI 的方式对外提供的块存储服务
RGW	RGW 的全称是 RADOS gateway，是 Ceph 对外提供的对象存储服务，其接口与 S3 和 Swift 兼容
CephFS	CephFS 的全称是 Ceph File System，是 Ceph 对外提供的文件系统服务，以共享文件夹的方式提供存储服务

6.5　OceanStor 分布式存储

华为存储产品涵盖企业统一存储（内含高端存储、中端统一存储、入门级存储、固态存储、企业集群 NAS 存储等）、大数据存储、云存储三个领域，解决方案涵盖容灾、备份、媒资、大数据、虚拟化、云存储等，针对不同行业，推出定制化解决方案。据 IDC 报告，华为在中国区分布式存储市场份额连续两年稳居第一。在 2019 年东京 Interop 展上，华为 OceanStor 分布式存储凭借高性能、高可靠和低延时等特点，获得 Best of Show Award 金奖。在 2019 年移动集团采集中，文件存储、块存储和 NFV 领域均取得第一份额。

6.5.1　OceanStor OS

OceaStor OS 是华为存储产品的操作系统，运行于专用硬件平台上，负责所有存储业务的逻辑处理和运维管理，包括存储设备资源管理（硬盘、SSD 等）、数据 I/O 请求处理（SAN/NAS）、各类增值业务等。华为的高、中、低端 SAN/NAS 产品，都统一使用同一套操作系统，这使得华为不同型号、不同档次的存储设备可以实现互联互通，在业界首先实现了 SAN/NAS 融合、高、中、低端融合。相当于实现了块存储、文件存储和对象存储的统一，故称“统一存储”。

华为的存储设备型号是以 OceaStor OS 操作系统名称定义的，主要产品系列如表 6-3 所示。

表 6-3 华为存储产品系列

类　型	型　号	应用场景
高端存储	OceaStor Dorado 18500/18800	面向企业核心业务，对可靠性和性能有很高的要求，其主要场景包括金融系统、运营商 Boss 系统、企业 ERP、CRM 等
中端统一存储	OceaStorS2600T /S5600T/S6800T	支持 SAN 应用，也支持 NAS 应用，可以帮助客户简化组网，节省投资
入门级存储	OceaStor S2200T	定位于分销市场，在企业对性能、可靠性和容量要求不高的场景，如视频监控
固态存储	OceaStor Dorado 2100 G2/5100	主要用在数据库加速场景，满足企业高性能的需求
企业集群 NAS 存储	OceaStor N8500	主要用在高性能 NAS 场景，如媒资
大数据存储	OceaStor 9000	主要用在基因测序、石油勘探等场景，集存储、分析和归档于一体，满足大数据环境下的企业业务需求

OceaStor OS 操作系统促成了华为高、中、低端 SAN/NAS 产品的融合，使得华为存储能够顺利从企业统一存储市场过渡到分布式存储，进而进入大数据存储、云存储领域。OceanStor Dorado 18500/18800 高端智能全闪存设备最大仅支持 32 个控制器，而 OceanStor 9000 横向扩展文件存储（大数据存储）最大可支持 288 个节点，OceanStor 100D 智能分布式存储最大可支持 4096 个节点。

6.5.2 OceanStor DFS

OceanStor DFS 分布式文件系统是 OceanStor 9000 V5 系统中的核心部件，将系统中所有节点的硬盘整合成一个统一的资源池，对外提供统一的命名空间。同时对用户数据提供跨节点、跨机架、不同级别的数据冗余保护，可以兼顾高硬盘利用率和高可用的需求，避免了传统存储的弊端。

在单一的文件系统上，OceanStor DFS 提供目录级的业务控制能力，可以基于目录配置数据的保护级别、配额控制、快照等特性，在单一文件系统上满足客户多层次差异化的需求。

OceanStor DFS 至少由 3 个节点组成，这 3 个节点对用户都是透明的，用户并不会感知到哪个节点在提供服务。如果用户访问不同的文件，实际上是由不同的节点在提供服务的。OceanStor DFS 支持无缝横向扩展，系统支持 3 个节点至 288 个节点弹性无缝扩展，整个扩容过程业务无中断。

OceanStor DFS 采用全对称、去中心化的分布式架构，OceanStor DFS 系统内每个节点都能提供元数据服务（MDS）、数据服务（DS）及外部访问的接口服务（CA），无独立元数据服务节点，消除性能瓶颈，不存在单点故障，在节点扩容、故障场景下都能无缝平滑切换业务。

OceanStor DFS 对外提供 CIFS、NFS、FTP 接入功能，并提供统一命名空间，让用户业务轻松接入存储系统。访问时支持集群节点间负载均衡及管理功能。在这些功能特性基础上，由于全对称的架构设计使得 OceanStor 9000 V5 每个节点都可以对外提供全局的业务访问，且任何单节点故障时可自动切换。

OceanStor DFS 逻辑架构视图如图 6-5 所示，其分为三层："业务服务平面""存储资源池平面"和"管理平面"。

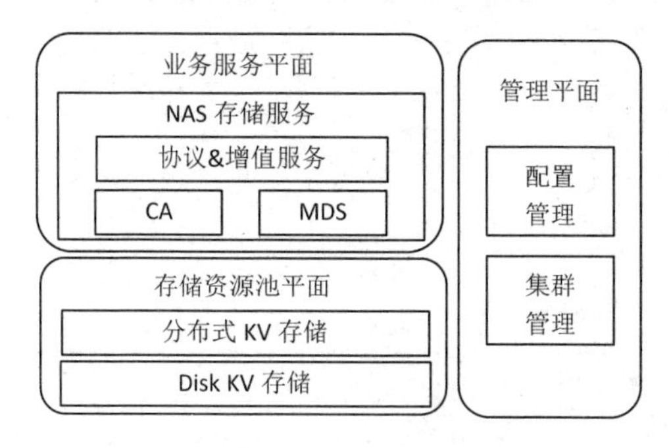

图 6-5　OceanStor DFS 逻辑架构视图

1. 业务服务平面

OceanStor DFS 业务服务平面对外提供分布式文件系统服务。分布式文件系统服务主要由 NAS 存储服务模块、协议＆增值服务模块、CA 模块和 MDS 模块构成。

协议＆增值服务模块负责 NAS 协议的语义解析和执行；CA 模块为协议＆增值服务模块提供标准的文件系统读写访问等接口；MDS 模块负责文件系统的元数据，负责文件系统命名空间的目录树管理。

OceanStor DFS 支持最大 140PB 全局命名空间，用户不用管理多个命名空间，从而减轻管理复杂度。OceanStor DFS 能够消除多个命名空间，也消除了多个命名空间带来的数据孤岛。

分布式文件系统服务层分布在集群的每个节点上，采用全对称的分布式技术，提供全局统一命名空间，允许从系统任何节点接入访问整个系统的任何文件，并且支持文件内的细粒度的全局锁，提供从多个节点并发访问相同文件的不同区域，实现高并发读写，最终达到高性能访问系统。

2. 存储资源池平面

存储资源池平面负责管理存储集群节点的所有物理存储的分配和管理，数据存储在统一的存储资源池。存储资源池通过分布式技术，为业务服务平面提供强一致、跨节点可靠性的存储服务。存储资源池平面还负责节点间的负载均衡和数据自动修复能力。负载均衡使得系统在扩展的同时，能够充分利用新节点的 CPU 处理能力、内存缓存能力和磁盘能力，使整个系统的吞吐量和 IOPS 伴随节点的扩容实现线性增长。

OceanStor DFS 的 InfoProtector 技术，提供 $N+M$ 的保护能力，N 代表数据被切割到多少个节点上，M 代表能够抵御的并发故障节点和磁盘的数量，用户可以配置 M 值，N 值由系统根据集群大小来确定，伴随着集群节点数量的增长，N 不断增长，从而在数据保护能力不下降的情况下，提供更大的存储利用率[存储利用率=（$N-M$）/N]。当数据被配置为 $N+M$ 保护时，只有同一个节点池内的大于或等于 $M+1$ 个节点故障或硬盘故障时，才会造成数据损毁。这种保护方式使得文件能够散列到整个集群中，从而提供更高的数据并行访问能力和并行重建能力。在磁盘或节点故障时，系统能够发现哪些文件的哪些部分受到影响，并让多个节点参与重建过程，这样参与重建的磁盘数量和 CPU 数量远远超越传统 RAID 技术，使得故障重构时间迅速减少。

3．管理平面

管理平面对外为用户提供可视化图形 GUI 界面及命令行 CLI 管理工具，用户使用管理界面可以完成状态、容量、资源使用率、警告等信息查询，也可以完成系统各种配置和操作。访问管理界面的用户分为超级管理员、管理员和只读用户，满足不同级别用户访问的需要。GUI 界面集成了用户常用的各种功能，CLI 除了支持 GUI 具备的功能，面向高级管理维护人员的高级功能及非常用系统配置功能也通过 CLI 提供。

集群管理子系统设计实现了一致性选举算法，使节点状态的变化在系统所有节点上是统一的，为了保证监控元数据集群的可靠性，系统在所有节点上启动监控进程，这些监控进程之间组成一个集群，负责监控和同步节点及软件模块的状态，当系统中添加节点或节点/软件模块故障的时候，会通过事件的方式通知关注集群状态变化的子系统或模块。

配置管理子系统负责整个系统的业务管理、业务监控、业务状态及设备状态监控等功能。在正常情况下，系统中只有一台节点对外提供服务，当该设备故障时，管理服务可以自动切换到其他正常的设备上。管理服务在切换的过程中对于客户端透明，即管理服务切换成功后，对外提供服务的 IP 地址仍为原来的 IP 地址。

任务实施

6.6 任务 1 使用 AWS 公有云存储服务

2006 年亚马逊在全球率先推出云计算服务 Amazon Web Services（AWS），2019 年 AWS 在全球的云计算市场份额达到 32.3%（阿里云只占 4.9%，排行第四），是当之无愧的龙头老大。

AWS 提供的服务包括：亚马逊弹性计算（Amazon EC2）、亚马逊简单存储服务（Amazon S3）、亚马逊简单数据库（Amazon SimpleDB）、亚马逊简单队列服务（Amazon Simple Queue Service）等。

实训任务

使用 AWS 公有云计算/存储服务。

实训目的

1．掌握 AWS 公有云服务的购买和使用方法；
2．理解公有云分布式存储的使用场景关系；
3．掌握公有云计算/存储环境的配置和使用方法。

6.6.1 子任务 1 创建 Amazon EC2 实例

1．Amazon EC2 介绍

Amazon Elastic Compute Cloud（Amazon EC2）以 Web 服务的方式提供虚拟机实例，它向云用户提供了一个真正的虚拟计算环境，云用户使用 Web 服务接口启动多种操作系统的实例，通过自定义应用环境加载这些实例，管理云用户的网络访问权限，并根据自己需要的系统数量来运行云用户的映像。

要使用 Amazon EC2，云用户需要完成如下工作。

- 选择一个预配置的模板化 Amazon 系统映像（AMI）启动并立即运行，或者创建一个包含云用户的应用程序、库、数据和相关配置设置的 AMI。
- 在云用户的 Amazon EC2 实例上配置安全和网络访问权限。
- 选择云用户想要的实例类型，然后使用 Web 服务 API 或提供的多种管理工具来启动、终止和监控云用户的 AMI 实例（实例数量可以根据云用户的需要增加）。
- 确定是否要在多个位置上运行、使用静态 IP 终端节点，或者将持久性块存储附加在云用户的实例上。
- 支付云用户实际消耗的资源，如实例小时数或数据传输。

Amazon EC2 裸机实例为云用户的应用程序提供对底层服务器的处理器和内存的直接访问。这些实例非常适合需要访问硬件功能集（如 Intel® VT-x）的工作负载，或者需要在非虚拟化环境中运行以符合许可或支持要求的应用程序。云用户可以将裸机实例与多种 AWS 产品配合使用，如 Amazon Virtual Private Cloud（VPC）、Elastic Block Store（EBS）和 Elastic Load Balancing（ELB）等。使用裸机实例可以享受到如下服务特性：按实际用量付费、多位置存放、弹性 IP 地址、自动弹性扩展、高性能计算、增强型联网、时间源服务等。裸机实例支持 Amazon Linux、Windows Server 2012、CentOS 6.5、Debian 7.4 等多种操作系统版本。

Amazon EC2 实例类型有很多，主要包括 M3、M4、M5 等通用型实例，T2、T3 低成本突发性通用实例，C3、C4、C5 等计算优化型实例，X1、R3、R4、R5、Z1d 内存优化型实例，i2、i3、D2 存储优化型实例，P2、P3、G3、G4 加速计算 GPU 实例，T1 微型实例。各类不同实例中又包含多种型号。

2. 配置 Amazon EC2

使用浏览器打开 Amazon AWS 站点 https://aws.amazon.com，看到图 6-6 所示的界面，AWS 会根据用户的登录地址，提示用户选择登录国内站点还是海外站点，AWS 也提供免费试用功能，因此可以在无额外开销的前提下完成本实训项目。注册并登录账号后，进入 EC2 控制台，单击“实例”命令，如图 6-7 所示，这里使用的是美国西部区域站点。

图 6-6　打开 AWS 站点界面

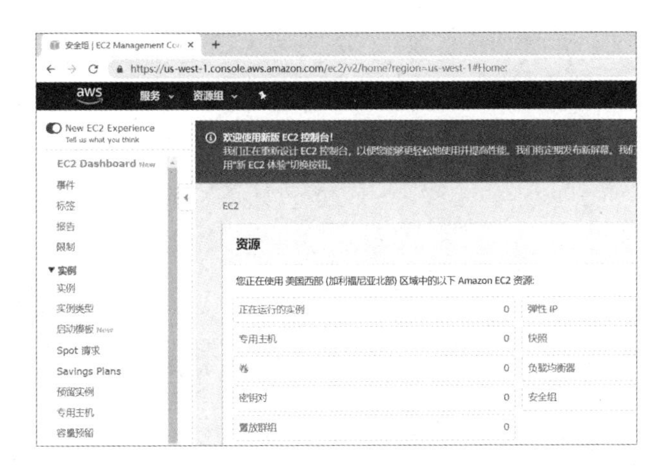

图 6-7　登录后控制台界面

依次单击“实例”→“实例”命令，弹出图 6-8 所示的提示“您未在本区域运行任何实例。”

图 6-8　实例提示

单击“启动实例”按钮，可以看到实例启动步骤导向，完整配置一个实例需要 7 个步骤：“选择一个 Amazon 系统映像”“选择一个实例类型”“配置实例详细信息”“添加存储”“添加标签”“配置安全组”“核查实例启动”。这里选择 Amazon Linux 2 AMI 实例大类，如图 6-9 所示。

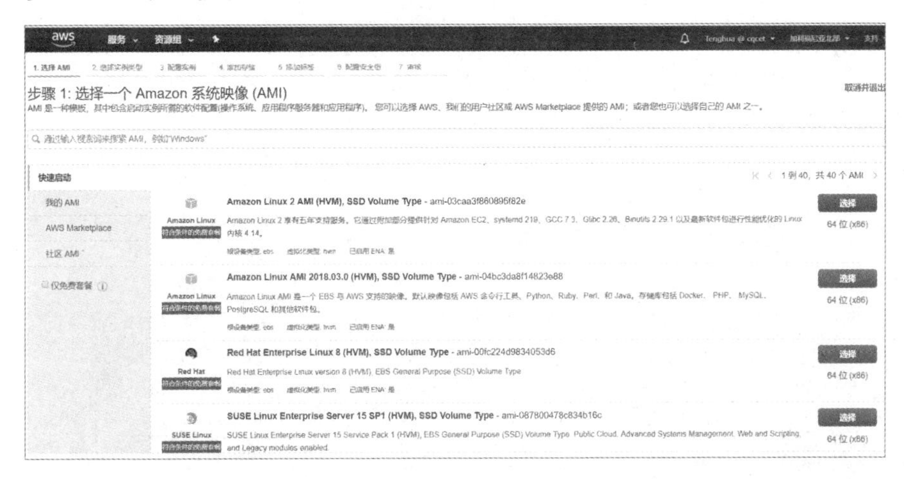

图 6-9　选择 AMI

进入“选择一个实例类型”界面，这里选择了通用型实例 t2.micro，如图 6-10 所示，单击“下一步：配置实例详细信息”按钮。

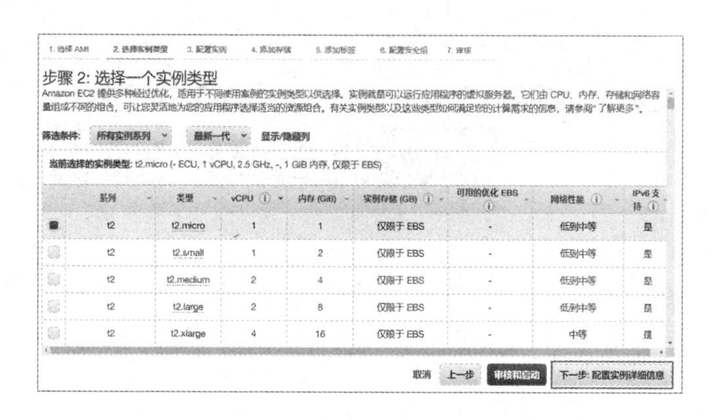

图 6-10　选择实例类型

进入“配置实例详细信息”界面，参照如图 6-11 所示配置网络和子网信息，在“自动分配公有 IP”下拉列表中选择“启用”选项，其他部分使用默认配置，单击“下一步：添加存储”按钮。

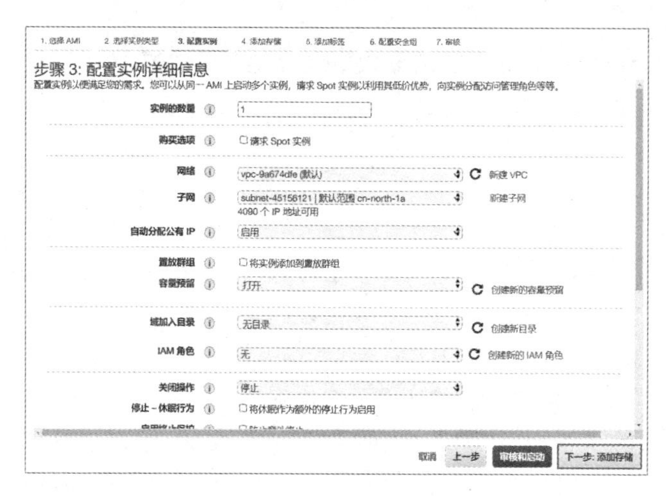

图 6-11　配置实例

进入“添加存储”界面，这里不需修改配置，AWS 目前大部分实例都提供 SSD 存储设备，如图 6-12 所示，单击“下一步：添加标签”按钮。

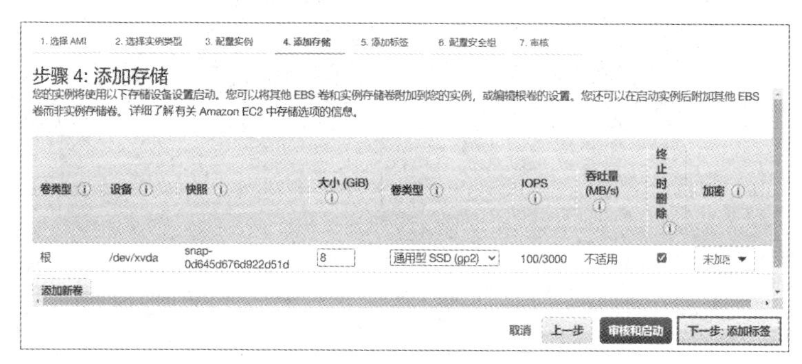

图 6-12　添加存储

进入“添加标签”界面，设置键为“Name”，值为“demo-instance”，单击“下一步：配置安全组”按钮。

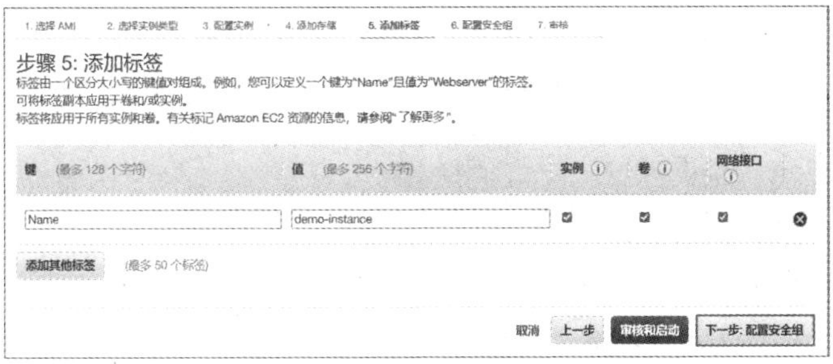

1. 选择 AMI 2. 选择实例类型 3. 配置实例 4. 添加存储 5. 添加标签 6. 配置安全组 7. 审核

步骤 5: 添加标签

标签由一个区分大小写的键值对组成。例如，您可以定义一个键为"Name"且值为"Webserver"的标签。

可将标签副本应用于卷和/或实例。

标签将应用于所有实例和卷。有关标记 Amazon EC2 资源的信息，请参阅"了解更多"。

键 (最多 128 个字符) 值 (最多 256 个字符) 实例 卷 网络接口

Name demo-instance

添加其他标签 (最多 50 个标签)

取消 上一步 审核和启动 下一步: 配置安全组

图 6-13　添加标签

进入“配置安全组”界面，选择“创建一个新的安全组”单选按钮，将“安全组名称”设置为“instance-web”，并开放任意来源地址的 22、80 端口，单击“审核和启动”按钮。

图 6-14　配置安全组

进入“核查实例启动”界面，可以看到本次配置实例的具体信息，这里提示“您的安全组 instance-web 向世界开放”，这是在安全组配置时选择了开放任意来源地址的 22、80 端口，为了安全起见，可以配置特定来源的 IP 地址，提高安全性。单击“启动”按钮。

图 6-15　核查实例启动

启动实例时，弹出密钥提示框，如图 6-16 所示。选择现有密钥对，或者创建新密钥对，设置其名为 demo-key，单击“下载密钥对”按钮，单击“启动实例”按钮。

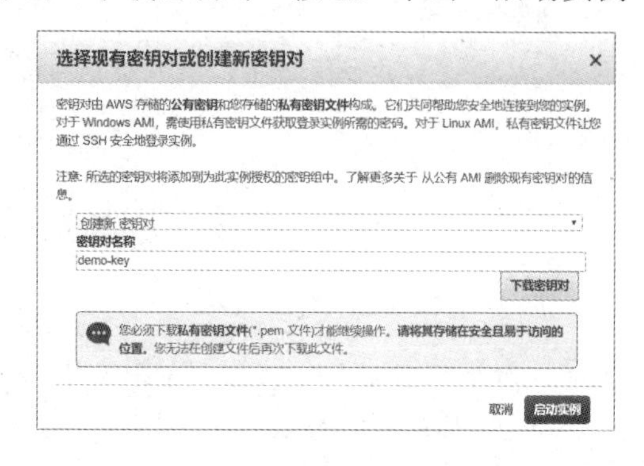

图 6-16　配置密钥对

3．连接 Amazon EC2

等待实例启动完毕，在图 6-17 所示的界面复制公有 DNS 地址或 IPv4 公有地址 IP，并在浏览器中打开新的标签页，粘贴地址打开界面，如图 6-18 所示。

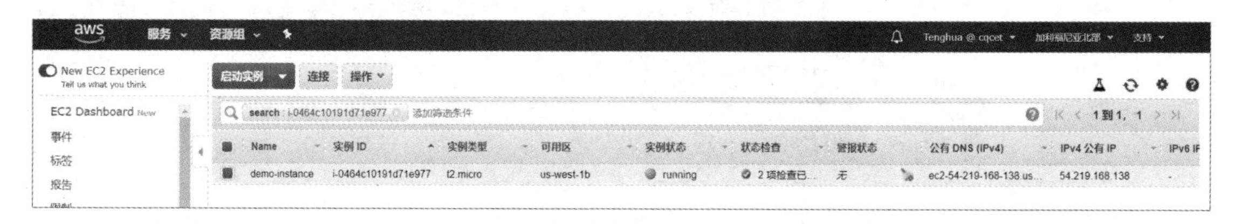

图 6-17　已启动实例信息

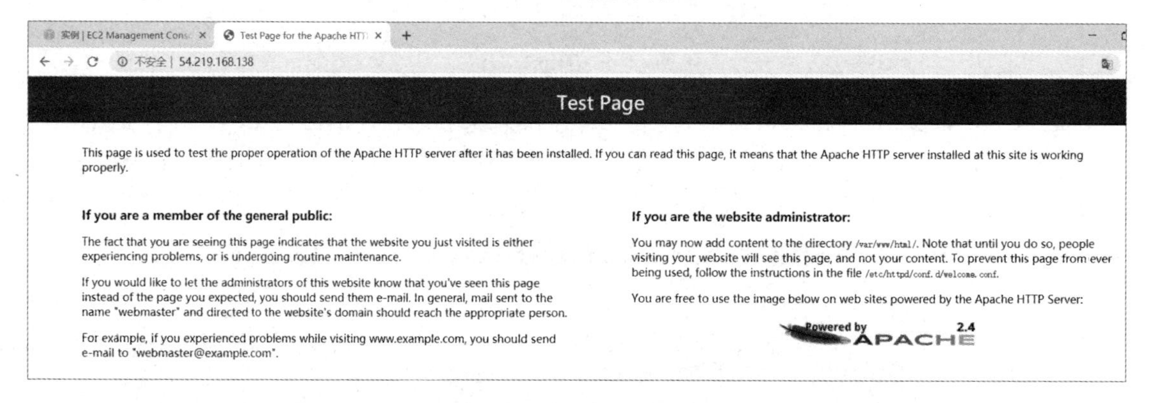

图 6-18　在界面上打开实例地址

接下来，在 Windows 操作系统使用 Putty 工具通过 SSH 连接 EC2。

使用 PuTTY Key Generator 导入 demo-key.pem 私钥，如图 6-19 所示，在弹出的对话框中找到私钥并导入，如图 6-20 所示。接着使用 Save public key，保存产生的公钥，如图 6-21 所示。

图 6-19　选择 load 导入私钥

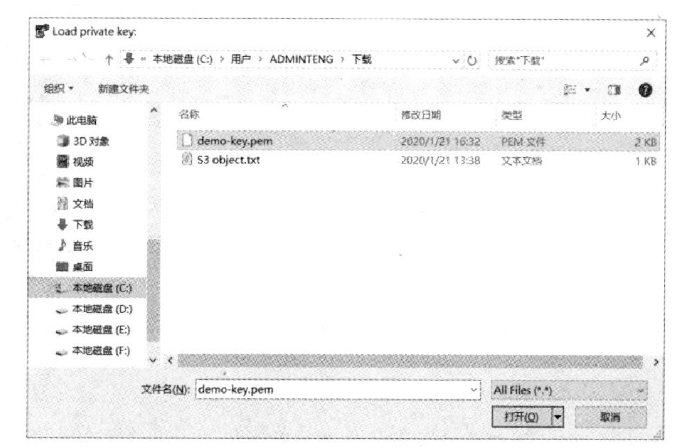

图 6-20　找到私钥

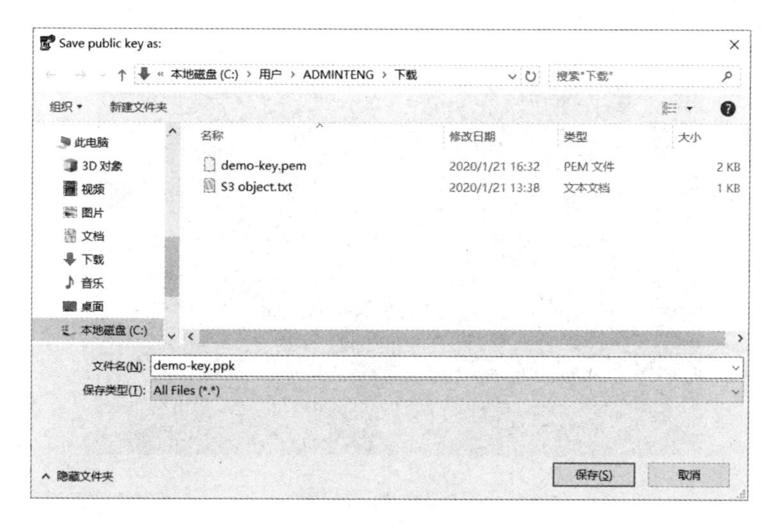

图 6-21　保存公钥

在图 6-22 所示的 PuTTY Configuration 界面，输入前面保存的实例公有 DNS（IPv4）地址信息：ec2-user@ec2-54-219-168-138.us-west-1.compute.amazonaws.com，并导入私钥。

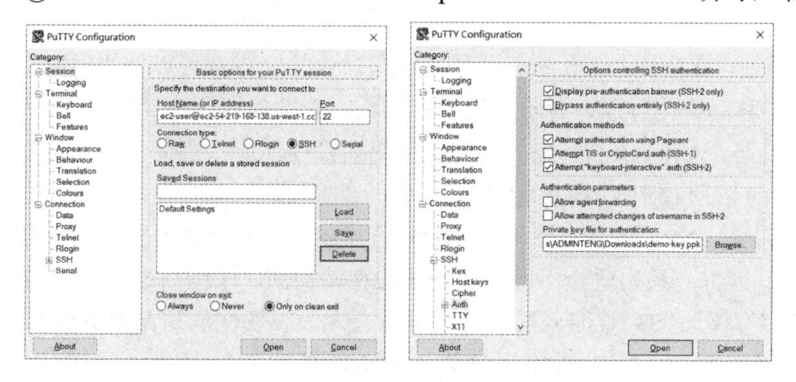

图 6-22　填入地址信息并导入私钥

弹出图 6-23 所示的安全警告提示对话框，单击"是"按钮，即可接入实例，如图 6-24 所示。

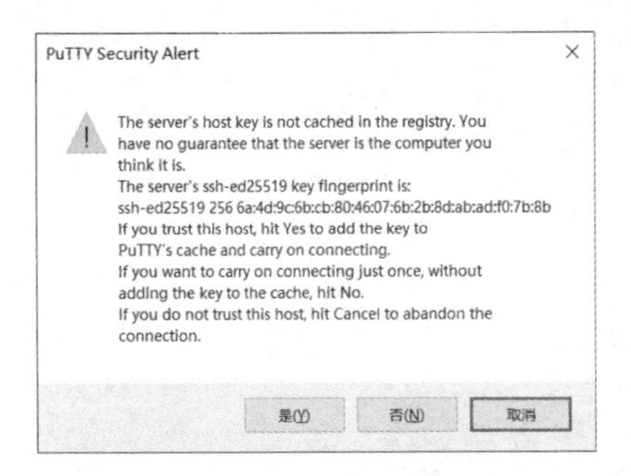

图 6-23　安全警告

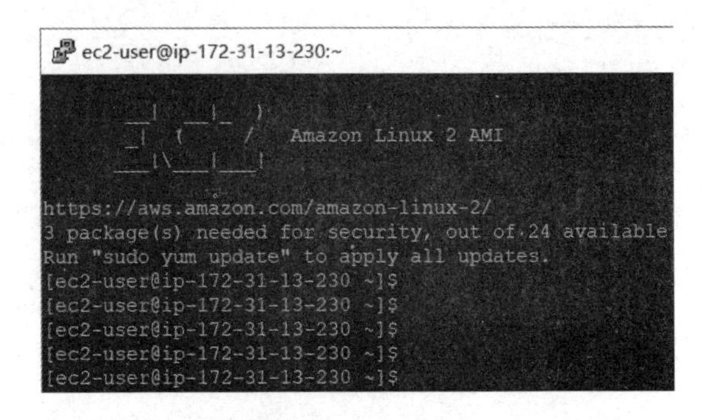

图 6-24　接入实例

使用下面的命令将 demo-key.pem 文件上传到 Linux 实例，更改权限，如图 6-25 所示。

```
chmod 400 demo-key.pem
ssh -i "demo-key.pem" ec2-user@ec2-54-219-168-138.us-west-1.compute.amazonaws.com
```

```
ec2-user@ip-172-31-13-230:~
-rw-r--r-- 1 root root 1692 Jan 21 09:17 demo-key.pem
[root@ip-172-31-8-60 ~]# chmod 400 demo-key.pem
[root@ip-172-31-8-60 ~]# ll
total 4
-r-------- 1 root root 1692 Jan 21 09:17 demo-key.pem
[root@ip-172-31-8-60 ~]# ssh -i "demo-key.pem" ec2-user@ec2-54-219-168-138.us-we
st-1.compute.amazonaws.com
The authenticity of host 'ec2-54-219-168-138.us-west-1.compute.amazonaws.com (17
2.31.13.230)' can't be established.
ECDSA key fingerprint is SHA256:A9jWdowva9o/7B8oZQCGS1JXPY4W/dtojhXf2m9hLL8.
ECDSA key fingerprint is MD5:8f:d8:39:43:02:06:78:5b:00:94:c6:8e:fe:33:b6:8f.
Are you sure you want to continue connecting (yes/no)? yes
Warning: Permanently added 'ec2-54-219-168-138.us-west-1.compute.amazonaws.com,1
72.31.13.230' (ECDSA) to the list of known hosts.
Last login: Tue Jan 21 09:07:47 2020 from

        Amazon Linux 2 AMI

https://aws.amazon.com/amazon-linux-2/
3 package(s) needed for security, out of 24 available
Run "sudo yum update" to apply all updates.
[ec2-user@ip-172-31-13-230 ~]$
```

图 6-25　配置权限

6.6.2　子任务 2 创建 Amazon S3 服务

1. Amazon S3 介绍

Amazon Simple Storage Service（Amazon S3）是一种对象存储服务，提供行业领先的可扩展性、数据可用性、安全性。这意味着各种规模和行业的客户都可以使用它来存储和保护各种用例（如网站、移动应用程序、备份和还原、存档、企业应用程序、IoT 设备和大数据分析）的任意数量的数据。Amazon S3 提供了易于使用的管理功能，因此云用户可以组织数据并配置精细调整过的访问控制以满足特定的业务、组织和合规性要求。Amazon S3 可达到 99.999999999%（11 个 9）的持久性，并为全球各地的公司存储数百万个应用程序的数据。

Amazon S3 提供一系列适合不同使用场景的存储类别。这包括 S3 标准存储（适用于频繁访问数据的通用存储）、S3 智能分层（适用于具有未知或变化的访问模式的数据）、S3 标准-不频繁访问（S3 标准-IA）、S3 单区-不频繁访问（S3 单区-IA，适用于长期存在、但访问不太频繁的数据），以及 Amazon S3 Glacier（S3 Glacier）和 Amazon S3 Glacier 深度存档（S3 Glacier 深度存档，适用于长期存档和数字保留）。

2. 配置 Amazon S3

在“服务”下拉列表中选择“S3”服务，如图 6-26 所示。

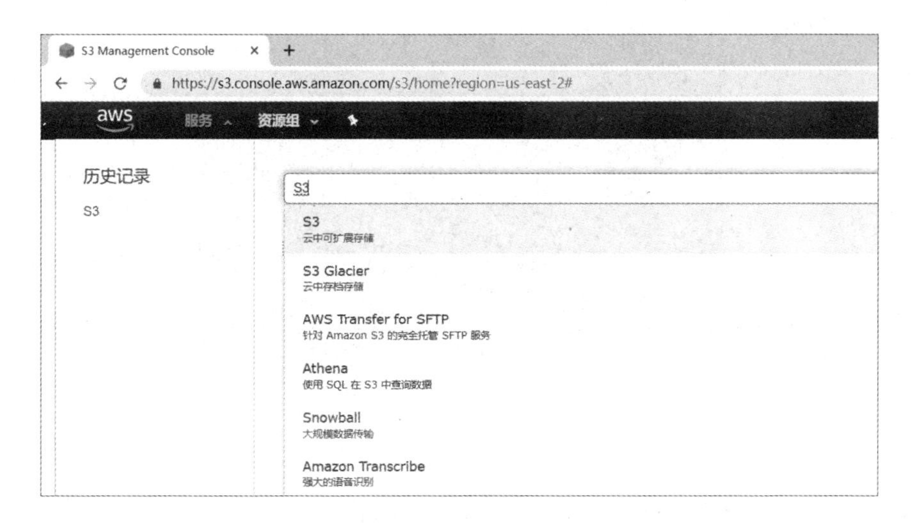

图 6-26　选择“S3”服务

选择“存储桶”选项，单击“创建存储桶”按钮，如图 6-27 所示，在弹出的对话框中输入存储桶名称“demo-s3-test-1”，在“区域”下拉列表中选择“美国东部（俄亥俄州）”选项，如图 6-28 所示，单击“创建”按钮。

图 6-27　“S3 存储桶”界面

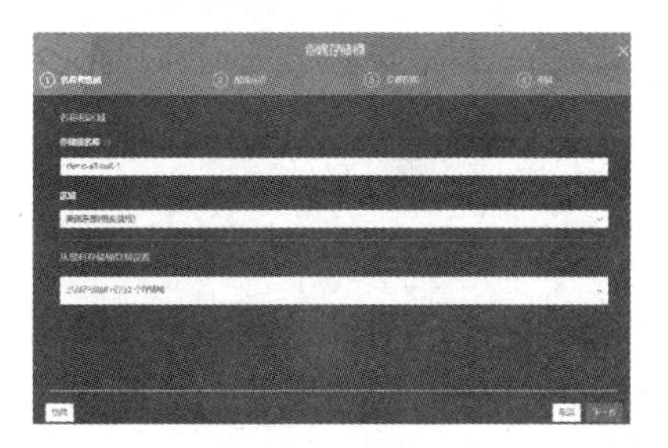

图 6-28　创建存储桶

进入新建的存储桶界面，如图 6-29 所示。

图 6-29　新建的存储桶界面

3. 利用存储桶上传文件（对象）

在新建的存储桶“demo-s3-test-1”中单击“上传”按钮，弹出图 6-30 所示的对话框，在图中可以看到上传文件包含“①选择文件”“②设置权限”“③设置属性”“④审核”四个步骤。图中有提示“如要上传大于 160GB 的文件，请使用 AWS CLI……”，可以想象，对象存储一般都是针对大文件对象的存储。单击“添加文件”按钮，然后选择一个文件，完成文件上传。

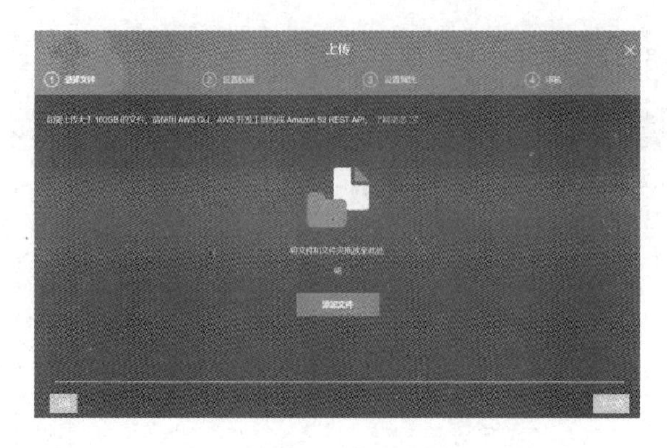

图 6-30　上传文件

4．查看、下载、删除文件

单击刚刚上传的文件 S3 object.txt，进入子界面，如图 6-31 所示，即可对该文件进行查看、下载、删除等操作，如图 6-32～图 6-34 所示。

图 6-31　查看文件

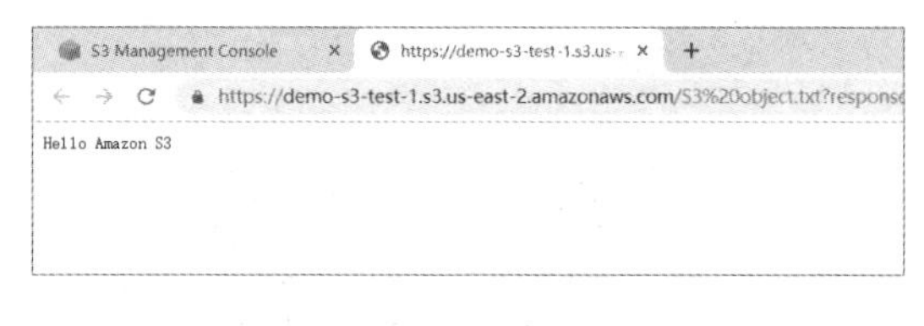

图 6-32　打开文件界面

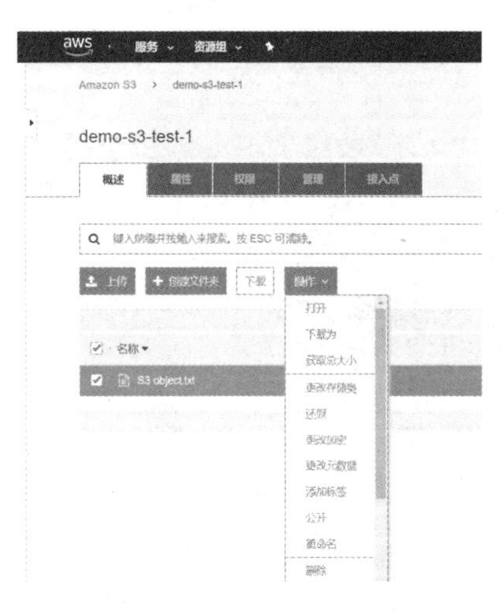

图 6-33　选择删除对象

图 6-34　删除文件（对象）

5．删除存储桶

勾选想要删除的存储桶复选框，单击“删除”按钮，确认要删除的存储桶名称后，即可

删除该存储桶，如图 6-35～图 6-37 所示。

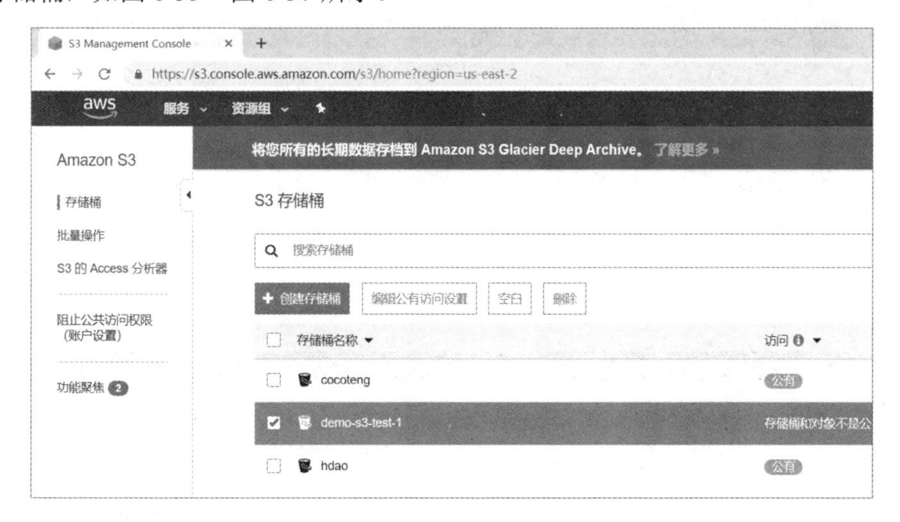

图 6-35　选择要删除的存储桶

图 6-36　输入存储桶名称

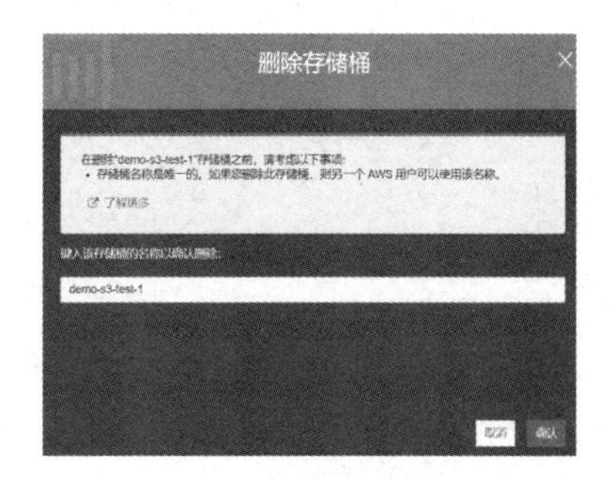

图 6-37　确认删除存储桶

6.6.3　子任务 3 创建 Amazon EBS 服务

1．Amazon EBS 介绍

Amazon Elastic Block Store（Amazon EBS）是一种易于使用的高性能数据块存储服务，旨在与 Amazon Elastic Compute Cloud 一起使用。Amazon EBS 适用于任何规模的吞吐量和事务密集型工作负载。Amazon EBS 上部署着广泛的工作负载，例如，关系数据库和非关系数据库、企业应用程序、容器化应用程序、大数据分析引擎、文件系统和媒体工作流。

EBS 卷类型分为 SSD 型卷和 HDD 型卷。SSD 型卷（IOPS 密集型）主要有预配置 IOPS SSD（io1）卷和通用型 SSD（gp2）卷，预配置 IOPS SSD（io1）卷是性能最高的 EBS 存储选项，通用型 SSD（gp2）卷是实例的默认 EBS 卷类型。HDD 型卷（MB/s 密集型）包括吞吐量优化型 HDD（st1）卷和 Cold HDD（sc1）卷。

2．添加 EBS 新卷

进入子任务 1 中配置的实例界面，单击步骤 4“添加存储”命令，在图 6-38 所示的界面中可以看到已有的根卷，根卷只有 3 种卷类型。单击“添加新卷”按钮，可以看到添加的新卷有 5 种卷类型，这里我们选择新添加的一个 io1 卷类型，如图 6-39 所示。

图 6-38　实例管理中查看存储

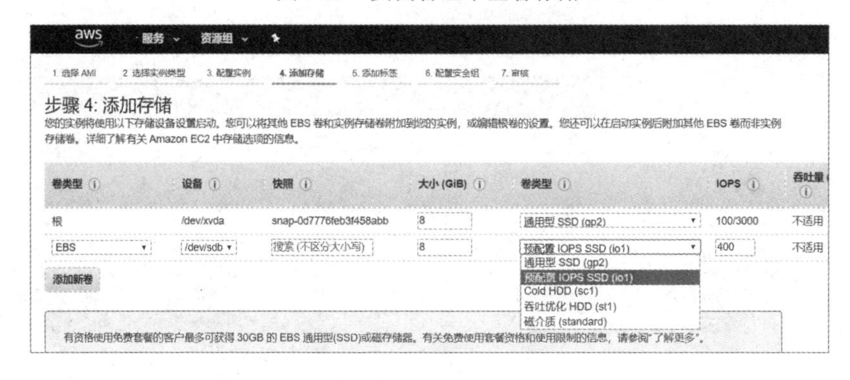

图 6-39　添加新卷

3．配置设备

在 PuTTY 登录的命令行界面，使用 file -s 命令获取设备信息，如其文件系统类型。如果输出仅显示 data，如图 6-40 所示，则说明设备上没有文件系统，云用户必须创建一个文件系统。

```
root@ip-10-0-1-254:~
[root@ip-10-0-1-254 ~]# lsblk
NAME     MAJ:MIN RM SIZE RO TYPE MOUNTPOINT
xvda     202:0    0   8G  0 disk
└─xvda1 202:1    0   8G  0 part /
xvdb     202:16   0   8G  0 disk
[root@ip-10-0-1-254 ~]# file -s /dev/xvdb
/dev/xvdb: data
[root@ip-10-0-1-254 ~]#
```

图 6-40　获取设备信息

创建一个文件系统，创建挂载目录并挂载，如图 6-41 和图 6-42 所示。

```
[root@ip-10-0-1-254 ~]# mkfs -t xfs /dev/xvdb
meta-data=/dev/xvdb              isize=512    agcount=4, agsize=524288 blks
         =                       sectsz=512   attr=2, projid32bit=1
         =                       crc=1        finobt=1, sparse=0
data     =                       bsize=4096   blocks=2097152, imaxpct=25
         =                       sunit=0      swidth=0 blks
naming   =version 2              bsize=4096   ascii-ci=0 ftype=1
log      =internal log           bsize=4096   blocks=2560, version=2
         =                       sectsz=512   sunit=0 blks, lazy-count=1
realtime =none                   extsz=4096   blocks=0, rtextents=0
[root@ip-10-0-1-254 ~]#
```

图 6-41　创建文件系统

```
[root@ip-10-0-1-254 ~]# mkdir /mnt/io1
[root@ip-10-0-1-254 ~]# mount /dev/xvdb /mnt/io1
[root@ip-10-0-1-254 ~]# lsblk
NAME    MAJ:MIN RM SIZE RO TYPE MOUNTPOINT
xvda    202:0    0   8G  0 disk
└─xvda1 202:1    0   8G  0 part /
xvdb    202:16   0   8G  0 disk /mnt/io1
[root@ip-10-0-1-254 ~]# df -Th
Filesystem     Type      Size  Used Avail Use% Mounted on
devtmpfs       devtmpfs  475M     0  475M   0% /dev
tmpfs          tmpfs     492M     0  492M   0% /dev/shm
tmpfs          tmpfs     492M  436K  492M   1% /run
tmpfs          tmpfs     492M     0  492M   0% /sys/fs/cgroup
/dev/xvda1     xfs       8.0G  1.3G  6.8G  16% /
tmpfs          tmpfs      99M     0   99M   0% /run/user/0
/dev/xvdb      xfs       8.0G   41M  8.0G   1% /mnt/io1
[root@ip-10-0-1-254 ~]#
```

图 6-42　创建挂载目录并挂载

6.6.4　子任务 4　创建 Amazon EFS 服务

1. Amazon EFS 介绍

Amazon Elastic File System（Amazon EFS）可提供简单、可扩展、完全托管的弹性 NFS 文件系统，以与 AWS 云服务和本地资源配合使用。它可在不中断应用程序的情况下按需扩展到 PB 级，随着添加或删除文件自动扩展或缩减，无须预置和管理容量，可自适应增长。

Amazon EFS 提供两种存储类：标准存储类和不频繁访问存储类（EFS IA）。EFS IA 针对不频繁访问的文件进行了成本优化，提供了出色的性价比。

Amazon EFS 旨在为数千个 Amazon EC2 实例提供大规模并行共享访问模式，可让云用户的应用程序在一致、低延迟的状态下实现高水平的总吞吐量和 IOPS。

Amazon EFS 非常适合支持从主目录到业务关键型应用程序在内的各种使用案例。客户可以使用 Amazon EFS 将现有企业应用程序直接迁移到 AWS 云。其他使用案例包括：大数据分析、Web 服务和内容管理、应用程序开发和测试、媒体和娱乐工作流程、数据库备份和容器存储。

2. 创建 Amazon EFS

进入 EFS 界面，单击“创建文件系统”按钮，如图 6-43 所示。

图 6-43　创建文件系统

进入“创建文件系统”界面后，按照步骤提示，逐步进行操作。

步骤 1：配置网络访问，选择 VPC 和挂载目标子网，如图 6-44 所示。

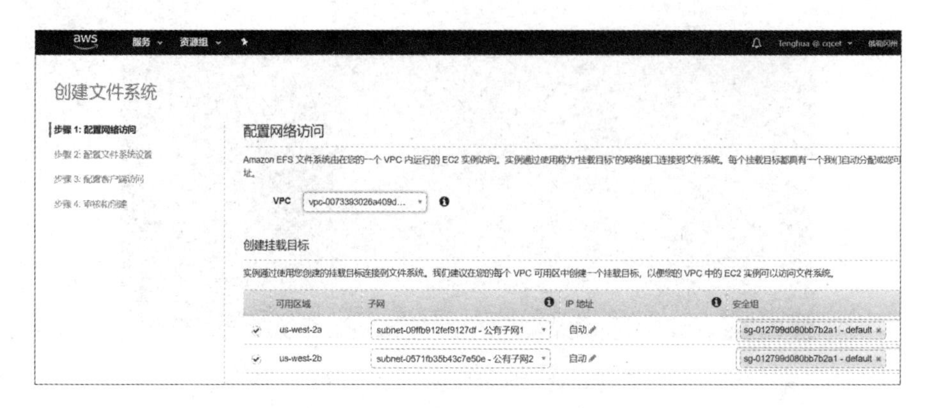

图 6-44　配置网络访问

步骤 2：配置文件系统设置，添加标签键：Name，值：demo-efs（图略）。

步骤 3：配置客户端访问，选择默认配置，单击“下一步”按钮（图略）。

步骤 4：审核和创建，可以根据情况更改前几步配置，如果不需更改，则完成配置。

以上四步完成后，就完成了文件系统的创建，这时就可以看到新建的文件系统了，如图 6-45 所示。

图 6-45　创建的文件系统情况

3. 使用 EC2 挂载 EFS

在 PuTTY 登录的命令行对话框，使用下面的命令完成 EFS 挂载，如图 6-46 所示。

```
sudo yum install -y amazon-efs-utils
sudo mkdir efs
sudo mount -t efs fs-f7359b5d:/ efs
```

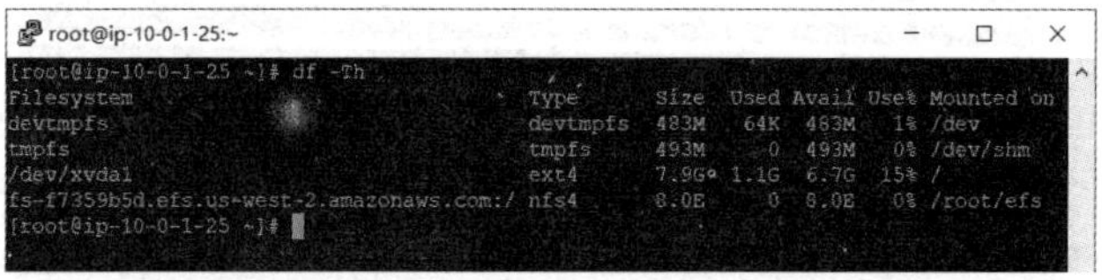

```
root@ip-10-0-1-25:~
[root@ip-10-0-1-25 ~]# df -Th
Filesystem                                  Type      Size  Used Avail Use% Mounted on
devtmpfs                                    devtmpfs  483M   64K  483M   1% /dev
tmpfs                                       tmpfs     493M     0  493M   0% /dev/shm
/dev/xvda1                                  ext4      7.9G  1.1G  6.7G  15% /
fs-f7359b5d.efs.us-west-2.amazonaws.com:/  nfs4      8.0E     0  8.0E   0% /root/efs
[root@ip-10-0-1-25 ~]#
```

图 6-46　使用 EC2 挂载 EFS

6.7　任务 2　使用华为存储模拟器搭建存储集群

华为 OceanStor 统一存储使用 DeviceManager 软件，利用图形化界面和 step by step 配置向导，在很短的时间内通过几步简单操作即可完成初始化配置。扩容时，利用 DeviceManager 管理软件，通过简单两步操作就能完成扩容，操作既简单又方便。

华为提供的存储模拟器可以用来模拟统一存储系统搭建，华为开发了多款模拟器，用来仿真华为真实存储产品的部署和配置，这里使用"Demo_for_OceanStor_V3_V300R003C10"。模拟器完全模仿华为真实存储产品的管理界面，在真实设备部署前，可以供工程师、学生等熟悉操作流程和部署过程。

实训任务

使用华为存储模拟器模拟存储环境。

实训目的

1. 掌握华为存储模拟器的配置和使用方法；
2. 理解从模拟器仿真到真实存储环境的对应关系；
3. 理解集群存储整合集群管理和海量存储的特点。

实训步骤

1. 环境准备

双击运行"Demo_for_OceanStor_V3_V300R003C10.exe"文件，安装模拟环境。安装过程全部采用默认配置（尤其是安装位置必须采用默认，更改安装位置可能导致不可用），安装完成后，根据《DeviceManager Demo 使用指导书》进行初始化操作，初始化完成，模拟器就可以使用了（以后每次开机使用 Demo，都需要先运行 start demo）。如果在另一台主机上通过浏览器登录 Demo，在地址栏输入"https://主机 IP 地址:8088"。打开后可以看到网页提示证书错误，"此站点不安全"，如图 6-47 所示。单击"详细信息"→"继续转到网页"命令，如果出现"浏览器的 Flash 版本不兼容"，则可以单击"忽略并继续"命令，进入登录界面，如图 6-48 所示，用户名和密码默认已填写，直接单击"登录"按钮即可。登录后的首页如图 6-49 所示。

图 6-47　页面提示

图 6-48　登录界面

图 6-49 登录后的首页

2．模拟/真实场景对照说明

在模拟环境下进行存储资源部署和配置很容易，不需要担心因配置错误而导致设备故障等，其缺点是难以有实际感受，下面就模拟环境和真实场景情形进行对照说明，便于读者环境“代入”和技能培养。

（1）在真实环境下，配置软件是装载在存储设备的专用部件上，专门进行存储设备管理的。与模拟器的使用方式类似，在任意一台能够访问存储设备的终端，只需在浏览器地址栏输入存储设备的管理地址，就可以登录从而进行存储空间的管理和主机映射。

（2）图 6-49 所示的配置首页显示的是设备运行状况、存储空间大小和利用率等，从中我们看到总硬盘数为 327，显然，一台真实的存储设备不可能有这么大的存盘容量。在“系统”界面可以看到存储设备的前后面板视图和各个硬盘框的使用情况，还可以查看每块硬盘的容量、类型、健康状态、分配的硬盘域等情况，如图 6-50 所示。在真实环境下，可以通过这两个界面了解存储设备的性能、容量、使用情况等，适合运维人员进行存储空间的管理和规划。

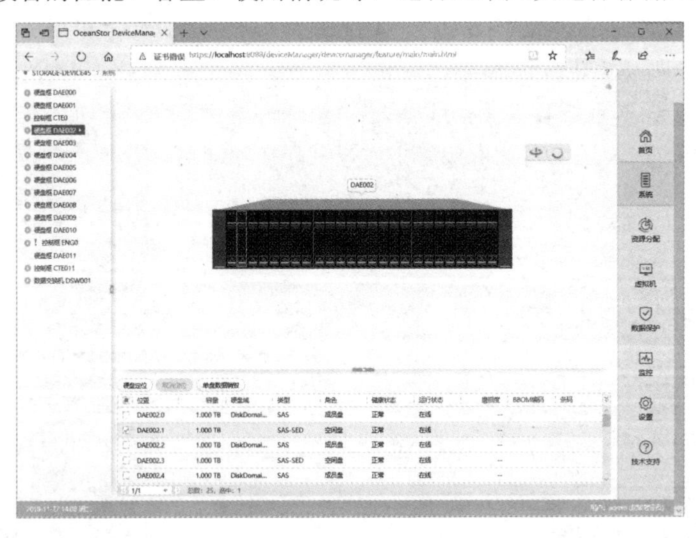

图 6-50 “系统”界面

（3）在图 6-51 所示的“资源分配”界面，可以根据流程图的提示进行存储管理和分配。

- 首先根据实际需求，选定所有或多个磁盘，创建一个或多个硬盘域；
- 然后根据具体应用环境，创建文件存储服务和块存储服务这两种不同用途的存储池。注意：存储池一旦创建就无法更改，除非删除重建，所以在真实环境下需谨慎操作；
- 接下来可以根据存储池的不同，创建文件系统或创建 LUN；
- 如果创建的是文件系统，接下来就可以根据所需文件系统格式的不同，创建 NFS 或 CIFS 或 FTP 共享文件系统；
- 如果创建的是 LUN，接下来可以创建 LUN 组，并将 LUN 组映射给主机，实际就是将块存储资源分配给服务器。

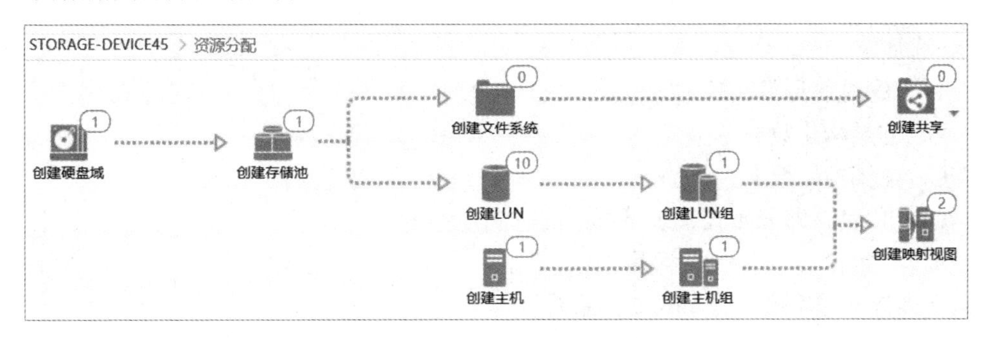

图 6-51　资源分配流程

（4）图 6-51 中的“创建主机”，实际是通过 IP 地址发现现有的服务器主机，并通过 iSCSI 或 FC 启动器建立服务器到存储设备连接的过程，“创建映射视图”就是将存储空间分配给服务器的过程。只有创建（实际是发现并连接）了主机，才能在块存储空间与服务器之间创建映射。

（5）可以对照图 6-52 来分析真实环境。PC 作为管理终端，登录存储设备的管理地址，进行存储空间规划和管理。多个存储设备通常构成光纤存储区域网络 FC-SAN，多个服务器构成服务器集群，存储设备和服务器集群一边通过光纤或高速以太网构成的存储网络相连，一边连接管理网络。在图 6-51 所示的流程图中，“创建硬盘域”“创建存储池”“创建文件系统”和“创建 LUN”等操作，是对存储设备进行管理的；“创建主机”“创建主机组”是对服务器进行管理的，该过程的前提是服务器已经开启 FC/iSCSI 端口，以便被存储管理系统发现；创建映射图和创建共享，就是将存储空间经过初始化后分配给服务器。

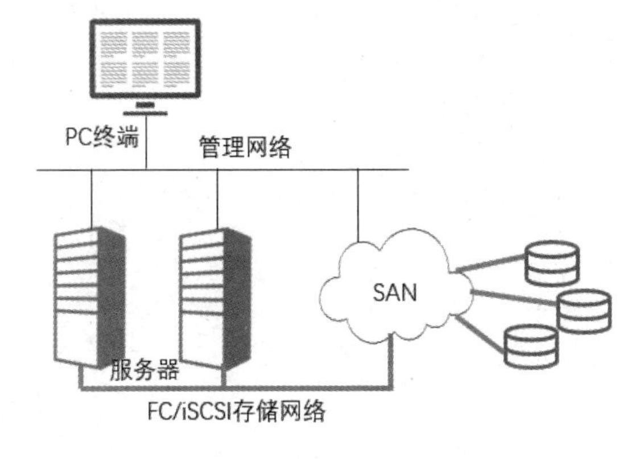

图 6-52　存储环境示意图

3．完成所有配置流程

在模拟环境下完成图 6-51 所示的所有配置流程，注意配置过程的每一步提示，对照理解真实环境情形，并结合 RAID 技术内容，理解存储设备初始化和管理过程。由于配置过程有具体说明，这里不再赘述配置过程。需要强调的是，在模拟配置过程中，要思考真实环境可能遇到的问题和解决方法。

综合训练

一、选择题

1．存储数据主要有如下几类（　　）。

A．非结构化数据　　B．结构化数据

C．半结构化数据　　D．数据库数据

2．CAP 原则，即分布式系统不可能同时满足哪三个性质（　　）。

A．一致性　　B．可用性　　C．分区容忍性　　D．高性能

3．下列哪一项不属于分布式文件系统（　　）。

A．MooseFS　　B．HDFS　　C．TFS　　D．Swift

4．分布式存储的特点描述不正确的是（　　）。

A．由于传统的 SAN、NAS 都是近端存储，因此性能肯定要优于分布式存储

B．分布式存储一般采用了多副本备份机制来保证数据一致性

C．分布式存储易于弹性扩展

D．分布式存储允许高速存储和低速存储分开部署，实现分级存储

5．非结构化数据常见的存储方法有（　　）。

A．块存储　　B．文件存储　　C．数据库存储　　D．对象存储

二、思考题

1．试比较分布式文件存储、分布式块存储、分布式对象存储的特点和应用场景。

2．Ceph 是目前应用十分广泛的开源分布式存储系统，Openstack 是应用十分广泛的私有云架构平台，两者结合有哪些可行方案？尝试验证一下。

第7章 软件定义存储

学习目标

- ➢ 理解软件定义存储的概念和特点；
- ➢ 理解软件定义存储的产品形式；
- ➢ 掌握 Server SAN、超融合存储的概念和实现方法；
- ➢ 了解智能存储的发展方向和应用前景。

任务引导

随着云计算、大数据等技术的行业渗透，企业 IT 架构数据正在呈指数级增长，存储技术作为云计算基础设施的重要支撑，也面临着很大的挑战。

据 IDC 预测，到 2030 年，将有超过 70%的全球 GDP 由数字化驱动。面对海量数据，传统存储的劣势愈加明显，企业急需通过更加现代化、敏捷、高性能的 IT 基础设施来推进业务持续发展，也需要一种更加灵活、智能、自动化的存储技术来满足多样化、定制化的需求。近几年软件定义存储的出现，为实现自动化部署按需服务的设想提供了可能。

相关知识

7.1 软件定义存储概述

7.1.1 软件定义的概念

软件定义（Software Defined）最早出现在 2009 年，斯坦福大学的 Mckeown 教授正式提出软件定义网络（Software Defined Network，SDN）的概念，拉开了软件定义的大幕。受此启发，很多厂商和机构纷纷抛出各种“软件定义”的概念。VMware 提出了软件定义数据中心（Software Defined Data Center，SDDC）和软件定义存储（Software Defined Storage，SDS）。IBM 提出了软件定义环境（Software Defined Environment，SDE），Intel 大力推广软件定义基础设施（Software Defined Infrastructure，SDI）。2014 年 Gartner 将软件定义一切（Software Defined Anything，SDx）预测为中国十大战略技术趋势之一。软件定义一切将 IT 服务（如计算、网络、存储及安全）从硬件底层解耦出来，将虚拟化这一概念扩展至一个新的层面，即所有数据中心资源被抽离、合并以实现自动化管理。

软件定义的本质是对现实世界的抽象建模和算法，计算、网络、存储是信息基础架构的三个支点。就存储而言，如果数据可以感知用户定义的策略和需求，并在策略的驱动下自主调整工作状态，这种理念就可称为软件定义存储。软件定义存储把存储服务从存储系统中抽象出来，这样就降低了与硬件的耦合度，可以更广泛地选择和使用包括机械硬盘及闪存在内的存储介质。

在第二十一届中国国际软件博览会（建成 2017 软博会）上梅宏院士以“软件定义的时代”为题做了报告。他提出，无处不在的软件正在定义整个世界，并引用了两位名人的话：软件正在吞噬我们的世界（网景创始人 Edson），人类文明运行在软件之上（美国工程院院士、C++的发明人 Strom）。软件定义时代的基本特征表现在“万物皆可互联，一切均可编程”，在这个基础上支撑人工智能应用和大数据应用，共享数据智能制造。

7.1.2 软件定义存储概念

VMware 首次提出 SDS 时认为：软件定义的存储产品是一个将硬件抽象化的解决方案，它可以轻松地将所有资源池化并通过一个友好的用户界面（UI）或 API 来提供给消费者。一个软件定义存储的解决方案可以在不增加任何工作量的情况下进行纵向扩展（Scale Up）或横向扩展（Scale Out）。

SNIA 曾经制定过 SAN、NAS、对象存储、云存储等标准。SNIA 认为，SDS 需要满足的是：提供自助的服务接口，用于分配和管理虚拟存储空间。SDS 应包括以下几种功能。

（1）自动化：简化管理，降低维护存储架构的成本。

（2）标准接口：提供应用编程接口，用于管理、部署和维护存储设备和存储服务。

（3）虚拟数据路径：提供块、文件和对象的接口，支持应用通过这些接口写入数据。

（4）扩展性：无须中断应用，便可以提供可靠性和性能的无缝扩展。

（5）透明性：提供存储消费者对存储使用状况及成本的监控和管理。

在 SNIA 对 SDS 的看法中，贡献最大也是最有价值的部分之一，应该是 SNIA 关于 Data Path（数据路径）和 Control Path（控制路径），以及手动传送数据请求和应用通过元数据来传送请求的对比描述。它帮助大家清晰地了解数据路径和控制路径的区别，并描绘了未来理想的 SDS 的蓝图，为如何发展 SDS 指明方向。

Red Hat 认为 SDS 是一种将存储软件与其硬件分离的存储体系结构。与 NAS 或 SAN 系统不同，SDS 通常在任何行业标准或 x86 系统上执行，从而消除软件对专有硬件的依赖。

除了 VMware、SNIA、Red Hat，Gartner、IDC、EMC、IBM、HP、DELL 等都提出了各自对 SDS 的定义或阐述。虽然每家对 SDS 的定义都各有不同，但易于扩展（主要指 Scale Out）、自动化、基于策略或应用的驱动几乎都成为定义中的必备特征。而这也是软件定义数据中心的重要特征，只有具备自动化的能力，才能实现敏捷交付，简单管理，节省部署和运维成本。

国内云计算开源产业联盟总结的 SDS 的定义：SDS 是指将存储物理资源通过抽象、池化整合，并通过智能软件实现存储资源的管理，实现控制平面和数据平面的解耦，最终以存储服务的形式提供给应用，满足应用按需（如容量、性能、服务质量、服务等级协议等）使用存储的需求。

7.1.3 SDS与存储虚拟化

SDS和存储虚拟化非常类似，但是并不是存储虚拟化。

存储虚拟化可以将多个存储设备或阵列的容量组成一个池，使其看起来就像在一个设备上，通常只能在专门的硬件设备上使用。SDS并没有将存储容量与存储设备剥离开来，而是将存储功能或服务与存储设备剥离开来。SDS的目标是将复杂的存储系统封装成为易操作的服务，用户可以通过一个软件或管理界面方便地管理自己的所有存储资源和内容。

SDS应当和存储虚拟化软件分离开来，在严格的定义下，阵列级别的软件并不能称为SDS，虽然它可以从软件层面上进行管理硬件。

SDS具有以下几点重要意义，这是存储虚拟化难以达到的。

1．软件与硬件的解耦

SDS可提供全面的存储服务，可对来自不同地点的物理存储容量，包括内部磁盘、闪存系统和外部存储系统进行联邦式管理，并可将这种管理扩大到各类云及云对象平台。

2．异构平台的有效共享

SDS可在异构的、商品化硬件环境下运行，且可充分利用现有的存储基础架构和统一的单一API进行编程，然后通过网站进行管理。SDS成为解除“厂商绑定”的重要技术，特别是开源的SDS成为自主可控，不再是被厂商绑定的一种可选的技术路线，逐渐成为一种趋势。

3．大数据需要SDS

大数据对现有的基础设施（计算、存储和网络）是否能即时访问，提出了更高的需求，而采用传统的以硬件为中心的方式已无法获得必要的灵活性，因此，采用新的云技术已势在必行。对云部署来说，存储是瓶颈，对容量增长、应用性能的需求都提出了挑战。管理者必须提升存储效率。

利用SDS将存储服务从底层的专利硬件中抽象出来，可以提升运营效率，提供透明的数据迁移。由于降低了管理的复杂性，SDS可让各种云应用更高效运行，并可进行低成本扩展。

公有云服务商AWS、阿里云、腾讯云等，以及互联网公司Facebook、新浪等几乎都采用自主研发的分布式存储。从SDS定义来看，公有云的分布式存储也属于SDS的一种，公有云的SDS已经成为一种趋势。

7.1.4 SDS产品分类

SDS的概念很大，分布式存储、Server SAN、超融合架构等都是SDS的一部分。分布式存储的最大特点是多节点部署，数据通过网络分散放置。分布式存储的特点是扩展性强，通过多节点平衡负载，提高存储系统的可靠性与可用性。与SDS相反，分布式存储不一定是软件定义的，有可能是绑定硬件的，例如，IBM XIV存储本质上是一个分布式存储，但实际是通过专用硬件进行交付的，那么就依然存在硬件绑定，具有成本较高的问题。

IDC将SDS分为SDS Controller Software和Server Base Storage，Gartner将SDS分为Management SDS和Infrastructure SDS。通俗地讲两种分类方法是控制（管理）平面SDS和数据平面SDS，与SNIA关于数据路径和控制路径的说法大体相当。开源SDS的兴起，Ceph是Infrastructure SDS的代表，Openstack Cinder、Manila是Management SDS的代表。Openstack与Ceph已经成为一种标准组合，正在各个行业应用。SDS分类示意图如图7-1所示。

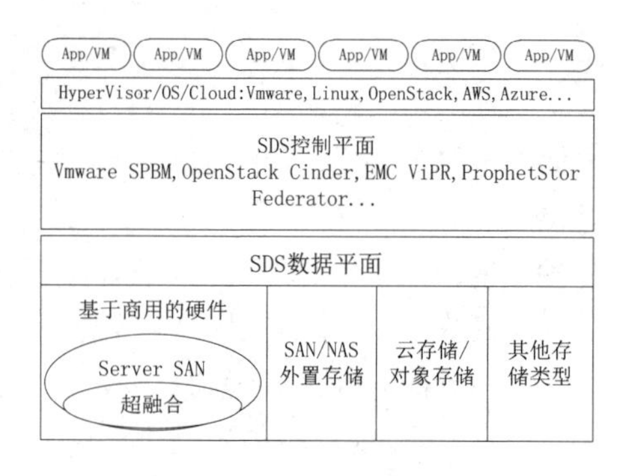

图 7-1　SDS 分类示意图

1．SDS 控制平面

在 SDS 控制平面这一层，比较著名的有：VMware SPBM （Storage Policy Base Management， 基于存储策略的管理）、OpenStack Cinder（块存储服务）、EMC ViPR、HP StoreVirtual、ProphetStor（希智）的 Federator、FalconStor（飞康）的 Freestor。

2．SDS 数据平面

在 SDS 数据平面这一层的构成比较复杂，组成部分较多。

“基于商用的硬件”只是一个笼统的说法，其产品种类繁多，这里主要罗列了 Server SAN，并将超融合架构作为 Server SAN 的一个子集。

传统的外置磁盘阵列，包括 SAN 存储或 NAS 存储也纷纷加入 SDS 浪潮。例如，EMC VNX、NetApp FAS 系列、HDS HUS、DELL SC 系列和 PS 系列、HP 3PAR、IBM V 系列和 DS 系列、华为 OceanStor 系列等。

云存储和对象存储作为数据平面的组成部分，实际上是以后端存储的身份为 VM/App 提供存储资源的。VM/App 可以通过 RESTful API 等接口与对象存储进行数据的输入和输出。目前有三种 RESTful API：Amazon S3、SNIA CDMI 和 OpenStack Swift。

SDS 正在快速发展，随着越来越多的供应商涉足 SDS 领域，产品供应也会越来越细分。Gartner 预测，到 2024 年，全球 50%的存储容量将以软件定义存储的形式部署，包括本地部署或在公有云上部署，目前这一比例尚不足 15%；另外，40%的企业将实现混合云存储。

至此，本书中已经出现了很多不同的存储方式、存储技术，有些存储既可以在私有云存储中实现，又可以在公有云存储中实现；也有一些传统存储使用的技术，经过改进成为云存储的实现方式。为了减少在观念上的混淆，笔者试图对这些存储技术进行总结盘点，如表 7-1 所示。从表中可见，多种存储方式在传统存储、公有云存储、私有云存储中有交叉，这也是存储方式变革带来的必然结果；而软件定义存储概念覆盖了目前大部分存储类别，可见“软件定义”是大势所趋。

表 7-1　存储技术盘点

存储场景/类别	具体实现方式
传统存储	RAID、JBOD、DAS、NAS、SAN、集群存储
私有云存储	集群存储、分布式存储（块、对象、文件等）、HCI、Server SAN
公有云存储	集群存储、分布式存储（块、对象、文件等）、大数据存储、表格存储、云数据库
软件定义存储	云存储、分布式存储、HCI、Server SAN、软硬件解耦的 SAN/NAS、智能存储、Server SAN、其他符合 SDS 定义的存储类型

7.1.5 SDS 产业全景图

在2020软件定义存储线上峰会上，百易传媒（DOIT）发布了软件定义存储产业全景图（SDS Landscape），如图 7-2 所示，方便从事数据智能产业者快速透视产业格局，帮助用户看到有代表性的解决方案供应商，促进产业内部的合作。

软件定义存储产业全景图将 SDS 产业分成两大部分，即分布式存储和 HCI，将 Ceph 部分作为分布式存储的一个子集，有意凸显 Ceph 的重要性和特殊性。

伴随着处理器性能和存储介质性能及网络层次上的飞速创新，分布式存储释放出了强大的能力，吸引了越来越多的用户。在很大程度上，分布式存储可以用通用的硬件提供原有集中式专有存储硬件才能提供的能力，而且在可扩展性、可维护性、成本等方面均表现出很大的优势，在面对大数据/AI/容器等场景中更能从容应对。

分布式存储是 HCI 非常重要的技术基础，可以说没有靠谱的分布式存储方案就没有超融合，而 HCI 则是软件定义存储在生产环境落地的最便捷最实用的方案之一。

图 7-2 软件定义存储产业全景图

目前，存储市场上主要是做数据平面的厂商。做控制平面的 SDS 厂商，尤其是初创厂商，需要巨大的勇气和魄力，因为其复杂度高，而且在短时间内很难看到回报。

数据平面的厂商，绝大部分还在抽象、池化这两个阶段。抽象做的是软硬件解耦，池化做的是存储虚拟化和存储标准化。

存储虚拟化指所有存储资源的虚拟化，包括外置磁盘阵列内的虚拟化，跨外置磁盘阵列的虚拟化（也即异构存储的管理），分布式存储服务器内的存储虚拟化。

一些业者认为在 SDS 的实现中，第一步是逻辑抽象，没有解耦，寸步难行；第二步是池化，这样才能灵活分配存储资源；第三步是自动化，存储资源由软件（Hypervisor，云管理）来自动分配和管理。目前看来，自动化其实是根据不同的工作负载来动态分配或管理存储资源的。那么，谁来判断工作负载的特点？最好是 Hypervisor/OS 或云管理软件。所以，存储通过和 Hypervisor、云管理软件对接，是一个比较现实可行的方法。

7.2 Server SAN

7.2.1 Server SAN 的概念

Server SAN 最早是由 Wikibon（国外一个著名的存储咨询社区）提出的，Wikibon 对 Server SAN 的定义是：计算与池化存储资源组合，多个存储介质直接挂载到多台独立的服务器上使用。Server SAN 也可以称为存储服务器或服务器 SAN，属于分布式存储的一种，也是软件定义存储的一个典型实现方式。在架构上 Server SAN 采用 x86 设备，Scale Out 架构。

Server SAN 主要有以下特点：聚合存储和计算；可横向扩展至数千台服务器；部署灵活，可“动态”添加/删除服务器和容量；性能高，适合大规模 I/O 并行处理。

下面通过比较 Server SAN 与 SAN、Server SAN 与集群 NAS 让大家更清楚地认识 Server SAN 的概念。

1．Server SAN 与 SAN

在传统存储中，SAN 设备一直占有很大的市场份额。存储和计算分离，IOE（IBM 的小型机、Oracle 数据库、EMC 存储设备）基本垄断了 IT 企业应用市场。从应用场景来说，传统 SAN 还是以数据库、容量型存储场景为主的，一般采用集中式元数据管理方式，其横向扩展能力不强，不需要采用分布式架构。

到了云计算时代，IOE 适应不了云服务的弹性横向扩展，要么无法满足应用需求，要么其构建和维护成本过高。一方面是因为技术要求的更新换代，另一方面是为了减少对国外 IT 设备的依赖。2008 年阿里巴巴提出去 IOE 化，经过几年的努力，阿里巴巴的 IT 架构已经于 2013 年彻底完成去 IOE 化工作。

由于 Server SAN 聚合了存储和计算，存储和计算需要重新统一，运行于标准 x86 服务器或虚拟机之上，可横向弹性扩展，非常适应云计算服务要求，因此其发展速度很快。

用一个形象的比喻来比较 Server SAN 与传统 SAN、NAS。SAN 和 NAS 就像传统的火车，一列火车能承载的乘客数量（即存储容量）完全取决于火车头的功率（即机头的性能），当火车的车厢增加后（即在允许范围内扩容），火车的速度就降低了。而 Server SAN 就像最新的动车组，每节车厢都有自己的动力引擎，当需要增加车厢时，整列火车的动力（算力）也相应增加了，火车的速度不会降低甚至会提高。

2．Server SAN 与集群 NAS

集群 NAS 是集群存储的实现方式，是将 NAS 服务器构建集群，以集群文件系统管理后端 SAN 存储设备池，集群 NAS 属于文件系统存储，其本质上计算和存储仍是分离的。而 Server SAN 是给 SAN 加上 Server，实现计算和存储的统一，Server SAN 一般属于块存储系统。

目前将 Server SAN 与集群 NAS 进行整合的产品也很常见，例如，基于 Server SAN 架构的集群 NAS 存储系统，就将文件级管理和块级存储整合起来，服务大数据存储场景。

Server SAN 的典型产品有基于 Server SAN 架构的虚拟化集群 NAS 存储系统——BWStor BW6000。它整合了集群文件系统（Blue Whale File System，BWFS）、NAS 集群（Scale Out NAS Gateway，SONG）技术，以及基于 x86 架构的 Server SAN 存储系统（BWRAID），共同组成全局统一命名空间下的文件级虚拟化存储资源池，全面满足了用户应用定义、按需扩展、低 TCO 等核心需求。具有更高的空间利用率、按需建设、线性扩展、灵活满足多种应用需求，能够提供更高的安全保障等特点。

7.2.2 VMware vSAN

VMware 是全球虚拟化巨头，以成熟稳定的企业级计算虚拟化平台征服了许多企业级用户，VMware 在软件定义数据中心的浪潮中处于中心位置，在软件定义存储领域，VMware 不但有丰富的理论研究，而且有非常全面且强大的产品组合。

VMware 的软件定义存储方案中十分主要、著名的就是 vSAN，vSAN 是一个分布式存储软件解决方案，可兼容各种常见的标准 x86 服务器，从特性来讲，它可以说是同类产品中的标杆型选手，在扩展性方面，以三节点起步进行横向扩展，也支持纵向扩展。

vSAN 是分布式块存储，它可以让企业在现有 VMware 虚拟化投入的基础上快速打开分布式存储的大门，对用户来说，vSAN 不仅降低了存储管理复杂性和成本，还能提高业务敏捷性。vSAN 支持超融合基础架构 HCI 系统。vSAN 与 VMware vSphere 完全集成在一起，作为 ESXi 管理程序内的分布式软件层。运行 vSAN 至少需要运行 vSphere 和 vCenter，单个 vSAN 节点最高支持 5 个磁盘组。

VMware vSAN 自 2014 年推出以来，成功获得了巨大的市场，很多企业用户会选择以 VMware 的 vSAN 作为超融合的落地方案，包括思科、戴尔易安信、HPE（国内叫新华三）、富士通、联想和 Supermicro 都推出了基于 vSAN 的软硬一体超融合方案。

2020 年 3 月，VMware 发布的 vSAN 7.0 版本，统一了块存储和文件存储；减少了对第三方解决方案的需求，丰富了自己的功能实现；支持云原生的 K8s，容器与虚拟化方案在 VMware 平台上得到融合。

VMware vSAN 市场表现非常强劲。IDC 数据显示，在 2019 年 Q4 全球超融合系统软件市场份额中，VMware 占比（主要是 vSAN）高达 41.1%，位列第一；在 2019 年 Q3 全球超融合系统软件市场份额中，VMware 占比（基本就是 vSAN）高达 38%，位列第一。

7.2.3 华为 Fushion Storage

华为 Fusion Storage 是数据中心级融合分布式存储，相当于华为的 Server SAN。它结合了华为公有云存储架构和企业级存储技术，强调可以打通不同数据类型、不同生命周期、不同空间分布、不同业务类型，实现一个数据中心一套存储。它具有超高可用容量、高重删压缩比等特点。Fusion Storage 分布式架构示意图如图 7-3 所示。

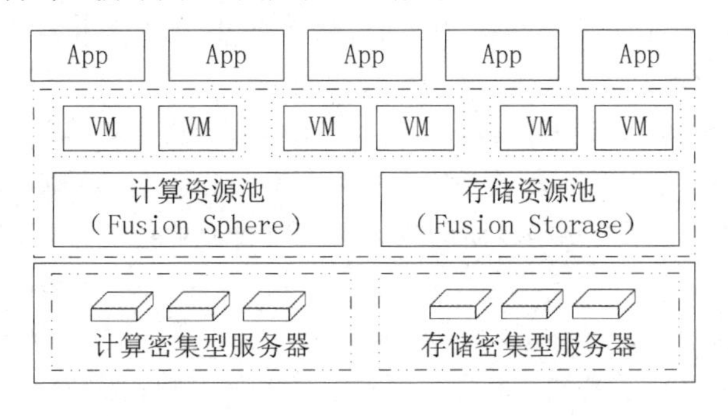

图 7-3 Fusion Storage 分布式架构示意图

华为分布式存储打造的最新一大卖点是智能，一方面通过智能算法将存储协议进行融合，打破数据孤岛；另一方面把智能融入分布式存储全生命周期的智能管理。Fusion Storage 升级为 Fusion Storage 智能分布式存储，能提供块、文件和对象存储服务，提出一个数据中心只需要一套存储的 Solgan。

OceanStor 9000 是华为的分布式横向扩展 NAS 文件存储，该产品目前比较成熟。Fusion Storage 8.0 是块和对象存储产品，支持纯软和软硬一体的部署方式，现在还支持 ARM 架构，比如华为的 ARM 服务器，软硬两手抓的华为自然会有超融合，Fusion Storage 8.0 就是华为 Fusion Cube 超融合的一部分。

2020 年以后，包括 Fusion Storage 在内的华为所有存储品牌统一归到 OceanStor 品牌下，华为分布式存储将改名为 OceanStor 分布式存储，其品牌下还有 OceanStor 集中式存储及 OceanStor Dorado 全闪存系列。

Gartner 报告中提到，华为的非结构化数据产品在电信及运营商市场表现出强劲的势头。截至 2019 年 12 月，华为 OceanStor 分布式存储已经进入全球 50 多个国家，服务金融、运营商、大型企业等超过 2500 家客户。IDC 报告显示，华为在中国区分布式存储市场份额连续两年第一。

7.2.4 青云 QingStor NeonSAN

在 IDC 发布的《中国软件定义存储及超融合市场跟踪研究报告，2019Q4》中，青云 QingCloud 旗下企业级分布式块存储 QingStor NeonSAN 连续两年入围，首次跻身中国软件定义块存储市场四强。青云 QingCloud 也因此成为主流存储厂商。

虽然青云从公有云业务开始做起，但青云的创始成员有丰富的企业级 IT 行业从业经验。青云如今的重点是做企业级 IT，青云的企业 IT 和公有云采用一致的架构，两者相互补充、相互协同，能提供更顺畅的云上云下统一架构，便于进行混合云的构建和管理。

青云从对象存储起步，在青云的公有云时代就有 QingStor 对象存储，而后有了私有化部署的方式，支持软硬一体和纯软件两种部署方式，也支持常见的各种协议，常用于管理日志、图片、音视频、OA 文档、邮件归档、二进制包等各类型文件，能支撑各种上层业务和数据分析系统。

QingStor NeonSAN 的产品定位是"新一代软件定义分布式块存储"，是青云 QingCloud 自主研发的一款分布式 SAN 存储产品。在云时代专为企业核心业务打造，它是天然的分布式架构，可以支持云原生应用，同时还可以无缝对接传统 IT 的核心数据库，与稳态应用能够做到无缝兼容，广泛适用于公有云、私有云及混合云的环境。

NeonSAN 分布式 SAN 存储具备超低延迟、超高性能的特点，其定位于企业关键业务存储系统。QingStor NeonSAN 2.0 也加入了 iSCSI 协议支持、数据远程复制、数据克隆与备份、QoS 与自动负载均衡、ACL 访问控制与权限管理、加密六种企业级特性，以便客户可以更加灵活地部署业务。

NeonSAN 可以对接 QingCloud、VMware、OpenStack、Hyper-V 等多个平台，例如，其在存储层开发了 VAAI 高级存储特性，提升了主机端的数据复制工作效率。在容灾方面，远程复制技术允许在主站点和备站点之间部署两台存储系统，且可以实现数据的异步远程复制（秒级 RPO、分钟级 RTO）。

NeonSAN 服务的大中型客户较多，这些群体对 Oracle RAC 的需求更高，而 NeonSAN 对于如 Oracle、DB2、MySQL 等关系型的数据库是无缝兼容的。除此之外，它还可以作为大数据分析和计算的后端存储资源池使用。

NeonSAN 既可以独立使用，类似于传统存储，又可以跟云整合在一起，整合进“全栈云”解决方案，NeonSAN 只是资源池的一部分。

7.3 超融合架构

7.3.1 超融合架构的概念

超融合基础架构（Hyper-Converged Infrastructure，HCI）也称为超融合架构，是指不仅在同一套单元设备（x86 服务器）中具备计算、网络、存储和服务器虚拟化等资源和技术，还包括缓存加速、重复数据删除、在线数据压缩、备份软件、快照技术等元素，而多节点可以通过网络聚合起来，实现模块化的无缝横向扩展，形成统一的资源池。

超融合基础架构从定义中明确提出包含软件定义存储，具备硬件解耦的能力，可运行在通用服务器之上。超融合基础架构与 Server SAN 提倡的理念类似，计算与存储融合，通过全分布式架构，有效提升系统的可靠性与可用性，并具备易于扩展的特性。

从存储属性来看，正如软件定义存储的分类所描述的那样，HCI 属于软件定义存储的数据平面。HCI 具有在线横向扩展的特性，非常适合云化的时代，但云化所需的存储资源即刻交付、动态扩展、在线调整，其实还需要借助控制平面的存储策略才能完成。软件定义存储还包含能被控制平面层（如 VMware SPBM、OpenStack Cinder 等）驱动的外置共享存储，不过这部分发展在国内还相对缓慢。

超融合可以理解为“应用计算+Server SAN”。

从 SAN 到 Server SAN，增加了 Server，这个 Server 的计算能力没有太高的要求，只是增加了扩展的灵活性。相当于从“传统火车”变到“动车组”，但是每个车厢的动力性能并不要求太强，其重点是灵活扩展存储空间和管理能力。

从 Server SAN 到 HCI，Server 不仅提供 Server SAN 的服务，同时还要承担应用计算的角色，将计算和存储真正合二为一。相比 Server SAN，HCI 的性能更强大，扩展更灵活。用户可以在实现存储空间扩展的同时节省应用计算服务器的数量，加上 Scale Out 能力带来的管理和运维成本节省，更容易打动用户。HCI 的采购成本降低 3 成，使用成本降低 5 成，维护成本降低 7 成，敏捷性显著提高，这就是超融合带来的好处。从这个意义来说，超融合其实代表了效率的一种境界。

超融合的架构和理念非常具有吸引力，国内外涌现出了许多提供超融合方案的厂商，也组建了超融合产业联盟。在众多厂商中，既有传统私有云厂商，又有公有云企业，总体上以私有云企业为主，经过几轮并购之后，超融合市场走入巨头时代。

从市场趋势来看，软硬件一体的方案开始成为主流，一些提供硬件方案，拥有硬件技术积累的厂商将获得更为明显的优势，熟悉硬件的厂商可以很快做出多种不同侧重点的方案，比如有的侧重存储要有强化存储能力的机型，有的需要并行计算或图形计算能力，那就需要支持

GPU 的机型。

随着摩尔定律的不断演进，软件具有越来越大的施展空间，超融合的功能和特性不断丰富完善，人们普遍认可超融合的说法。不仅如此，超融合已经在越来越多的核心系统中得到了部署和应用，在性能和可靠性上接受了关键应用的考验。

超融合需要关注的是概念的发展和演变，从最初计算/存储/网络一体，横向扩展的数字化基础设施，到 HCI 2.0，再到多云管理，超融合的概念不断发展和延伸，概念不同，着眼点和侧重点也不同。这些概念及其背后提供支撑的产品技术解决方案，都需要用户认真加以关注，有针对性地加以选用。

7.3.2 超融合应用场景

IDC 的数据显示，在软件定义存储市场中，下一代数据中心的旺盛需求正在有力地推动三大关键子领域的扩张，即文件、对象、HCI。

其中 HCI 市场表现尤其活跃（预计到 2024 年 HCI 市场的总收入将达到 200 亿美元，复合年增长率达到 22%以上。在预测期内，对象存储的复合年增长率将达到 10.3%，而文件存储和块存储的复合年增长率将分别达到 6.3%和 4.7%。），传统的 SAN 和 NAS 存储系统受超融合的影响，市场份额将有所削减。

在 *Critical Capabilities for Hyper Converged Infrastructure* 报告中，Gartner 定义了超融合当前六大主流应用场景。

1．Consolidated

Consolidated 以降低 TCO 为目标的不同层级 IT 设施整合的数据中心超融合项目。在该场景下，整体要求比较均衡，但硬件平台和虚拟化平台的开放性是关注重点。

2．Business-Critical

Business-Critical 用于承载类似 ERP 等关键业务，并用于提升可靠性与可扩展性的超融合相关项目。对于 Business-Critical，数据保护能力是用户最关注的特性之一。

3．Cloud

Cloud 用于承载基于私有云设计的新型应用或重新设计的核心应用，对 Cloud 场景及上层协议栈的支持是评估的关键。

4．Edge

Edge 支持和 IoT 设备接口并基于边缘计算相关应用、微服务的超融合相关项目，在边缘计算和物联网领域，特定的硬件要求及管理能力和扩展能力尤为重要。

5．ROBO

ROBO 是被远程管理的非主数据中心，亦可作为物联网/边缘计算（IoT/Edge）的桥接基础架构。由于区域上的分散，系统的管理能力和厂商服务支持能力是客户需要重点评估的内容。

6．VDI

VDI（Virtual Desktop Infrastructure，即虚拟桌面基础架构）可通过 LAN/WAN 的方式、远程显示协议访问、超融合简化部署而受益。

超融合最早被广泛应用的场景以 VDI 和 ROBO 为主，即使部署在生产环境，也多用于非核心生产系统。但时至今日，超融合已经完全覆盖了传统架构中块存储覆盖的所有领域，甚至包含企业级核心应用。

超融合是私有云的重要基础，超融合的一个重要应用场景就是私有云。

作为目前热点的边缘计算和物联网领域，也成为超融合的一个重要应用场景。

7.3.3 超融合关键特性

超融合这种新型的架构厂商一般会给出自身产品的特性列表，在 *Critical Capabilities for Hyper Converged Infrastructure* 报告中，Gartner 从用户需求视角梳理了超融合产品的 11 个关键能力要求（特性），如表 7-2 所示。

表 7-2 超融合关键能力特性列表

序号	关键能力	具体内容
1	超融合产品硬件相关能力（Hardware）	● 硬件配置最低要求； ● 基于第三方硬件的能力优化； ● 认证的硬件平台； ● 对最新配件如 NVMe 的支持； ● 网络资源是否支持无中断的自动扩展； ● 硬件故障处理能力等
2	软件定义数据中心能力（SDI）	● 软件定义计算，软件定义存储，软件定义网络支持能力； ● 数据中心基础机构编排管理能力； ● 云管能力及第三方云管的支持； ● Openstack 的支持等
3	虚拟机相关能力（Hypervisors）	● 支持自有和第三方 Hypervisor 平台； ● 对热迁移、快照等基础特性及 HA、DR 等高级特性的支持； ● 对多 Hypervisor 混合支持的能力等
4	容器相关能力（Containers）	● 对 Docker 等容器引擎的支持； ● 对 Kubernetes 等容器管理架构的支持； ● 对容器持久化存储的支持等
5	数据服务相关能力（Data Services）	● 压缩、重删等容量优化技术； ● 对于带宽、延迟、IOPS 相关的优化； ● 基于性能和容量的存储分层等
6	数据保护相关能力（Data Protection）	● 自有或第三方集成的备份归档方案； ● 同步复制及两个站点和多站异步复制功能； ● 数据保护机制和恢复机制等； ● 数据恢复对性能的影响； ● 是否支持在线的系统升级
7	系统管理相关能力（Management）	● 主站点及对 ROBO/Edge/IoT 的监控、管理和故障诊断； ● 安装、配置服务支持； ● 管理 API 的支持； ● CMP 的集成
8	自有及第三方软件栈集成能力（Stack）	● 操作系统支持； ● ERP、数据库、BI 分析软件支持； ● 内存型数据库支持； ● VDI 支持； ● PaaS 层软件支持等

续表

序号	关键能力	具体内容
9	系统扩展能力（Scaling）	● 系统最大规模； ● 当前已部署的最大规模集群； ● 集群间互联的协议； ● 计算和存储独自的扩展能力
10	服务与支持能力（Service and Support）	● 是否提供软硬件打包模式，软件模式的用户服务如何支持； ● 从 L1 到 L3 的支持能力； ● 监控及解决问题的工具和处理流程； ● 对边缘计算或 ROBO 提供的服务
11	安全合规相关能力（Security）	● 基于角色的权限管理能力； ● 数据加密能力； ● DOS 和 DDOS 的支持能力； ● NFT、NIPS、SEM 等能力

7.4 SDS 发展前景

在未来“数字宇宙”急剧膨胀的过程中，SDS 发挥越来越重要的作用。伦敦研究机构 Omdia 称，为满足用户日益增长的用户需求，厂商逐渐扩大其产品范围。从 2019 年到 2023 年，SDS 市场（包括 HCI 和独立的 SDS 产品）的年复合增长率将达到 28%，规模约为 860 亿美元。

随着视频、大数据、数据分析、AI 和机器学习数据的积累，存储容量不断增长，预计在数据中心存储开支中，适用于新型数据存储和处理的 SDS 存储所占比例不断上升。

HCI 以其易于部署和保持业务连续性成为存储热门，HCI 代表一种企业可负担成本的扩容方式，小型企业也能找到合适的 IT 管理员配置和管理这项技术，许多企业都喜欢用 HCI 这种实用的解决方案来应对其当前的数据增长挑战。

2019 年，HCI 出货量同比增长约 24%，到 2023 年，年复合增长率达到 56%。与此同时，2019 年独立 SDS（非 HCI）的出货量增长 12%，到 2023 年，年复合增长率将达到 21%。此外，据 Omdia 的数据显示，到 2023 年，HCI 市场规模预计将达到 430 亿美元，年复合增长率达到 47%，而独立 SDS 产品预计将达到 420 亿美元，年复合年增长率为 18%。

另外，Server SAN 作为 SDS 的重要组成部分，未来几年的增长规模也很可观。据最早提出 Server SAN 概念的美国第三方分析机构 Wikibon 预测：Server SAN 继续快速增长，预计到 2026 年将取代大多数传统存储阵列，企业超大规模 Server SAN 将迁移到下一代私有云（True Private Cloud，TPC）Server SAN。Wikibon 还预测，TPC Server SAN 将与公有云存储中的超大规模 Server SAN 一起取得一些进展，预测趋势图如图 7-4 所示，从图中可以看到，Wikibon 将 Server SAN 分成两个部分：一部分是“企业级私有云 Server SAN 存储”，在图中底层区域（在前几年的预测趋势中，该区域被称为“企业级 Server SAN”，Wikibon 提出了 TPC 的概念，预测趋势图中也改了名称）；另一部分是“公有云中超大规模 Server SAN 存储”，在图中顶层区域（之前名字是“超大规模 Server SAN”）。这两者共同形成 Server SAN 市场，极大压缩传统存储的生存空间。2016—2026 年，传统存储的复合年增长率为-18%。与之面对的是 Server

SAN 整体复合年增长率达到 36%。

SDS 市场迅速发展的同时，技术和服务将不断升级，带给用户更好的服务体验。此外智能化存储将会是一个新的发展趋势，目前，华为、新华三等软件定义产品都已经在酝酿实现智能化运维的 SDS 产品，甚至已经有初步的成果问世，可以预见，未来的 SDS 产品将给用户带来更多惊喜。

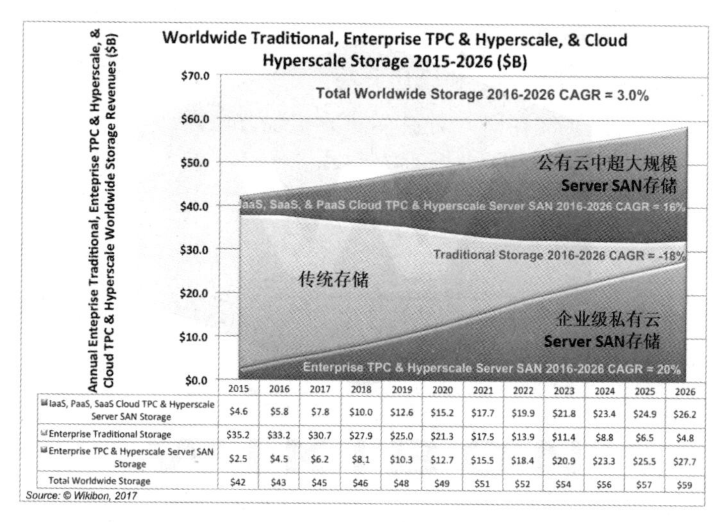

	2015	2016	2017	2018	2019	2020	2021	2022	2023	2024	2025	2026
IaaS, PaaS, SaaS Cloud TPC & Hyperscale Server SAN Storage	$4.6	$5.8	$7.8	$10.0	$12.6	$15.2	$17.7	$19.9	$21.8	$23.4	$24.9	$26.2
Enterprise Traditional Storage	$35.2	$33.2	$30.7	$27.9	$25.0	$21.3	$17.5	$13.9	$11.4	$8.8	$6.5	$4.8
Enterprise TPC & Hyperscale Server SAN Storage	$2.5	$4.5	$6.2	$8.1	$10.3	$12.7	$15.5	$18.4	$20.9	$23.3	$25.5	$27.7
Total Worldwide Storage	$42	$43	$45	$46	$48	$49	$51	$52	$54	$56	$57	$59

图 7-4　Wikibon 对传统存储、企业 Server SAN 和云 Server SAN 的全球预测 2015—2026 年（$B）

任务实施

7.5　任务 1　使用 Ceph 搭建分布式存储系统

SDS 产业全景图中将 SDS 产业分成两大部分：分布式存储和 HCI 超融合，将 Ceph 部分作为分布式存储的一个子集，有意突显 Ceph 的重要性和特殊性。

Ceph 作为开源存储系统吸引了大量初创型存储企业，国内比较有名的当属 XSKY（星辰天合）。XSKY 于 2015 年 5 月成立，其创业技术团队来自国际一线互联网公司和 IT 领导厂商的核心研发团队。XSKY 以 Ceph 项目为基础，致力于打造下一代企业级存储。目前，XSKY 在开源存储系统 Ceph 社区的代码贡献排名中位居中国第一，全球前三，并且与 Redhat、戴尔、英特尔等公司达成合作。2019 年，XSKY 进入 Gartner 全球分布式文件与对象存储 VoC 坐标系的第二象限。Ceph 生态的生机与活力可见一斑。

Ceph 其实是一个积木式架构，用户自主可控余地很多，选择也很多。从底层硬件可以选择任何通用硬件，如 x86 硬件、硬盘、网络，这些硬件服务器上需要搭载超融合系统、部署 Ceph 软件，Ceph 要根据客户的应用需求提供块存储、对象存储和文件存储。

使用 Ceph 搭建分布式存储环境是目前很受欢迎的存储解决方案，本次实训是搭建 Ceph 存储环境，并实现 Web 页面可视化管理。

实训任务

使用 Ceph 分布式存储环境。

实训目的

1. 掌握 Ceph 的配置和使用方法；
2. 掌握分布式存储系统架构规划和设计方法；
3. 理解 Ceph 块存储、文件存储、对象存储的实现方法。

实训步骤

1. 规划设计

准备四台虚拟机（有条件的部署三台服务器、一台计算机更好），分别安装 CentOS-7-x86_64 操作系统，使用的 Ceph 版本为 minic 版。网络地址及功能规划如表 7-3 所示。

表 7-3 网络地址及功能规划表

节点名称	IP 地址	系统版本	部署进程	数据盘
ceph1	192.168.100.201	CentOS-7-x86_64	MON+mgr+OSD	/dev/sdb
ceph2	192.168.100.202	CentOS-7-x86_64	MON+mgr+OSD	/dev/sdb
ceph3	192.168.100.203	CentOS-7-x86_64	MON+mgr+OSD	/dev/sdb
client	192.168.100.100	CentOS-7-x86_64	客户端	

表 7-3 中各部分配置说明如下。

（1）节点名称可以自己设定，方便记忆最好，比如用自己名字的拼音或缩写等，也可以使用 node1、node2 等命名。

（2）IP 地址可以根据实际情况自行规划，在实训环境下可以使用学号作为 IP 地址的第三个字节，虚拟机网卡使用 NAT 模式，以便连接网络，同时避免 IP 地址冲突。

（3）部署进程中 MON 表示 monitor 监视器，要求部署个数为 $2N+1$ 个；OSD 表示 object storage 存储磁盘；mgr 表示管理器。

（4）每个 MON 都兼做 OSD，所以我们安装三个 Ceph 节点时需要在上面添加一块磁盘 sdb。

2. 环境准备

在准备好的三个节点和客户端 client 上分别进行下述操作。

（1）关闭防火墙。

```
#service firewalld stop
#chkconfig firewalld off
#sed -i 's/SELINUX=enforcing/SELINUX=disabled/g' /etc/selinux/config
#setenforce 0
```

（2）修改网卡配置文件。

以 ceph1 节点为例。

```
# vi /etc/sysconfig/network-scripts/ifcfg-eno16777736
TYPE="Ethernet"
BOOTPROTO="static"
DEFROUTE="yes"
IPV4_FAILURE_FATAL="no"
NAME="eno16777736"
UUID="51b90454-dc80-46ee-93a0-22608569f413"
DEVICE="eno16777736"
ONBOOT="yes"
IPADDR="192.168.100.201"
PREFIX="24"
GATEWAY="192.168.100.2"
DNS1="114.114.114.114"
```

（3）重启网络服务。

```
# systemctl restart network
```

（4）配置 yum 源文件。

由于安装 centos 后的默认 yum 源为 centos 的官方地址，在国内使用很慢甚至无法访问，所以要把默认的 yum 源替换成 aliyun 的 yum 源或 163 等国内的 yum 源。

```
[root@ceph1 ~]# mv /etc/yum.repos.d/Cen* /opt/  #将系统默认配置的源文件移除#
[root@ceph1 ~]#wget -O /etc/yum.repos.d/CentOS-Base.repo \
http://mirrors.aliyun.com/repo/Centos-7.repo
[root@ceph1 ~]#wget -O /etc/yum.repos.d/epel.repo \
http://mirrors.aliyun.com/repo/ epel.repo
```

（5）配置 hosts 文件。

```
[root@ceph1 ~]#vi /etc/hosts
192.168.100.201 ceph1
192.168.100.202 ceph2
192.168.100.203 ceph3
192.168.100.100 client
127.0.0.1   localhost localhost.localdomain localhost4 localhost4.localdomain4
::1         localhost localhost.localdomain localhost6 localhost6.localdomain6
```

（6）安装 Chrony 服务。

Chrony 是一个开源的自由软件，能使系统时钟与时钟服务器（NTP）保持同步，在分布式集群中，为了便于同一生命周期内不同节点服务的管理，需要各个节点的时钟服务器严格同步。在以下配置中，以 client 节点作为时钟服务器，其他节点以 client 节点的时钟作为时钟标准调整自己的时钟。

client 节点和三个集群节点分别安装 Chrony 服务。

```
# yum -y install chrony
```

在 client 节点，编辑 chrony.conf 配置文件。

```
[root@client ~]#vi /etc/chrony.conf
```

找到 server 字段，在所有默认的 server 前加“#”，并添加国内时钟服务器，配置允许参与同步的网段。

```
#server 0.centos.pool.ntp.org iburst
#server 1.centos.pool.ntp.org iburst
#server 2.centos.pool.ntp.org iburst
```

```
#server 3.centos.pool.ntp.org iburst
server ntp1.aliyun.com
server 210.72.145.44
server 202.112.10.36
allow 192.168.100.0/24
local stratum 10
```

在其他三个节点编辑 chrony.conf 配置文件，在所有默认的 server 前加“#”，并添加本地时钟服务器（以 ceph1 节点为例）。

```
[root@ceph1 ~]#vi /etc/chrony.conf
#server 0.centos.pool.ntp.org iburst
#server 1.centos.pool.ntp.org iburst
#server 2.centos.pool.ntp.org iburst
#server 3.centos.pool.ntp.org iburst
server 192.168.100.100
```

在所有节点启动 chrony 服务，并设置开机自启动。

```
# systemctl restart chronyd
# systemctl enable chronyd
```

查看同步情况。

```
[root@ceph1 ~]# chronyc sources
210 Number of sources = 1
MS Name/IP address         Stratum Poll Reach LastRx Last sample
===========================================================
^* client                    10   6   377  27  -66us[ -167us] +/- 167us
```

如果同步时间显示的还是数千秒，则可以 systemctl restart chronyd，然后再次查看同步情况。

（7）配置 ceph 使用的 yum 源。

在三个节点分别配置 ceph.repo 文件。

```
#vi /etc/yum.repos.d/ceph.repo
[Ceph]
name=Ceph packages for x86_64
baseurl=http://mirrors.aliyun.com/ceph/rpm-mimic/el7/x86_64/
enabled=1
gpgcheck=1
type=rpm-md
gpgkey=https://mirrors.aliyun.com/ceph/keys/release.asc

[Ceph-noarch]
name=Ceph noarch packages
baseurl=https://mirrors.aliyun.com/ceph/rpm-mimic/el7/noarch/
enabled=1
gpgcheck=1
type=rpm-md
gpgkey=https://mirrors.aliyun.com/ceph/keys/release.asc

[ceph-source]
name=Ceph source packages
baseurl=https://mirrors.aliyun.com/ceph/rpm-mimic/el7/SRPMS/
```

```
enabled=1
gpgcheck=1
type=rpm-md
gpgkey=https://mirrors.aliyun.com/ceph/keys/release.asc
```

（8）安装 python 支持组件。

为防止后续 python 支持环境出现问题，可以在三个节点上分别运行。

```
# yum install -y python-pip
```

（9）配置无密码连接。

在 ceph1 上，可以设置无密码访问其他节点。

```
[root@ceph1 ~]# ssh-keygen
```

按四次 Enter 键，进行无密码访问。

```
# ssh-copy-id root@ceph2
```

在询问是否连接到 ceph2 节点的提示信息下，输入“yes”进行确认。

接下来按提示输入 ceph2 的登录密码。

接下来访问 ceph3。

```
# ssh-copy-id root@ceph3
```

在询问是否连接到 ceph3 节点的提示信息下，输入“yes”进行确认。

接下来按提示输入 ceph3 的登录密码。

3. 部署 Ceph 集群

（1）安装部署软件。

ceph-deploy 是个部署工具，使用它可以实现所有节点同步安装，如果这个工具无法使用，就必须在每个节点上分别进行安装过程。

在节点 ceph1 安装。

```
[root@ceph1 ~]# yum -y install ceph-deploy
```

（2）创建工作目录。

后续进行创建集群、安装软件包、初始化服务、创建 OSD 等操作时，必须创建工作目录。

```
[root@ceph1 ~]# mkdir ceph-cluster && cd ceph-cluster
```

（3）创建群集并安装软件。

```
[root@ceph1 ceph-cluster]# ceph-deploy new ceph{1, 2, 3}
[root@ceph1 ceph-cluster]#ceph-deploy install ceph1 ceph2 ceph3
```

（4）初始化部署 monitor。

```
[root@ceph1 ceph-cluster]# ceph-deploy mon create ceph{1, 2, 3}
[root@ceph1 ceph-cluster]# ceph-deploy mon create-initial
[root@ceph1 ceph-cluster]#ceph mon_status  检查部署情况
```

（5）共享管理密钥。

用 ceph-deploy 把配置文件和 admin 密钥复制到管理节点和 Ceph 节点，这样每次执行 Ceph 命令行时就无须指定 monitor 地址和 ceph.client.admin.keyring。

```
[root@ceph1 ceph-cluster]# ceph-deploy admin ceph1 ceph2 ceph3
```

修改密钥权限。

```
[root@ceph1 ceph-cluster]#sudo chmod 644 /etc/ceph/ceph.client.admin.keyring
```

（6）创建 OSD。

```
[root@ceph1 ceph-cluster]#ceph-deploy osd create ceph1 --data /dev/sdb
```

```
[root@ceph1 ceph-cluster]#ceph-deploy osd create ceph2 --data /dev/sdb
[root@ceph1 ceph-cluster]#ceph-deploy osd create ceph3 --data /dev/sdb
```

创建完成可以查看 OSD。

```
[root@ceph1 ceph-cluster]#ceph-deploy osd list ceph1 ceph2 ceph3
```

（7）创建 mgr。

```
[root@ceph1 ceph-cluster]#ceph-deploy mgr create ceph1 ceph2 ceph3
```

（8）验证测试。

```
[root@ceph1 ~]# ceph health
```

正常情况将显示“HEALTH_OK”。

```
[root@ceph1 ~]#ceph -s
```

显示详细信息。如果该简化命令提示错误，则使用 ceph –status。

```
 cluster:
   id:     f26051f4-8ab4-4b7e-9980-3f3748f8cd30
   health: HEALTH_OK

 services:
   mon: 3 daemons， quorum ceph1，ceph2，ceph3
   mgr: ceph1 (active) ， standbys: ceph3， ceph2
   osd: 3 osds: 3 up， 3 in

 data:
   pools:  0 pools， 0 pgs
   objects: 0  objects， 0 B
   usage:  3.0 GiB used， 117 GiB / 120 GiB avail
   pgs:
```

（9）时钟同步问题。

如果 ceph –s 显示如下信息。

```
[root@ceph1 ~]#ceph -s
  health HEALTH_WARN
          clock skew detected on mon.node2， mon.node3
          Monitor clock skew detected
```

往往是各节点时钟同步出错。修改 ceph1 节点的配置文件/etc/ceph/ceph.conf，添加如下内容，将同步时间由默认的 0.05s 改为 1s（或 2s）。

```
[mon]
mon clock drift allowed =1
mon clock drift warn backoff = 30
```

4．开启 Dashboard

Ceph 从 Luminous 开始，提供了原生的 Dashboard 功能，通过 Dashboard 可以获取 Ceph 集群的各种状态信息，从 Mimic 里实现了 Dashboard V2 版本，提供了更全面的 Ceph 展示和管理功能。

（1）查看 ceph 状态。

首先查看 ceph 状态，找出 active 的 mgr，这里 active mgr 是 ceph1。

```
[root@ceph1 ~]# ceph -s
     mgr: ceph1 (active) ， standbys: ceph2， ceph3
```

（2）生成自签名证书和秘钥。

```
[root@ceph1 ~]# ceph dashboard create-self-signed-cert
Self-signed certificate created
```

生成 key pair，并配置给 ceph mgr。

```
[root@ceph1 ~]# mkdir mgr-dashboard
[root@ceph1 ~]# cd mgr-dashboard/
[root@ceph1 mgr-dashboard]# openssl req -new -nodes -x509 -subj "/O=IT/CN=ceph-mgr-dashboard" -days 3650 -keyout dashboard.key -out dashboard.crt -extensions v3_ca
Generating a 2048 bit RSA private key
............................+++
..........................................................+++
writing new private key to 'dashboard.key'
-----
[root@ceph1 mgr-dashboard]# ls
dashboard.crt  dashboard.key
```

（3）启用 dashboard 插件。

```
[root@ceph1 mgr-dashboard]# ceph mgr module enable dashboard
```

（4）配置 dashboard 地址和端口。

```
[root@ceph1 mgr-dashboard]# ceph config set mgr mgr/dashboard/server_addr 192.168.100.201
set mgr/dashboard/server_addr
[root@ceph1 mgr-dashboard]# ceph config set mgr mgr/dashboard/server_port 8888
set mgr/dashboard/server_port
```

查看 dashboard 服务。

```
[root@ceph1 mgr-dashboard]# ceph mgr services
{
    "dashboard": "https://192.168.100.201:8888/"
}
```

（5）配置 dashboard 认证密码。

```
[root@ceph1 mgr-dashboard]# ceph dashboard set-login-credentials admin 123456
Username and password updated
```

现在可以访问 ceph 的 dashboard，登录界面如图 7-5 所示。

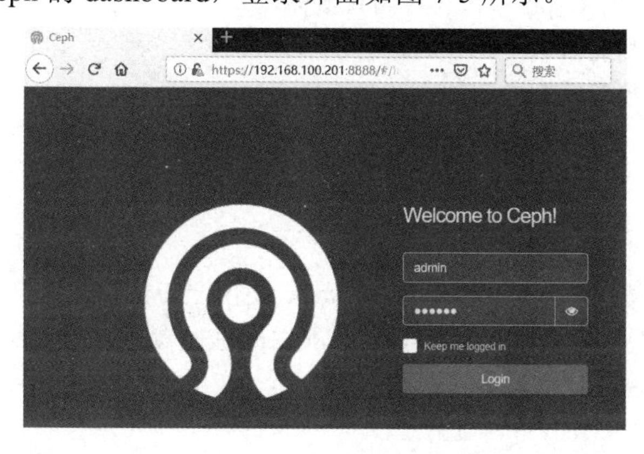

图 7-5　访问 dashboard

登录后可以看到 dashboard 面板，上面显示了当前 ceph 集群的 Health 状态信息，如图 7-6 所示。

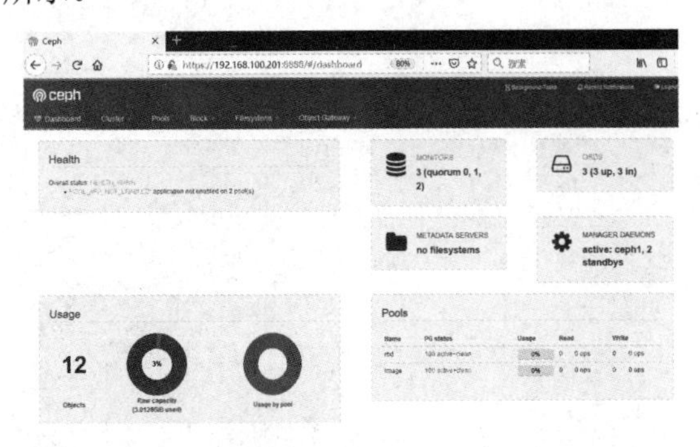

图 7-6　dashboard 状态

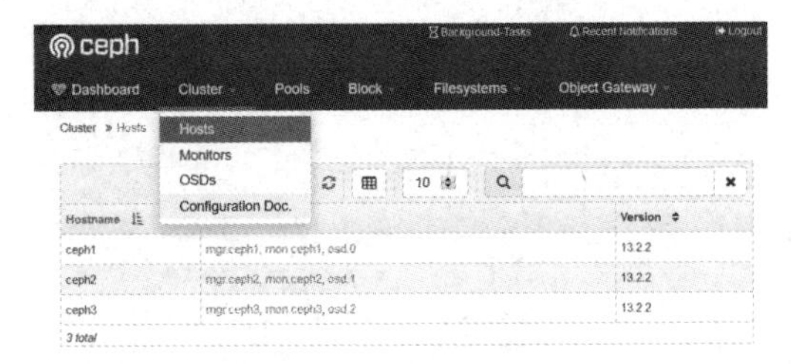

图 7-7　集群界面

在 Cluster 选项卡可以查看集群中的 Hosts、Monitors、OSDs、Configuration Doc.等信息，如图 7-7 所示。此外，如果后续配置了块存储、文件系统、对象存储，可以分别在“Block”“Filesystems”“Object Gateway”界面查看。

7.6　任务 2 Openstack+Ceph 构建超融合系统

Openstack 作为目前使用十分广泛的开源私有云平台，在国内外拥有巨大的市场，很多公司都在 Openstack 基础上做自己的产品，Openstack 结合 Ceph 分布式存储是一个很常见的应用场景。

实训任务

Openstack+Ceph 构建超融合系统。

实训目的

1. 配置 Openstack 与 Ceph 分布式存储对接；
2. 掌握使用开源私有云平台构建超融合的方法；
3. 理解私有云环境部署超融合的方法。

实训步骤

1. 规划设计

Ceph 集群使用任务 1 中安装的，OpenStack 使用 All-in-one 节点，并使用先前提供的 ostack-IaaS-All.qcow2 镜像，flavor 使用 4vcpu/8G/100G 硬盘启动云主机。网络地址及功能规划表如表 7-4 所示。

表7-4 网络地址及功能规划表

节点名称	IP 地址	系统版本	部署进程	数据盘
ceph1	192.168.100.201	CentOS-7-x86_64	MON+mgr+OSD	/dev/sdb
ceph2	192.168.100.202	CentOS-7-x86_64	MON+mgr+OSD	/dev/sdb
ceph3	192.168.100.203	CentOS-7-x86_64	MON+mgr+OSD	/dev/sdb
ostack	192.168.100.101	CentOS-7-x86_64	Openstack	

OpenStack 节点配置 yum 源如下。

```
[root@ostack ~]# cat /etc/yum.repos.d/local.repo
[centos]
name=centos
baseurl=ftp://192.168.100.201/centos
gpgcheck=0
enabled=1
[iaas]
name=iaas
baseurl=ftp://192.168.100.201/iaas/iaas-repo
gpgcheck=0
enabled=1
```

2. 配置 OpenStack 作为 Ceph 的客户端

（1）配置 ostack 节点作为 Ceph 的客户端。

配置 ceph1 节点的/etc/hosts 文件，将 ostack 节点加进去。

```
[root@ceph1 ceph]# vi /etc/hosts
127.0.0.1 localhost localhost.localdomain localhost4 localhost4.localdomain4
::1  localhost localhost.localdomain localhost6 localhost6.localdomain6
192.168.100.201 ceph1
192.168.100.202 ceph2
192.168.100.203 ceph3
192.168.100.100 client
192.168.100.101 ostack
```

在 ceph1 节点执行命令，安装 ostack 节点的客户端。

```
ceph-deploy install ostack
```

等待命令执行完毕后，将配置文件复制到 ostack 节点。

```
ceph-deploy admin ostack
```

现在 ostack 节点就成了 Ceph 集群的一个客户端。

（2）配置存储池。

为 Cinder、Glance、Nova 创建 Ceph 存储池。开发者也可以使用任何可用的存储池，这里会创建 3 个存储池，作为 3 种存储的后端存储池，创建完成后可以检查当前的存储池信息。

首先看下默认存储池的信息。

```
#ceph osd pool stats
pool rbd id 0
nothing is going on
```

创建 images 池，对应 Glance 服务。

```
ceph osd pool create images 128
pool 'images' created
```

创建 vms 池，对应 Nova 服务。

```
ceph osd pool create vms 128
pool 'vms' created
```

创建 volumes 池，对应 Cinder 服务。

```
ceph osd pool create volumes 128
pool 'volumes' created
```

查看创建的存储池。

```
[root@ ostack ~]# ceph osd pool stats
pool rbd id 0
nothing is going on
pool volumes id 1
nothing is going on
pool images id 2
nothing is going on
pool vms id 3
nothing is going on
```

（3）创建 Ceph 用户。

为存储池创建认证用户，在 ceph1 节点上执行。

```
[root@ceph1 ceph]# ceph auth get-or-create client.glance mon 'allow r' osd 'allow class-read object_prefix rbd_children, allow rwx pool=images'
[client.glance]
key = AQBIVaVbHbyeiA8AeYLdlvKp2DzjHFyeiAgdlw==
```

（4）复制 keyring。

创建 ostack 节点的 keyring，在 ceph1 节点上执行。

```
[root@ceph1 ceph]# ceph auth get-or-create client.glance | ssh ostack tee /etc/ceph/ceph.client.glance.keyring
[client.glance]
key = AQBIVaVbHbyeiA8AeYLdlvKp2DzjHFyeiAgdlw==
```

（5）修改权限。

修改 ostack 节点的 keyring 权限，在 ceph1 节点上执行。

```
[root@ceph1 ceph]# ssh ostack chown glance:glance /etc/ceph/ceph.client.glance.keyring
```

3. 配置 Glance 服务

现在已经完成了 Ceph 所需的配置，接下来通过配置 OpenStack Glance，将 Ceph 用作后端存储，配置 OpenStack Glance 模块来将其虚拟机镜像存储在 Ceph RDB 中。

（1）修改 Glance 配置文件。

登录 ostack 节点，然后编辑/etc/glance/glance-api.conf 文件的[DEFAULT]和[glance_store]的配置并进行如下修改。

```
#vi /etc/glance/glance-api.conf
[DEFAULT]
rpc_backend = rabbit
show_image_direct_url = True
```

```
[glance_store]
stores = rbd
default_store = rbd
rbd_store_pool = images
rbd_store_user = glance
rbd_store_ceph_conf = /etc/ceph/ceph.conf
rbd_store_chunk_size= 8
```

（2）重新启动服务。

重新启动 OpenStack Glance 服务。

```
[root@ostack ~]# openstack-service restart glance-api
```

（3）检查结果。

要在 Ceph 中启动虚拟机，Glance 镜像的格式必须为 RAW。这里可以利用 cirros-0.3.4-x86_64-disk.img 镜像，将镜像类型从 QCOW2 转换成 RAW 格式，也可以使用任何 RAW 格式的其他镜像。

```
#qemu-img convert -p -f qcow2 -O raw cirros-0.3.4-x86_64-disk.img cirros.raw
```

将修改后的镜像上传到系统。

```
[root@ ostack ~]# glance image-create --name="CirrOS-ceph" --disk-format=raw
--container-format=bare < /root/cirros.raw
```

正确显示创建结果即可，由于篇幅较长，这里不进行展示。现在已经将 Glance 的默认存储后端配置改为 Ceph，所有上传的 Glance 镜像都将存储在 Ceph 中。

4．配置 Cinder 块存储服务

（1）创建 Cinder 认证。

在 ceph1 节点上执行。

```
[root@ceph1 ceph]# ceph auth get-or-create client.cinder mon 'allow r' osd 'allow
class-read object_prefix rbd_children, allow rwx pool=volumes, allow rwx pool=vms, allow
rx pool=images'
[client.cinder]
key=AQC+Ee3rvUHTa6VbHeiA8AeYLdlvKEKHa94Jow==
```

（2）复制 keyring。

在 ceph1 节点上执行。

```
[root@ceph1 ceph]# ceph auth get-or-create client.cinder | ssh ostack tee
/etc/ceph/ceph.client.cinder.keyring
[client.cinder]
key=AQC+Ee3rvUHTa6VbHeiA8AeYLdlvKEKHa94Jow==
```

（3）修改权限。

在 ceph1 节点上执行。

```
[root@ceph1 ceph]#ssh ostack chown cinder:cinder /etc/ceph/ceph.client.cinder.keyring
```

（4）生成 UUID。

在 OpenStack 的计算节点（ostack 节点）上生成 UUID，定义 secret.xml 文件，给 Libvirt 设置密钥，这里在 ostack 节点上进行操作。

使用如下代码生成 UUID。

```
[root@ostack ceph]# uuidgen
6c028365-e9aa- a897-3cc0-b298bf78d24e
```

创建密钥文件，并将 UUID 设置给该密钥文件。

```
[root@ostack ~]# cat > secret.xml <<EOF
<secret ephemeral='no' private='no'>
<uuid>6c028365-e9aa- a897-3cc0-b298bf78d24e</uuid>
<usage type='ceph'>
<name>client.cinder secret </name>
</usage>
</secret>
EOF
```

定义（define）密钥文件，并保证生成的保密字符串是安全的。在接下来的步骤中需要使用这个保密的字符串值。

```
[root@ostack ~]# virsh secret-define --file secret.xml
Secret 6c028365-e9aa- a897-3cc0-b298bf78d24e created
```

在 virsh 里设置好最后一步生成的保密字符串值，创建完成后查看系统的密钥文件。

```
[root@ostack ~]# ceph auth get-key client.cinder > ./client.cinder.key
[root@ostack ~]# virsh secret-set-value --secret 6c028365-e9aa-
a897-3cc0-b298bf78d24e --base64 $(cat ./client.cinder.key)
Secret value set
[root@ostack ~]# virsh secret-list
UUID Usage
------------------------------------------------------------------------------
6c028365-e9aa- a897-3cc0-b298bf78d24e ceph client.cinder secret
```

（5）修改配置文件。

OpenStack 需要一个驱动和 Ceph 块设备交互，还需要指定块设备所在的存储池名。编辑 ostack 节点上的/etc/cinder/cinder.conf，改成如下内容，rbd_secret_uuid 就是上面生成的密钥值。

```
[DEFAULT]
rpc_backend = rabbit
auth_strategy = keystone
my_ip = 127.0.0.1
#enabled_backends = lvm
enabled_backends = ceph
glance_api_servers = http:// ostack:9292
[ceph]
volume_driver = cinder.volume.drivers.rbd.RBDDriver
rbd_pool = volumes
rbd_ceph_conf = /etc/ceph/ceph.conf
rbd_flatten_volume_from_snapshot = false
rbd_max_clone_depth = 5
rbd_store_chunk_size = 4
rados_connect_timeout = -1
glance_api_version = 2
rbd_user = cinder
rbd_secret_uuid =6c028365-e9aa- a897-3cc0-b298bf78d24e
```

（6）重启服务。

```
[root@ostack ~]# systemctl restart openstack-cinder-volume.service
```

（7）创建块设备并验证。

```
[root@ostack ~]# cinder create --name ceph-block1 1
```

能够正确显示创建结果即可，查看 cinder list。

```
[root@ostack ~]# cinder list
[root@ostack ~]# rbd ls volumes
volume-15829bdd-7923-9f84-a081c-e5b906b95a1
```

Cinder 创建的块设备，可以在 Ceph 中查询到，Ceph 对接 Cinder 服务得到验证。

5．配置 Nova 服务

（1）修改配置文件。

修改/etc/nova/nova.conf 配置文件，并重启 nova-compute 服务。

```
[libvirt]
virt_type = qemu
inject_key = True
rbd_user = cinder
rbd_secret_uuid =6c028365-e9aa- a897-3cc0-b298bf78d24e
```

（2）创建虚拟机。

net-id 可以通过 neutron net-list 查询。

```
[root@ostack ceph]# nova boot --flavor m1.tiny --image "CirrOS-ceph" --nic
net-id=bd923693-d9b1-4094-bd5b-22a038c44827 ceph-vm1
```

能够正确显示创建结果即可。

（3）挂载云硬盘。

```
[root@ostack ceph]# nova volume-attach 9a43350c-f709-c1d2-c7f0-cdcee0ed2905
f163440-1cf7-4daa-f080-847c4f33b88d3
+----------+--------------------------------------+
| Property | Value |
+----------+--------------------------------------+
| device | /dev/vdb |
| id | f163440-1cf7-4daa-f080-847c4f33b88d3|
| serverId | 9a43350c-f709-c1d2-c7f0-cdcee0ed2905|
| volumeId | f163440-1cf7-4daa-f080-847c4f33b88d3 |
```

（4）查看挂载。

```
[root@ ostack ceph]# cinder list
+--------------------------+--------+-------------+
| ID | Status | Name | Size | Volume
Type | Bootable | Attached to |
+--------------------------------+--------+-------------+------+-------------+--
--------+---------+
| f163440-1cf7-4daa-f080-847c4f33b88d3| in-use | ceph-block1 | 1 | - | false |
f163440-1cf7-4daa-f080-847c4f33b88d3 |
+-----------------------------------+--------+-------------+------+-------------
+----------+--------+
```

挂载成功，nova compute 使用 RBD 验证成功。

综合训练

一、选择题

1．软件定义存储最重要的特性是（　　）。

A．存储虚拟化　　B．软件与硬件解耦

C．脱离硬件存在　　D．软件控制

2．百易传媒（DOIT）发布软件定义存储产业全景图，将 SDS 分成了哪三个部分？（　　）

A．分布式存储　　B.Ceph

C．超融合 HCI　　D．Server SAN

3．Server SAN 的主要特点有（　　）。

A．可横向扩展至数千台服务器

B．部署灵活，可“动态”添加/删除服务器和容量

C．聚合存储和计算

D．性能高，适合大规模 I/O 并行处理

4．运行 vSAN 需要哪些独立软件（　　）。

A．SPBM（Storage Policy-Based Management）

B．vSphere

C．vSAN Edition

D．vCenter

5．单个 vSAN 节点最高支持多少个磁盘组（　　）。

A．4　　B．5

C．6　　D．3

二、思考题

1．请梳理分布式存储、云存储、软件定义存储、集群存储、SAN、NAS、Server SAN、超融合架构等存储技术和方式，对比其特点、应用场景、相互关系等。

2．HCI 有哪些特点？结合其特点思考一下，有没有什么存储应用场景是不适合部署 HCI 的，说明原因。

第 8 章 网盘技术应用

学习目标

- 了解网盘的概念和应用情况；
- 理解网盘技术原理；
- 掌握使用开源软件搭建私有云盘技术的方法；
- 掌握网盘公有云对象服务相结合的方法。

任务引导

网盘是云存储技术的一种常见类型，很早就以手机云端备份、网盘备份等方式向网民提供服务。可以说，网盘是不懂云计算的普通网民最早接触到的云计算服务，网盘提供各类非结构化文件的存储、访问、备份、共享等功能，极大地丰富了人们的数字生活。在分布式存储、软件定义存储等云存储技术手段逐渐为人所知并发挥重大作用的现阶段，人们对网盘存储提出了更多样化的需求和更高的期许。

相关知识

8.1 网盘概述

8.1.1 网盘的概念

网盘又称网络云盘、网络磁盘，它是由互联网公司推出的在线存储服务，为用户免费或收取相关费用提供文件的存储、访问、备份、共享文件管理等功能。国内最早出现的有百度云盘、金山快盘等。这些产品满足了用户文档存储、共享和同步的需求，推动了国内云存储服务的应用。

用户可以把网盘看成一个放在网络上的硬盘或 U 盘，不管你在家中、单位或其他任何地方，只要你连接到因特网，就可以管理、编辑网盘里的文件。网盘不需要随身携带，更不怕丢失。

网盘的存储空间是网盘服务公司将其服务器存储资源池中的一部分容量拿来给注册用户

使用的，因此网盘一般来说投资都比较大。免费网盘的容量比较小，一般为 300MB 到 10GB 左右；另外，为了防止用户滥用网盘，还往往附加单个文件最大限制，因此免费网盘一般只用于存储较小的文件（一般要求 4GB 以内，不支持更大文件）。而收费网盘则具有速度快、安全性能好、容量高、允许大文件存储等优点，适合有较高要求的用户。

可以将网盘看作 SaaS 模式的云存储产品，目前市面上网盘产品众多，国内主要有百度网盘、腾讯微云、360 云盘、华为网盘、坚果云、亿方云等；国外有 OneDrive、Google Drive 等。下面简要介绍百度网盘和腾讯微云。

百度网盘是百度推出的一项云存储服务，早期注册用户可以直接享有 2TB 的永久免费容量。百度网盘支持主流计算机和手机操作系统，包含 Web 版、Windows 版、Mac 版、Android 版、iPhone 版和 Windows Phone 版，具有视频在线播放、离线下载、在线解压缩、超大文件快速上传等功能。

腾讯微云是腾讯公司推出的一款智能云服务，用户可以通过腾讯微云方便地在手机和电脑之间同步文件、推送照片和传输数据。腾讯微云有 Windows 版、Windows 同步盘、Mac 同步盘、iPhone 版、Android 版、iPad 版，并且拥有 10GB 的永久免费容量。腾讯微云的主要功能有相册备份、云笔记、文件分类管理、二维码扫描、微云传输、剪贴板等。

8.1.2 网盘的分类

网盘产品种类繁多，下面分别从云端应用模式、同步方式、收费模式、产品面向角度进行分类介绍。

1．从云端应用模式来分

从云端应用模式来分，网盘可以分为公有云网盘、私有云网盘、个人网盘。

市场上的网盘产品大部分属于公有云网盘，如百度网盘、腾讯微云、360 云盘、OneDrive、Google Drive 等。这类网盘产品技术比较成熟，服务质量比较稳定。大部分都提供永久免费存储空间，例如，百度网盘提供 2TB 免费空间（永久）、腾讯微云提供 10GB 免费空间（永久）、360 云盘提供 5GB 免费空间（30 天）等。

目前公有云网盘的缺点就是下载速度慢，例如，百度网盘非会员账号下载速度是会员账号下载速度的数十甚至数百分之一。考虑到其他公有云存储服务使用时，网络下行流量的收费价格，非会员网盘下载速度受限也就可以理解了。

出于性能要求和数据安全方面的考虑，不少企事业单位选择部署私有云网盘（企业网盘），为单位员工提供网盘服务，具体实现有两种：一种是直接购买整体解决方案，将网盘服务器部署在单位机房；另一种是在单位原有服务器上自己部署的开源网盘系统。

私有云网盘最大的优点之一是灵活可控、安全有保障，其缺点是购置成本较高、需要持续维护。

个人网盘是一些 DIY 爱好者不甘心受制于网盘服务商在价格、速度上的约束，而自行使用开源软件部署在空闲主机上的网盘系统。用户可以根据自己的喜好和需求进行自我定制，其最大的问题之一是为了保证能随时使用，承载网盘系统的主机需要经常保持在开启状态，这在家用环境下不太现实。

2．从同步方式来分

从同步方式来分，网盘有同步网盘和非同步网盘。

同步网盘是指用户可以在个人终端设置同步文件夹，处在同步文件夹中的文件会自动随时保持云端同步，方便用户在不同终端管理文件，也可以实现多用户协同工作。最早出现的同步网盘是金山快盘，它可以免费提供 1TB 的容量，但在 2016 年停止了服务。其他典型的产品有：腾讯微云，可以跟 QQ、微信无缝对接，一键存文件到腾讯微云非常方便；智能手机厂商提供的云同步产品，如小米云服务等，可以将手机上指定的内容随时同步到云端存储（这一类网盘的存储空间应该是利用率最大的了）；OneDrive 整合到了 Windows 套装，其先天优势明显，从 Win8 开始，系统中已经内置了 OneDrive 服务；WPS 为会员用户提供了文件同步功能，但只局限于办公文件的同步；钉钉提供的文件在线编辑功能，可以实现多人同步办公。

非同步网盘只提供一个存储空间，不提供文件同步服务。例如，百度网盘非会员用户无法享受同步服务，会员用户可以配置同步文件；自建的私有云一般也属于非同步网盘，也有一些开源网盘软件支持多终端同步。此外，QQ 群文件在某种意义上也可以称为网盘，一个 QQ 群一般提供 10GB 的群文件空间，只支持文件的上传、下载，没有同步功能。

3. 从收费模式来分

从收费模式来分，网盘可以分为免费网盘和付费网盘。这里的免费网盘是指提供永久免费存储空间的网盘，如腾讯微云、百度网盘等。虽然扩容和提升服务需要付费，但免费空间是永久的。从这个角度看，百度网盘提供的 2TB 存储空间太大方了。

付费网盘是指没有永久免费空间的收费网盘，这类网盘在经过短暂的免费试用期后，必须付费才能继续使用，不想付费使用的用户只能直接放弃试用，以免网上数据丢失或转存文件麻烦。

4. 从产品面向角度来分

从产品面向角度来分，网盘分为个人网盘和企业网盘。

这里讲的个人网盘是指针对个人客户的网盘，给个人用户提供文档资料和图片的存储服务，包括百度网盘、360 云盘、华为网盘、QQ 网盘等。

企业网盘给企业用户提供文档资料存储、外链分享、同步、沟通协作等服务。目前提供企业网盘服务的有：搜狐企业网盘、燕麦（OATOS）企业云盘、115 网盘等。

8.1.3　网盘性能特点

网盘主要有如下性能特点。

（1）网盘有方便的文件管理功能。支持多文件类型，实现在线集中管理；支持断点续传；单个文件上传网盘大小无限制；支持在线预览功能，无须下载，可直接查看文件内容；具有用户习惯的目录结构。

（2）网盘能够实现多平台数据同步。支持 Web 客户端、电脑客户端、手机客户端操作；同步网盘能够实现共享文件自动同步，并实时查看最新修改的内容。

（3）网盘可以实现高效的协同共享。当多人共同编辑一份文档时，无须借助其他工具就能实现文档同步更新，并能够自动生成新版本，随时可以找回历史版本进行还原。对共享文件夹的访问权限可基于角色进行动态设定。通过邮件通知文件夹的修改动态。

（4）网盘能实现快捷的文件分享，可以与其他应用无缝连接。

（5）网盘有灵活的权限管理功能，可以按照需要分配子账号空间，按群组管理部门或团队（企业私有云网盘具有的功能）。支持详细日志查询使用记录，支持回收站误删恢复。

（6）网盘有全方位安全机制，采用必要的加密措施，有完善的数据备份和容灾机制，保障稳定运营，实现自动备份保障数据安全。

8.2 网盘产品简介

公有云网盘和私有云网盘各有优缺点，出于价格和隐私方面的考虑，很多用户选择使用私有网盘或个人网盘，但这又会带来分享难题和容量不易扩展等问题。将私有网盘和公有云存储结合起来，取长补短，成为目前开源社区和初创型企业研究的一个方向，其主要思路是将私有网盘系统搭建在本地（甚至直接搭建在公有云实例中），存储空间使用公有云中的对象存储桶。但这样也会带来一些问题，例如，公有云实例需要付费使用，对象存储下行流量也需要付费等。这里介绍两款此类产品，一款是开源软件 Cloudreve，另一款是新型创新型企业青云提供的本地盘。

目前开源社区活跃的网盘软件很多，不乏优秀作品，这里介绍几款轻量级开源网盘，如 Seafile、ownCloud、Nextcloud 等。

8.2.1 Cloudreve

Cloudreve 是一个开源网盘系统，使用 ThinkPHP + React + Redux + Material-UI 构建，能够帮助用户以较低成本快速搭建起公私兼备的网盘。Cloudreve 提供三种搭建方式：通过 Composer 安装、通过 Docker 安装和通过官网安装包安装。Cloudreve 最典型的特点之一是支持用户搭建的网盘系统对接多家公有云存储的对象服务。Cloudreve 具体有如下鲜明特点。

1．对接公有云存储

用户可以将文件存放在本地，也可以经过简单配置快速对接七牛、又拍云、阿里云 OSS、AWS S3，前提是购买了公有云存储的资源。

2．多用户系统

可以将 Cloudreve 作为私有云使用，它提供的强大的用户系统也可作为公有云平台使用，实现多人协作。

3．可设置上传策略

不同用户组可绑定不同上传策略，并在多个上传策略间快速切换，充分利用存储资源。

4．支持在线预览

免费的公有云网盘系统一般都不支持文件的预览和在线编辑，而搭建 Cloudreve 可以支持图片、视频、音频、Office 文档在线预览，以及文本文件、Markdown 文件的在线编辑。

5．文件分享

文件分享是网盘的必备功能，但私有网盘一般很难提供。Cloudreve 用户可以创建私有或公有分享链接，快速将文件、目录分享给好友。

6．webdev 支持

Cloudreve 支持将网盘映射到本地管理，或者使用其他支持 webdev 协议的文件管理器，实现无缝跨平台。

7. 其他功能

Cloudreve 还支持大文件分片上传、断点续传、批量上传、拖拽上传；具有易于部署的特点。使用 PHP + MySQL 架构，仅用几分钟即可成功部署专属云盘。

8.2.2 青云本地盘

青云 QingStor 推出了一款本地盘产品，用户可以将 QingStor 对象存储的存储空间挂载为 Windows/Linux 平台下的磁盘或文件目录，由 QingStor 对象存储为其提供无限容量的在线文件存储空间，而不占用本地磁盘空间。用户可以像操作本地磁盘一样方便、快捷地访问或存取 QingStor 对象存储空间（Bucket）中的各常用类型文件（如文档、图片、音视频、二进制归档、压缩文件等）。它适用于数据迁移或备份、应用系统无缝对接对象存储、个人用户磁盘扩容等场景。

青云本地盘使用了两种方式实现资源本地挂载。

Mountain Duck 是 Windows 平台上挂载访问对象存储的第三方客户端软件，推荐使用其作为 QingStor 对象存储的挂载工具。由 QingStor 对象存储为其提供无限容量的在线文件存储空间，而不占用本地磁盘空间。通过 Mountain Duck 可以像操作本地磁盘（如 C 盘、D 盘等）一样方便、快捷地访问或存取 QingStor Bucket 中的各种类型文件。

QingStor 对象存储本地盘 for Linux（又名 qsfs）是 Linux 平台上的挂载工具，基于 FUSE 的文件系统，允许 Linux 将 QingStor®对象存储的存储空间挂载成本地目录，可以像操作本地目录一样方便、快捷地访问或存取 QingStor®对象存储的存储空间中的各常用类型文件。

青云本地盘产品具有如下特点。

1. 高可靠、高可用

依托 QingStor 对象存储，提供高可靠、高可用的在线文件存储。

2. 无限水平扩展

可承载无限存储空间，存储空间的容量可无限扩展。

3. 简单易用

可直接通过本地磁盘的操作方式对 QingStor 对象存储中的文件、文件夹进行增加、删除、修改、查看等操作。

4. 开机启动

开机时可自动启动并挂载到相应的 QingStor 对象存储的存储空间中。

5. 应用系统无缝对接对象存储

企业为了解决应用系统对接对象存储，往往需要修改应用程序代码，把对文件系统的读写改成调用对象存储 SDK。如果不便于修改应用系统程序，依然想要使用对象存储作为存储后端，则可以通过 Mountain Duck 实现和 QingStor 对象存储无缝对接，使应用系统即刻拥有海量的数据存储空间。

6. 个人用户磁盘扩容

个人用户的电脑磁盘容量比较有限，通过 Mountain Duck 将 QingStor 对象存储的存储空间挂载为本地磁盘或文件系统后，可以扩展用户个人电脑的本地磁盘容量，相当于增加一个可无限水平扩展的磁盘，作为一个类似于网盘的方式进行使用。

8.2.3 Seafile

Seafile 云是由 Seafile 官方提供的 SaaS 服务，用户只需要注册一个账号，即可在云上使用多终端文件同步、协作共享、Office 文档在线编辑、全文检索、知识管理等 Seafile 企业版功能。Seafile 起源于创始人清华实验室时期，于 2012 年发布，历经多年的打磨，已发展成为一个国际化的开源项目，在 GitHub 上的项目有超过 4500 人关注，在国内最大的开源社区“开源中国”上面也赢得了很多赞誉。Seafile 拥有国内外两个活跃的用户社区：Seafile 官方中文社区（bbs.seafile.com），Seafile 官方英文社区（forum.seafile.com），活跃用户已超过 50 万。

Seafile 云同时提供开源的 Seafile 个人网盘服务器部署软件，可以解决文件集中存储、共享和跨平台访问等问题。除了一般网盘提供的云存储共享功能，Seafile 还提供消息通信、群组讨论等辅助功能，帮助用户更好地围绕文件展开协同工作。

Seafile 通过“资料库”来分类管理文件，每个资料库可单独同步，用户可加密资料库，且密码不会保存在服务器端，所以即使是服务器管理员也无权访问用户的文件。Seafile 允许用户创建群组，在群组内共享和同步文件，方便团队协同工作。

Seafile 支持 Windows、Mac、Linux、iOS、Android 平台，包含以下系统组件。

Seahub：网站界面，供用户管理服务器上自己的数据和账户信息。Seafile 服务器通过“gunicorn”（一个轻量级的 Python HTTP 服务器）来提供网站支持。Seahub 作为 gunicorn 的一个应用程序来运行。

Seafile server（seaf-server）：数据服务进程，处理原始文件的上传/下载/同步。

Ccnet server（ccnet-server）：内部 RPC 服务进程，连接多个组件。

Controller：监控 ccnet 和 seafile 进程，必要时会重启进程。

8.2.4 Nextcloud

Nextcloud 是一款开源的私有云盘套件，任何人都可以自由获取 Nextcloud 程序，并将其部署在私有的服务器上，以存放个人文件。Nextcloud Files 提供了一个内部通用文件访问和同步平台，具有强大的协作功能及桌面、移动和 Web 界面。Nextcloud Talk 提供视频通话、视频会议等功能。Nextcloud Groupware 集成了日历、联系人、邮件等服务。Nextcloud 使用 AGPLv3 协议，服务端运行在 LAMP 或 LNMP 环境下，客户端可以运行在多个平台。

Nextcloud 是 ownCloud 的创始人 Frank Karlitschek 创建的一个分支，他与原先 ownCloud 的一些成员继续开发 Nextcloud，同时也成立了一家商业化公司，其目标是将数据和通信的控制权归还给用户。2019 年初，Nextcloud 已成为最受欢迎的私有云盘之一，越来越多的开发者涌入社区，为 Nextcloud 开发了许多应用插件。Frank Karlitschek 是一名德国的开源软件开发者。2010 年 Frank Karlitschek 创建了 ownCloud 项目并带领社区项目，2011 年成立 ownCloud 公司用以提供商业服务，2016 年因不满公司的一些商业行为而离开公司并创立了 Nextcloud。Nextcloud 具有如下特征。

1．安全

Nextcloud 遵循 ISO27001 安全标准，提供端到端的传输加密，还悬赏发现软件漏洞的人。Nextcloud 提供权限管理，只有经过文件授权的人才能访问用户的文件。

2．在线编辑文档

提供了 LibreOffice 在线办公套件，可以直接通过浏览器对云盘上的文档进行预览或编辑操作。

3．日历和联系人管理

提供日历和联系人在移动设备和桌面设备上的同步和共享功能。

4．视频或音频通话

Nextcloud 利用 WebRTC 实现在浏览器上进行视频或音频通话，使用端到端的加密以保证信息安全。另外，在 IOS 和 Android 设备上也有相应的应用可进行通话。

5．多客户端同步

Nextcloud 提供 Android、iOS 和 PC 桌面端同步功能，通过完全加密的链接同步和共享数据。

任务实施

8.3 任务 1 基于 Windows 搭建个人网盘

Seafile 在开源社区受到个人网盘爱好者的欢迎，在 Windows 环境下使用 Seafile 搭建个人网盘操作简单、容易上手、使用方便。掌握了 Seafile 的网盘搭建，也就了解了这一类软件的使用方法。

实训任务

基于 Windows 系统，使用 Seafile 搭建个人网盘。

实训目的

1．掌握 Seafile 服务器的搭建；
2．掌握 Seafile 客户端的使用；
3．掌握 Seafile 这类个人网盘软件的使用方法。

实训步骤

1．安装 Python

Seafile 是依赖 Python 开发的，首先要安装 Python 2.7.11 32 位版本。注意：一定要使用 Python 2.7.11 32 位版本。64 位版本或其他版本不能工作，如果电脑已经安装了其他版本的 Python，必须先卸载，再安装 Python 2.7.11 32 位版本。Python 的安装过程不进行介绍。

将 python2.7 的安装路径添加到系统的环境变量中（PATH 变量）。如果 python 2.7.11 安装使用的默认路径在 C:\Python27 路径下，就将 C:\Python27 添加到环境变量中。

右击“我的电脑”调出系统属性界面，如图 8-1 所示。单击“环境变量”按钮，弹出如图 8-2 所示的对话框，编辑系统变量“Path”，在弹出的如图 8-3 所示的对话框中单击“新建”按钮，增加系统环境变量 C:\Python27。至此，Python 的安装与设置环境变量完成。

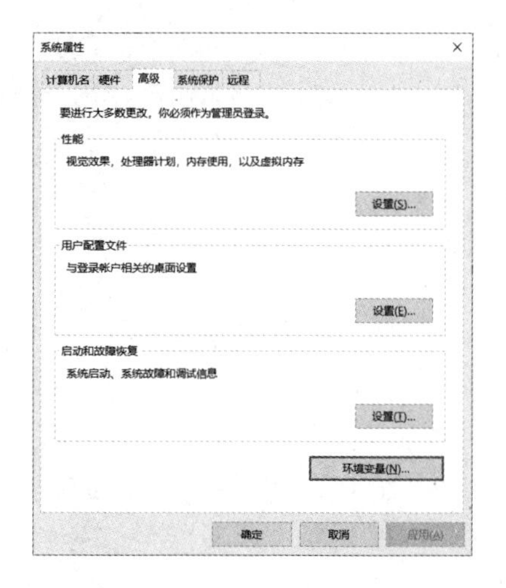

图 8-1 “系统属性”对话框

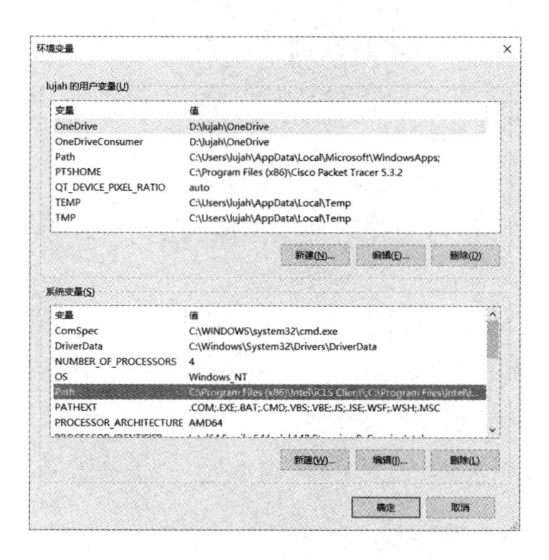

图 8-2 “环境变量”对话框

图 8-3 新建环境变量

2. 安装 Seafile 服务器

获取 Seafile 服务器的最新版本，这里使用 seafile-server_6.0.7 版。首先为 Seafile 服务器程序创建一个安装文件夹，比如 C:\SeafileProgram\。记住此文件夹的位置，我们将在以后用到它。将 seafile-server_6.0.7_win32.tar.gz 解压到 C:\SeafileProgram\目录下。

现在，seafile 的目录结构如图 8-4 所示。

图 8-4 seafile 的目录结构

3. 启动 Seafile 服务器并初始化

在 C:\SeafileProgram\seafile-server_6.0.7\文件夹下，找到 run.bat 文件并双击运行，启动 Seafile 服务器。在弹出的对话框中选择一个磁盘作为 Seafile 服务器数据的存储位置，如图 8-5

所示。注意：本实例中直接选择了系统扩展磁盘分区 E 盘作为存储位置，在真实环境部署中，可以使用服务器挂载的 RAID 阵列，或者连接的 SAN 盘等，以实现容量扩展且不占用本机资源。

选择好磁盘后，单击“下一步”按钮，Seafile 将会在选择的磁盘下创建一个名为 seafile-server 的文件夹。这个文件夹就是 Seafile 服务器的数据文件夹。这里选择的是 E 盘，那么数据文件夹为 E:\seafile-server。此时防火墙会弹出提示，询问是否允许应用程序访问网络，单击“是”按钮即可。

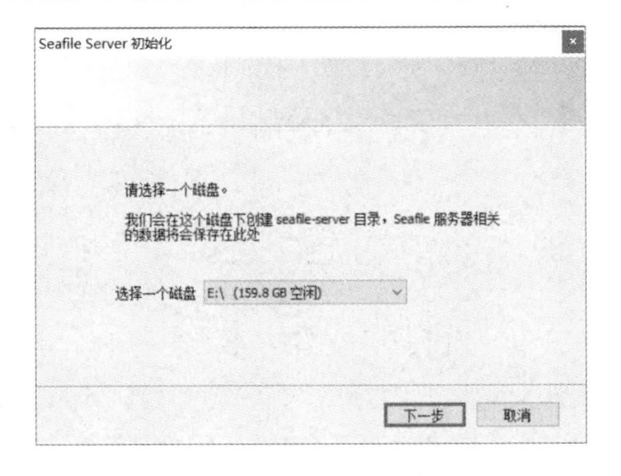

图 8-5　选择服务器存储磁盘位置

在桌面下方找到 Seafile 服务器系统托盘图标，右击该图标，在弹出的快捷菜单中选择“添加管理员账号”选项，如图 8-6 所示。在弹出的对话框中输入管理员用户名和密码。账号是任意的邮箱地址，密码由自己设置。

图 8-6　添加管理员账号

图 8-7　添加成功

如果账号设置操作成功，则 Seafile 服务器托盘图标处会弹出一个气泡，提示“添加 Seahub 管理员账户成功”，如图 8-7 所示。

4．配置 Seafile 服务器

初始化服务器之后，打开服务器的 Web 界面，用管理员账号登录，如图 8-8 所示。

图 8-8　登录界面

登录后单击右上角头像，进入管理员界面，选择“设置”选项，然后将 SERVICE_URL 和 FILE_SERVER_ROOT 中的 IP 地址 127.0.0.1 改为真实的服务器地址，图 8-9 中的服务器地址设置为 192.168.43.4，端口仍按原来设置。

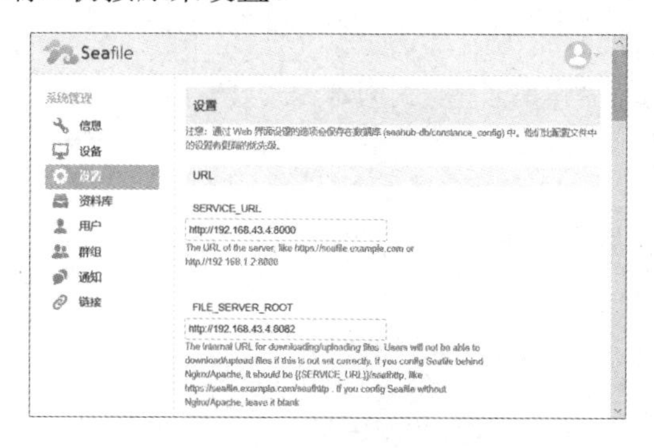

图 8-9　设置服务器地址

Seafile 服务器的配置到此已经完成。

可以将 Seafile 服务器安装为 Windows 服务，这样在用户注销后，Seafile 服务器能够继续保持运行，系统启动时，即使没有用户登录，Seafile 服务器也会开始运行。

安装为 Windows 服务的方法：右击桌面下方 Seafile 服务器托盘图标，选择“安装为 Windows 服务”选项，在弹出的对话框中单击“是”按钮即可。

5．以客户方式登录 Seafile

使用浏览器访问地址登录 Seafile。登录 Seafile（本例中服务器地址为 192.168.43.4，请读者根据实际情况进行配置）。使用账号登录系统(管理员账号也是客户账号)，就可以使用 Seafile 个人网盘了。登录后的界面如图 8-10 所示，既可以上传和下载文件，又可以设置群组，在群组内共享和同步文件，方便团队协同工作。

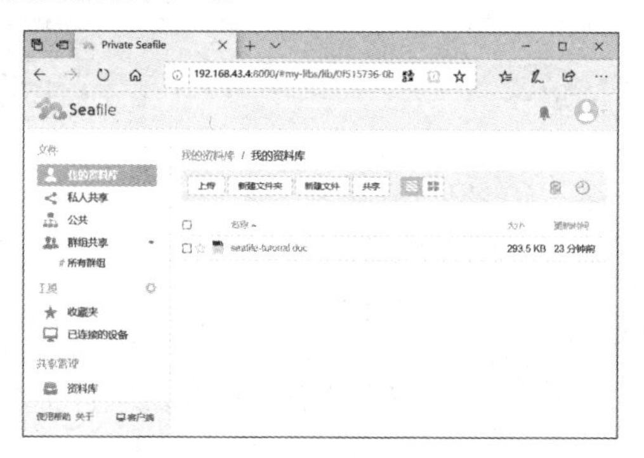

图 8-10　以客户方式登录 Seafile

除了 Web 客户端，还可以安装电脑桌面客户端，手机也可以安装专用客户端，实现多终端同步访问。

6．安装客户端

运行客户端安装软件 seafile-7.0.7.msi，按提示安装客户端，安装路径可以自定义。安装过程中会提示选择 Seafile 文件夹，如图 8-11 所示。注意：这里的 Seafile 文件夹是指客户终端存放网盘文件的目录，注意与服务器目录进行区分，在此实例中设置目录为 F:/Seafile。

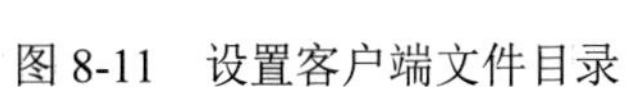
图 8-11　设置客户端文件目录

图 8-12　添加账号

安装成功之后，按提示输入服务器地址、用户名和密码，如图 8-12 所示。安装前面配置信息，输入云盘网址，用户名可以是服务器管理员的账号（一账号两用），也可以是管理员配置的客户账号。配置完成，单击“登录”按钮即可通过桌面客户端登录到服务器，如图 8-13 所示。

在 Android 手机客户端，安装 seafile-2.2.25.apk。安装完成后，打开 App，选择“其他 Seafile 服务器登录”，设置地址、账号、密码信息，登录 Seafile 网盘，如图 8-14 所示。

到这里，页面客户端、电脑桌面客户端、手机 App 实现了同步登录，可以尝试使用一个客户端上传一个新文件，在另两个客户端上查看文件同步。

例如，在 Web 界面新建 test 文件夹，查看电脑桌面客户端和手机 App 上的同步情况，如图 8-15 和图 8-16 所示。

图 8-13　电脑桌面客户端登录界面

图 8-14　手机 App 登录界面

图 8-15　电脑桌面客户端同步情况

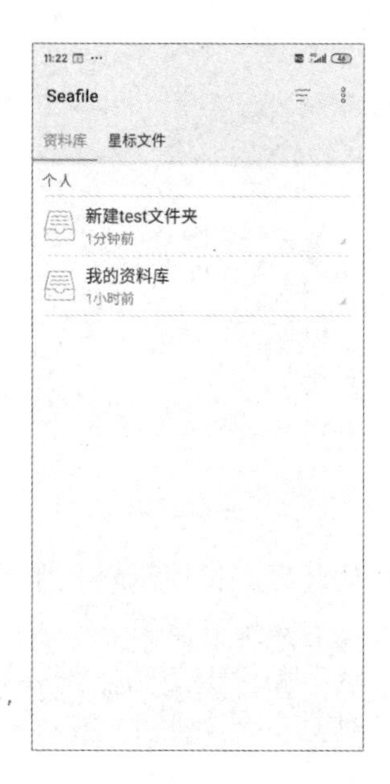

图 8-16　手机 App 同步情况

8.4　任务 2 基于 Linux 系统搭建个人网盘

Seafile 在 Windows 环境下搭建容易上手，但缺少一些独特功能，用户体验较差。Seafile 已经停止对 Windows 版本的更新。下面使用 Seafile 在 Linux 系统环境下搭建个人网盘。使用 CentOS-7-x86_64 位系统在虚拟机环境下搭建，系统配置 4GB 内存、50GB 硬盘空间。

实训任务

基于 Linux 系统，使用 Seafile 搭建个人网盘。

实训目的

1．掌握 Seafile 在 Linux 系统下的环境配置方法；
2．掌握 Seafile 网盘搭建方法；
3．掌握个人网盘的使用方法。

实训步骤

安装 Seafile 服务器之前有两项准备，一是部署 Python 环境，二是安装 MySQL 数据库。

1．安装 MySQL

这里采用安装 MariaDB 的方式安装 MySQL。

MariaDB 数据库管理系统是 MySQL 的一个分支，主要由开源社区在维护，采用 GPL 授权许可。MariaDB 的目的是完全兼容 MySQL，包括 API 和命令行，使之能轻松成为 MySQL

的代替品。

（1）安装 MariaDB。

```
[root@localhost ~]# yum install mariadb-server mariadb -y
[root@localhost ~]# systemctl enable mariadb.service
Created symlink from /etc/systemd/system/multi-user.target.wants/mariadb.service
to /usr/lib/systemd/system/mariadb.service.
```

（2）启动数据库。

```
[root@localhost ~]# systemctl enable mariadb.service
[root@localhost ~]# systemctl start mariadb.service
```

为了保证数据库服务的安全性，运行“mysql_secure_installation”脚本。初始化数据库并设置密码。

```
[root@localhost ~]# mysql_secure_installation
```

初始化过程会有六次输入信息，第一次提示“Enter current password for root (enter for none)”，直接按 Enter 键，因为没有初始密码；第二次提示“Set root password? [Y/n]”，输入“y”，接下来设置数据库密码；第三次提示“Remove anonymous users? [Y/n]”，输入“y”，移除匿名用户；第四次提示“Disallow root login remotely? [Y/n]”，输入“n”，不禁止远程登录；第五次提示“Remove test database and access to it? [Y/n]”，输入“y”，移除 test 数据库；第六次提示“Reload privilege tables now? [Y/n]”，输入“y”，重新加载特权表。

然后就可以正常使用 mysql 了。

2．安装 Python3

这里使用的 Seafile 版本是 7.1.3 版，Seafile 7.1 以上的版本都必须使用 Python3，所以必须首先安装 Python3，CentOS7 默认安装的 Python2.7 版本，必须升级到 Python3。

（1）CentOS-7-x86_64 位系统安装过程略，配置 yum 源为本地挂载磁盘，移除其他 repo 文件。

```
[root@localhost ]#mkdir /mnt/cdrom
[root@localhost ]# mount /dev/cdrom /mnt/cdrom/
[root@localhost ]# mv /etc/yum.repos.d/C* /opt/
vi /etc/yum.repos.d/local.repo
[centos]
name=centos
baseurl=file:///mnt/centos/
gpgcheck=0
enabled=1
~
"/etc/yum.repos.d/local.repo" [New] 6L, 71C written
```

为了防止后续安装过程出错，这里先安装相应的编译工具。

```
yum -y groupinstall "Development tools"
yum -y install zlib-devel bzip2-devel openssl-devel ncurses-devel sqlite-devel
readline-devel tk-devel gdbm-devel db4-devel libpcap-devel xz-devel
yum install -y libffi-devel zlib1g-dev
yum install zlib* -y
```

安装 Python3 需要下载安装包，提前安装 wget。

```
yum install wget
```

（2）建立下载文件夹/mnt/py/，下载 Python-3.7.2.tar.xz。

```
[root@localhost mnt]#mkdir py
[root@localhost mnt]#cd py
[root@localhost  py]#wget  https://www.python.org/ftp/python/3.7.2/Python-3.7.2.tar.xz
```

这里可以通过地址 https://www.python.org/ftp/python/访问所有版本的 Python，根据需要设置下载版本。

（3）解压缩。

```
[root@localhost py]#tar -xzf Python-3.7.2.tar.xz
```

（4）创建编译安装目录。

```
[root@localhost py]#mkdir /usr/local/python3
```

（5）安装。

```
[root@localhost py]#cd Python-3.7.2
[root@localhost      Python-3.7.2]#./configure      --prefix=/usr/local/python3 --enable-optimizations --with-ssl
```

#指定安装路径为/usr/local/python3，如果不指定，则在安装过程中软件所需要的文件可能复制到其他不同目录，删除软件很不方便，复制软件也不方便。

```
[root@localhost Python-3.7.2]#make && make install
```

经过较长时间的安装过程后，完成 Python3 的安装。

（6）创建软链接。

```
ln -s /usr/local/python3/bin/python3 /usr/local/bin/python3
ln -s /usr/local/python3/bin/pip3 /usr/local/bin/pip3
```

（7）验证安装版本是否成功。

```
root@localhost Python-3.7.2]# python3 -V
Python 3.7.2
[root@localhost Python-3.7.2]# pip3 -V
pip 18.1 from /usr/local/python3/lib/python3.7/site-packages/pip （python 3.7）
```

3．安装 Seafile

可以参考官网上的服务器配置手册，进行后续配置，地址如下：

https://cloud.seafile.com/published/seafile-manual-cn/home.md。

（1）下载文件。

参考手册提示，将 seafile-server_7.1.3_x86-64.tar.gz 上传到/opt/seafile 目录下，便于后续管理。如果已经下载了该文件，可以通过 SecureFXPortable 上传到该目录，如果尚未下载，也可以直接 wget 到该目录。

```
[root@localhost ]# mkdir /opt/sealfile
[root@localhost ]# cd /opt/sealfile/
[root@localhost                                    ]#wget http://seafile-downloads.oss-cn-shanghai.aliyuncs.com/seafile-server_7.1.3_x86-64.tar.gz
```

（2）解压缩。

```
[root@localhost sealfile]# tar -xzf seafile-server_7.1.3_x86-64.tar
[root@localhost sealfile]# mkdir installed
[root@localhost sealfile]# mv seafile-server_7.1.3_x86-64.tar installed/
[root@localhost sealfile]# ll
```

```
total 4
drwxr-xr-x. 2 root root   44 May 10 12:57 installed
drwxr-xr-x. 7 root root 4096 Mar 25 23:30 seafile-server-7.1.3
```

（3）安装 seafile-server。

安装过程中会有多次输入提示信息，注意查看并按提示输入信息。

```
[root@localhost sealfile]# cd seafile-server-7.1.3/
[root@localhost seafile-server-7.1.3]# ./setup-seafile-mysql.sh
Checking python on this machine ...
-----------------------------------------------------------------
This script will guide you to setup your seafile server using MySQL.
Make sure you have read seafile server manual at
       https://download.seafile.com/published/seafile-manual/home.md
Press ENTER to continue
-----------------------------------------------------------------
What is the name of the server? It will be displayed on the client.
3 - 15 letters or digits
[ server name ] Sefiletest                          #设置服务器名称
What is the ip or domain of the server?
For example: www.mycompany.com, 192.168.1.101
[ This server's ip or domain ] 192.168.111.116      #设置服务器地址 IP
Which port do you want to use for the seafile fileserver?
[ default "8082" ]              #设置 seafile fileserver 端口，默认是 8082
-------------------------------------------------------
Please choose a way to initialize seafile databases:
-------------------------------------------------------
[1] Create new ccnet/seafile/seahub databases
[2] Use existing ccnet/seafile/seahub databases
[ 1 or 2 ] 1              #选择 1 新建 seahub databases；选择 2 使用已有的。这里选择 1
What is the host of mysql server?
[ default "localhost" ]  #设置 mysql server 地址，默认是 localhost，这里直接按 Enter 键
What is the port of mysql server?
[ default "3306" ]        #设置 mysql server 端口，选择默认
What is the password of the mysql root user?
[ root password ]         #输入数据库密码，根据前面数据库的设置进行输入
verifying password of user root ...  done
Enter the name for mysql user of seafile. It would be created if not exists.
[ default "seafile" ]    #设置数据库用户，默认设置为“seafile”
Enter the password for mysql user "seafile":
[ password for seafile ] #这里要设置 seafile 在数据库的密码
Enter the database name for ccnet-server:
[ default "ccnet-db" ]   #默认
Enter the database name for seafile-server:
[ default "seafile-db" ] #默认
Enter the database name for seahub:
[ default "seahub-db" ] #默认
-----------------------------------
This is your configuration
```

```
---------------------------------
    server name:            Sefiletest
    server ip/domain:        192.168.111.116
    seafile data dir:        /opt/sealfile/seafile-data
    fileserver port:         8082
    database:               create new
    ccnet database:          ccnet-db
    seafile database:        seafile-db
    seahub database:         seahub-db
    database user:          seafile
---------------------------------
Press ENTER to continue, or Ctrl-C to abort         #按Enter键
Generating ccnet configuration ...
done
Successly create configuration dir /opt/sealfile/ccnet.
Generating seafile configuration ...
Done.
done
Generating seahub configuration ...
----------------------------------------
Now creating ccnet database tables ...
----------------------------------------
----------------------------------------
Now creating seafile database tables ...
----------------------------------------
----------------------------------------
Now creating seahub database tables ...
----------------------------------------
creating seafile-server-latest symbolic link ...  done
-----------------------------------------------------------------
Your seafile server configuration has been finished successfully.
-----------------------------------------------------------------
run seafile server:    ./seafile.sh { start | stop | restart }
run seahub  server:    ./seahub.sh  { start <port> | stop | restart <port> }
-----------------------------------------------------------------
If you are behind a firewall, remember to allow input/output of these tcp ports:
-----------------------------------------------------------------
port of seafile fileserver:   8082
port of seahub:               8000
When problems occur, Refer to
       https://download.seafile.com/published/seafile-manual/home.md
for information.
```

到这里，Seafile服务器就安装完成了。

4．启动服务器

```
[root@localhost seafile-server-7.1.3]#./seafile.sh start
[05/10/20  13:34:25]  ../common/session.c ( 148 ) : using config file
/opt/sealfile/conf/ccnet.conf
```

```
Starting seafile server, please wait ...
** Message: 13:34:25.375: seafile-controller.c (541) : No seafevents.
Seafile server started
Done.
[root@localhost seafile-server-7.1.3]# ./seahub.sh start
LC_ALL is not set in ENV, set to en_US.UTF-8
Starting seahub at port 8000 ...
----------------------------------------
It's the first time you start the seafile server. Now let's create the admin account
----------------------------------------
What is the email for the admin account?
[ admin email ] luya@111.com          #设置服务器管理员账号、邮件格式
What is the password for the admin account?
[ admin password ]                    #设置管理员密码
Enter the password again:
[ admin password again ]              #再次输入管理员密码
----------------------------------------
Successfully created seafile admin
Seahub started
```

至此，Centos 系统 Seafile 服务器就安装完成了。客户端配置及访问参考任务 1 中的配置，这里不再赘述。

综合训练

一、思考题

1．公有云实例、对象存储都需要付费使用，公有云下行流量也需要付费。请思考为什么会有人尝试自己租用公有云服务器实例和存储资源来搭建网盘？直接使用市面上的付费网盘与前者相比，在价格、性能、安全性等方面有哪些不同？请试着调研分析一下。

2．相对于公有云和私有云软件定义存储市场的红红火火（有些超融合系统附带网盘产品），网盘市场似乎不温不火，在你看来网盘市场未来可能会有怎样的发展？

二、扩展训练

1．利用申请到的免费试用的对象存储桶作为存储空间，服务器使用本地电脑（或者使用公有云服务器实例），使用 Cloudreve 搭建个人网盘，尝试上传、下载文件，体验 Cloudreve 功能。

2．目前青云 QingStor 提供 12 个月免费赠送的对象存储服务、30GB 存储空间、11GB 下载流量、100 万次读请求、10 万次写请求，借此机会尝试使用 QingStor 本地盘服务，体验对象存储+本地盘的应用场景。

参考文献

[1] 张东．大话存储：网络存储系统原理精解与最佳实践[M]．北京：清华大学出版社，2008．
[2] 武春岭，鲁先志．数据存储与容灾[M]．北京：高等教育出版社，2017．
[3] 中国国家标准化管理委员会．信息技术 云数据存储和管理第 1 部分：总则（GB/T 31916.1—2015）[S]．北京：中国标准出版社，2015．
[4] 叶毓睿，雷迎春，李炫辉，等．软件定义存储：原理、实践与生态[M]．北京：机械工业出版社，2016．
[5] 杨传辉．大规模分布式存储系统：原理解析与架构实战[M]．北京：机械工业出版社，2013．
[6] 南京第五十五所技术开发有限公司．云计算平台运维与开发（初级）[M]．北京：高等教育出版社，2020．
[7] SNIA.Cloud Data Management Interface(CDMI™)[S]．2015．
[8] 华为技术有限公司．华为 FusionStorage 技术白皮书．2018．
[9] IBM 中国信息支持中心．容灾白皮书．2010．
[10] 奥思数据．OStorage 企业级对象存储系统产品白皮书．2017．
[11] 王悦．云存储的关键技术研究[D]．南京：南京邮电大学，2019．
[12] 郭甜．基于软件定义存储的小文件性能优化研究[D]．武汉：华中科技大学，2019．
[13] 王春琦．一个对象存储系统的设计与实现[D]．兰州：兰州大学，2019．
[14] 张泽军．基于 Ceph 块存储的高可用 ISCSI 研究与应用[D]．成都：电子科技大学，2019．
[15] 于春生．高校校园云存储系统设计与实现[D]．天津：天津大学，2014．
[16] 卢亮．混合云存储架构的研究与设计[D]．北京：北京邮电大学，2015．
[17] 李丹，叶廷东．“异地多活”分布式存储系统设计和实现[J]．计算机测量与控制，2020，28（04）：211-216．
[18] 肖辰．软件定义存储的优势及具体实现[J]．数字通信世界，2019（09）：271．